计算机网络技术专业职业教育新课改教程

计算机网络基础

主　编　杨法东　叶哲丽

参　编　杨松伟　杨　睿

张　洁　胡　茹

主　审　王中生

机械工业出版社

本书通过知识拓展、仔细观察、网络论坛、疑难问题、网络前瞻、知识总结、学以致用、智能表格、知识链接、举一反三、网络故事、重点提示、网络驿站、智慧城堡、实践天地、竞技擂台等板块为学生营造了一个激发兴趣、拓宽视野、启迪才智、树立自信、提高素质的平台。使学生在掌握所需的知识和技能的基础上，既能为学生继续学习奠定良好的基础。也为今后的应职就业做好准备。

本书共分6章，内容包括话说网络—— 网络概述、赢在通信—— 数据通信基础、重在规划—— 网络体系结构、做好小网—— 局域网基础、连上大网—— 广域网基础、成在安全—— 网络安全。

本书可作为中等职业学校计算机及相关专业“计算机网络技术”课程的教材，也可作为各类计算机培训班教材或计算机网络技术爱好者丛书。

本书配有教师授课用电子课件，可登录机械工业出版社教材服务网www.cmpedu.com免费注册，并下载，也可联系编辑（010-88379194）索取。

图书在版编目（CIP）数据

计算机网络基础/杨法东，叶哲丽主编．—北京：机械工业出版社，2009.2（2023.1重印）
计算机网络技术专业职业教育新课改教程
ISBN 978-7-111-26110-0

Ⅰ．计…　Ⅱ．①杨…②叶…　Ⅲ．计算机网络—高等学校：技术学校—教材
Ⅳ．TP393

中国版本图书馆CIP数据核字（2009）第008319号

机械工业出版社（北京市百万庄大街22号　邮政编码100037）
策划编辑：孔熹峻　梁　伟　　责任编辑：梁　伟
封面设计：鞠　杨　　责任印制：单爱军

北京虎彩文化传播有限公司印刷

2023年1月第1版第18次印刷
184mm×260mm・16印张・392千字
标准书号：ISBN 978-7-111-26110-0
定价：49.00元

电话服务　　网络服务
客服电话：010-88361066　　机　工　官　网：www.cmpbook.com
010-88379833　　机　工　官　博：weibo.com/cmp1952
010-68326294　　金　书　网：www.golden-book.com

机工教育服务网：www.cmpedu.com

前　言 Preface

在目前的信息时代中，计算机网络的发展水平不仅反映一个国家的计算机科学和通信技术水平，而且成为衡量国力和现代化水平的重要标志之一。计算机网络已经成为人们社会生活中不可缺少的一个重要组成部分，并从根本上改变了人们的工作、生活和思维方式。掌握计算机网络的基础知识，已经成为人们通向成功所必备的基本素质。《网络基础》应时而生，并得到越来越多的重视。

编者根据多年来在计算机网络方面的教学实践经验编写了这本教材，本书全面系统地介绍了网络技术的基础知识及其应用，深入浅出地对网络技术所涉及的各个方面进行了叙述。本书从实际应用出发，全面、系统地介绍了计算机网络技术的基本知识和基本技能，在内容编排上深入浅出、循序渐进、图文并茂，每一部分都尽力把当前计算机网络技术发展的最新成果融入到教材中，以适应社会对网络技术人才的需求现状。以必须够用为度，以激发学生的学习兴趣为出发点，注重使读者在掌握计算机网络知识和技能的基础上具备一定的可持续发展能力。

本书特别通过知识拓展、仔细观察、网络论坛、疑难问题、网络前瞻、知识总结、学以致用、智能表格、知识链接、举一反三、网络故事、重点提示、网络驿站、智慧城堡、实践天地、竞技擂台等板块为学生营造了一个激发兴趣、拓宽视野、启迪才智、树立自信、提高素质的平台。网络故事这个板块，通过记录网络领域成功人物背后的故事，发掘品牌成长的艰辛，为学生逐渐渗透企业文化和尽快在专业市场定位奠定基础，也为日后学生创业提供更多可借鉴的宝贵经验并从中得到启迪和力量。网络论坛这个板块，目的在于锻炼学生综合运用所学知识独立地分析问题和解决问题的能力，培养和锻炼了进行科学研究的能力。这既是一个增长知识、交流信息的过程，也是全面展示自己素质和才能的舞台。仔细观察这个板块，重点锻炼了学生紧密把握网络技术发展方向，关注市场上新技术和新产品的应用，细心观察周围网络技术应用的细节，通过网上收集资料和市场调查等方式，培养钻研探索的兴趣，养成严谨务实的职业习惯。竞技擂台这个板块，分为A级、B级、C级由低到高三个擂台，针对各学生设计了不同的练习，使得处于不同水平的学生都能“摘到桃子”，获得成功的喜悦，使所有学生都能体验到学有所成，增强了学习信心。

本书共分6章，主要内容包括话说网络—— 网络概述、赢在通信—— 数据通信基础、重在规划—— 网络体系结构、做好小网—— 局域网基础、连上大网—— 广域网基础、成在安全—— 网络安全。本书力求做到对网络技术基础在思考问题的方法、探索知识的兴趣、关注市场的习惯、创新求真的氛围、以及人文精神和企业文化的熏陶等方面进行强化。牢固树立身边处处皆网络的“大网络”观，为广大网络技术爱好者引领一个新的高度。

本书由杨法东、叶哲丽主编，张洁、杨睿、胡茹、杨松伟4位老师参与了本书的编写。

本书在编写过程中，得到了陕西理工大学王中生教授的宝贵指导及全书的审稿，在此表示衷心感谢。由于作者水平有限，加之计算机网络技术的发展日新月异，书中难免存在一些不当之处，恳请广大读者批评指正。

编　者

目　录 Contents

第1章
话说网络——网络概述

众所周知，计算机网络是计算机技术和通信技术紧密结合的产物，涉及到计算机和通信两个领域。在目前的信息时代，计算机网络技术已经得到了空前的发展。信息的传输突破了时间和空间的限制。人们感觉地球变小了，距离千山万水的地方，仅仅点击两下鼠标就瞬间出现在眼前。计算机网络已经成为人们社会生活中不可缺少的一个重要组成部分，并从根本上改变了人们的工作、生活和思维方式。有人说："没有联网的计算机只不过是一个无用的信息孤岛"，可见计算机网络在信息社会中起着举足轻重的作用。从某中意义上讲，计算机网络的发展水平不仅反映一个国家的计算机科学和通信技术水平，而且成为衡量国力和现代化水平的重要标志之一。掌握计算机网络的基础知识，已经成为人们通向成功所必备的基本素质。

1.1 揭开网络的面纱——网络的成长史

1.1.1 计算机网络发展的历史阶段

计算机网络源于计算机技术与通信技术的结合，始于20世纪50年代，近50年来得到迅猛发展。计算机网络发展过程是从简单到复杂、从单机到多机、从终端到计算机之间通信，演变到计算机与计算机直接通信的过程。计算机网络的发展过程大致可分为以下4个阶段。

第一阶段：以单个计算机为中心的远程联机系统，构成面向终端的计算机通信网（20世纪50年代）。

1946年2月15日，世界上第一台通用电子数字计算机"埃尼阿克"（ENIAC）在美国研制成功。它当时由1.8万个电子管组成，是一台又大又笨重的机器，体重达30多吨，占地有两三间教室般大。它当时的运算速度为每秒5000次加法运算。这在当时是相当了不起的成就，但是计算机技术与通信技术并没有直接联系。

20世纪50年代，由于美国军方的需要，乔伊·弗罗斯特负责的麻省理工学院林肯实验室就开始为美国空军设计"半自动化地面防空系统"（semiautomatic ground environment air defense system），简称赛奇（SAGE）系统。在赛奇系统中，北美防空司令部和17个防区的信息处理中心各配置2台大型电子计算机，一台运行，一台备用。这种24小时不停工作的计算机命名为Q-7，总共需要36台，必须有较高的要求。这笔订单高达7亿，国际商用机器公司（IBM）中标，为其后来IT业成就霸业奠定了基础。这实质上是最早的计算机与通信技术相结合的尝试。通过通信线路把赛奇（SAGE）系统各雷达站、机场、防空导弹和高射炮阵地汇集到一台中心计算机进行处理，形成联机计算机系统，最终实现分布式的防空信息集中处理与控制。开创了把计算机技术和通信技术相结合的尝试。

计算机通信技术应用于民用系统方面，最早的是美国航空公司与IBM公司在20世纪50年代初开始联合研究，20世纪60年代初投入使用的飞机订票系统SABRE-1。这个系统由1台中央计算机与整个美国本土内的2000个终端组成。这些终端采用多点线路与中央计算机相连。

在这个阶段，这类简单的“终端——通信线路——计算机”系统，成为了计算机网络的雏形。所谓终端就是不具有处理和存储能力的计算机。严格地说，与以后发展成熟的计算机网相比，存在着一个根本的区别：这样的系统除了一台中心计算机外，其余的终端设备都没有自主处理的功能，还不能称为计算机网络。

如图1-1所示的这种以单主机互联系统为中心的互联系统，即主机面向终端系统。在这些早期的单台计算机联机网络中，已涉及多种通信技术、多种数据传输设备和数据交换设备。技术上已从单用户系统发展到了远距离的分时多用户系统。虽然联机终端网络在当时的历史条件下已充分显示了计算机与通信相结合的巨大优势，但它仍然存在严重的缺点：一是主机负荷较重，既要承担通信任务，又要进行数据处理；二是通信线路的利用率低，尤其在远距离时，分散的终端都需要独占一条通信线路，不仅通信费用昂贵而且通信线路利用率低。

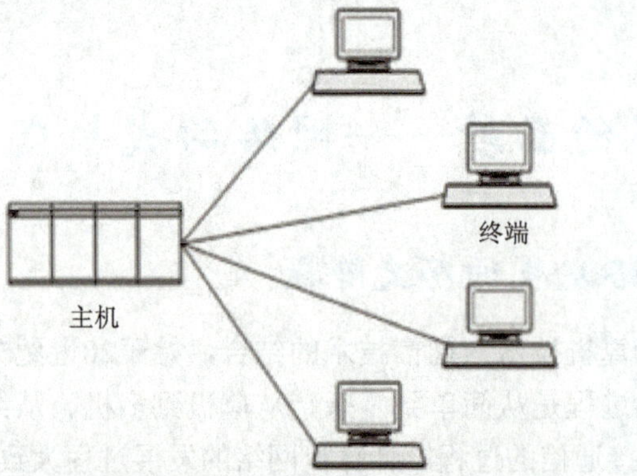

图1-1　面向终端的单主机互联系统

为减轻主机的负担，可在通信线路和计算机之间设置一个前端处理机（FEP），FEP专门负责与终端之间的通信控制，而让主机进行数据处理；为提高通信效率，减少通信费用，在远程终端比较密集的地方增加一个集中器。集中器的作用是把若干个终端经低速通信线路集中起来，连接到高速线路上。然后，经高速线路与前端处理机连接。前端处理机和集中器一般由小型计算机担当。因此，这种结构也称为具有通信功能的多机系统。

第二阶段：多个自主功能的主机通过通信线路互连，形成资源共享的计算机网络（20世纪60年代）。

为了克服第一代计算机网络的缺点，提高网络的可靠性和可用性，人们开始研究将多台计算机相互连接的方法。20世纪60年代中期开始，出现、发展了若干个计算机互连的系统，开创了“计算机——计算机”通信的时代。

第二代网络是从20世纪60年代中期到20世纪70年代中期，已经形成了将多个单主机互联系统相互连接起来，以多处理机为中心的网络，并利用通信线路将多台主机连接起来，为终端用户提供服务，如图1-2所示。这个阶段的典型代表是美国国防部高级研究计划局（AdvancedResearch Projects Agency）的ARPANET（通常称为ARPA网或阿帕网），标志着现代计算机网络的出现。1969年由美国国防部高级研究计划局提供经费，联合计算机公司和大学共同研制而发展起来的，主要目标是借助于通信系统，使网内各计算机系统间能够相互共享资源，最终一个实验性的4个节点（即斯坦福研究院、犹他大学、加州大学圣巴巴拉分校、加州大学洛杉矶分校）网络开始运行并投入使用。到1973年发展到40个节点，而到了1983年已经达到100个计算机节点，地理上不仅跨越美国本土，而且通过卫星链路连接夏威夷和欧洲的节点。ARPA网所具有的资源共享、分散控制、分组交换、专用的通信控制处理机以及分层的网络协议等特点往往被认为是现代计算机网络的一般特征。所以ARPA网是计算机网络技术发展的一个重要里程碑。

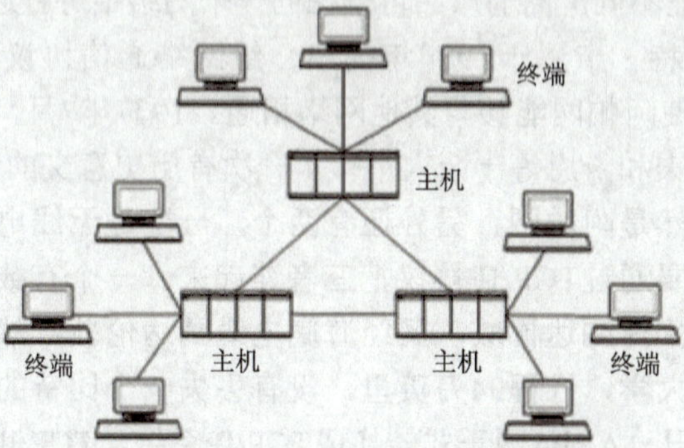

图1-2 多台主机互联系统

在ARPANET网络中，将计算机网络分为资源子网和通信子网，如图1-3所示。第一个应用协议TELNET（远程登录）软件业投入了使用，拉里·罗伯茨成为当之无愧的阿帕网之父。

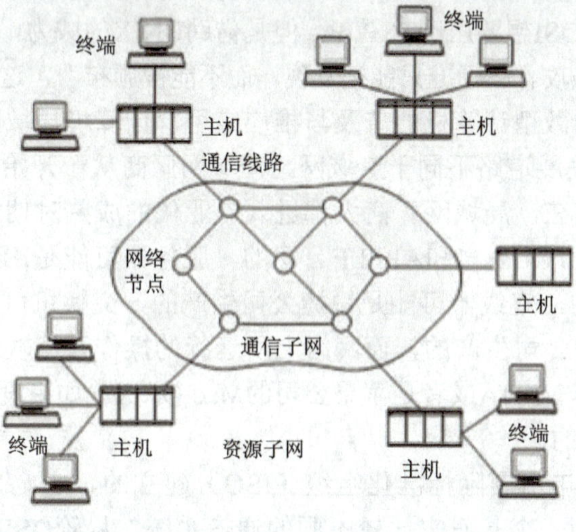

图1-3 通信子网和资源子网

第三阶段：形成具有统一的网络体系结构、遵循国际标准化协议的计算机网络（20世纪70年代）。

在第三代网络出现以前网络是无法实现不同厂家设备互连的。早期，各厂家为了霸占市场，采用了自己独特的技术并开发了自己的网络体系结构，当时，IBM发布的SNA（System Network Architecture，系统网络体结构）和DEC公司发布的DNA（Digital Network Architecture，数字网络体结构）。不同的网络体系结构是无法互连的，所以不同厂家的设备无法达到互连，即使是同一家产品在不同时期也是无法达到互连的，这样就阻碍了网络大范围的发展。后来，为了实现网络大范围的发展和不同厂家设备的互连，1977年国际标准化组织ISO（International Organization for Standardization，ISO）提出一个标准框架—— OSI（Open System Interconnection/ Reference Model，开放系统互连参考模型）共七层。1984年正式发布了OSI。OSI及标准协议的制定和完善大大加速了计算机网络的发展。遵循国际标准化协议的计算机网络具有统一的网络体系结构，厂商需按照共同认可的国际标准开发自己的网络产品，从而保证不同厂商的产品可以在同一个网络中进行通信。

文特·瑟夫和罗伯特·卡恩于1974年提出一组网络通信协议的建议，这就是著名的TCP/IP协议。这项协议使阿帕网能够与其他网络相通。1977年7月，在南加州大学的信息科学研究所（ISI）里，瑟夫和卡恩等十余人举行了一次有历史意义的试验。当时全美国有3个计算机互联网，第一当然是阿帕网，另外还有两个，一个是无线电信包网，一个是卫星信包网。他们的试验就是要通过TCP/IP协议把三者连起来。一个有数据的信息包首先通过点对点的卫星网络跨过太平洋到达挪威，又经海底电缆到达伦敦，然后通过卫星信包网，连接阿帕网，传回南加州大学，行程94万英里，没有丢失一个比特的数据信息！瑟夫和卡恩一举成功。1983年1月1日，ARPA网正式转换成TCP/IP系统，TCP/IP成为网络标准，这次转换具有里程碑意义，恐怕是此后几年中互联网发展中最为重要的事。有了TCP/IP，网络可伸展到任何地方，数据不费吹灰之力就从一个网络送到另一个网络。因此文特·瑟夫和罗伯特·卡恩也可称为互联网之父，这一天也可能成为互联网的生日。

1988年，ISO终于制定出开放系统网络互联标准。连美国官方也将OSI作为官方标准，欧洲更是趋之若鹜。虽然OSI想要压倒TCP/IP，但是借助UNIX的威力，TCP/IP已无所不在。最终TCP/IP击退了ISO的强攻。“标准只能被发现，而不能被颁布”，这就是互联网的新规则。

20世纪80年代随着微型计算机的普及与推广应用，计算机局域网络开始盛行起来，如图1-4所示。局域网的发展道路不同于广域网，局域网厂商从一开始就按照标准化、互相兼容的方式展开竞争。现在，局域网厂商大都进入专业化的成熟时期。目前在一个用户的局域网中，工作站可能是TCL公司和APPLE公司的，服务器可能是IBM公司生产的，网卡可能是DLINK公司生产的，集线器可能是锐捷公司生产的，交换机可能是H3C公司生产的，路由器可能是神州数码公司生产的，而网络上所运行的操作系统软件则可能是微软公司的Windows XP和Windows VISTA或者是苹果公司的Mac OS X。如果没有网络标准化，这种高度的兼容性是不可想象的。

OSI/RM是在1978年由国际标准化组织（ISO）建立的，它定义了一个标准，用来发展开放式系统，并作为一个基石来比较不同的通信系统。尽管OSI/RM是一个已经形成文档的标准，但层次划分过细，协议实现过于复杂，运行效率很低。特别是专家缺乏实践经验，导致市场缺乏相关的产品。当OSI/RM还在被评估和形成一套协议时，TCP/IP早已在专业市场上形成并具有很大的优势。但是，OSI/RM参考模型由于其功能划分明确，可以使你对网络内的不同部分的相互依赖有一个清楚的了解，因此依然成为打开网络知识宝库的金钥匙。

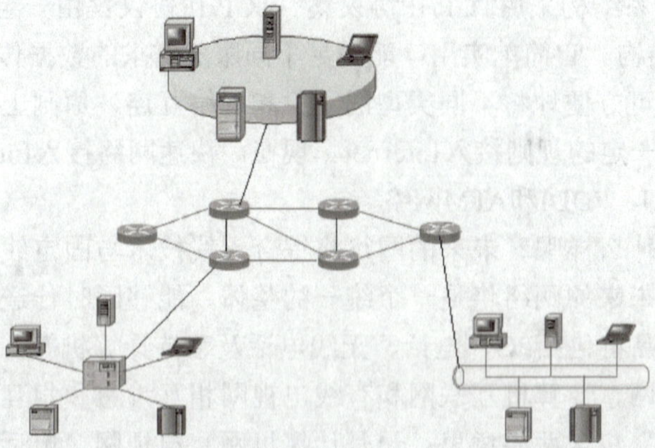

图1-4　第三代网络

第四阶段：向互连、高速、智能化方向发展的计算机网络（始于20世纪90年代）。

进入20世纪90年代后至今都是属于第四代计算机网络，如图1-5所示。第四代网络是随着数字通信出现和光纤的接入而产生的，其特点：网络化、综合化、高速化及计算机协同能力。

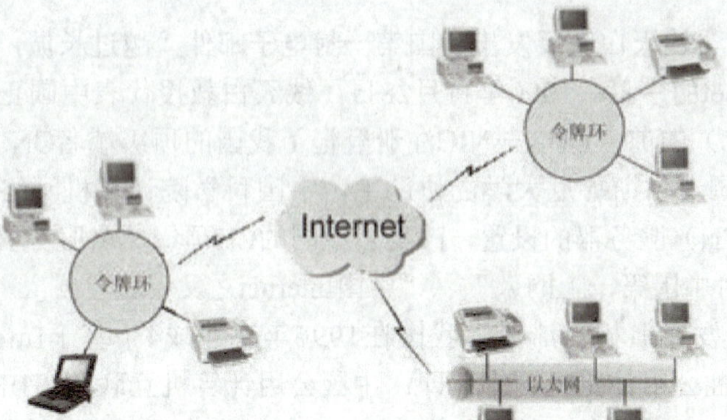

图1-5　第四代网络

这一阶段互联网（Internet）成为计算机网络领域最引人注目也是发展最快的网络技术。互联网（Internet）又称国际计算机互联网，是目前世界上影响最大的国际性计算机网络。其准确的描述是：互联网是一个网络的网络（a network of network）。它以TCP/IP网络协议将各种不同类型、不同规模、位于不同地理位置的物理网络连接成一个整体。它也是一个国际性的通信网络集合体，集各个部门、领域的各种信息资源为一体，从而构成网上用户共享的信息资源网。1993年美国政府提出“NII行动计划”即“国家信息基础设施”，一般称为“信息高速公路”，更在全球掀起网络建设的高潮。各类高速网不断出现。Internet上不仅有分布于世界各地的计算机上的成千上万的信息资源，而且也为网络用户提供了各种各样的网络应用服务。1994年开始了商业化应用，利用互联网进行商业活动成为世界经济的一大热点。更高性能的Internet 2正在发展之中。可以说Internet的普及与应用，是人类由工业社会向信息社会发展的重要标志。

Internet的网络体系结构采用TCP/IP协议集。TCP/IP协议集由一组以TCP和IP为代表的协议构成，采用4层结构。它简单实用，能满足不同服务需求的数据传输，已成为业内公认的标准。使用TCP/IP可方便地将不同类型的主机和网络互连，原则上任何计算机只要遵守TCP/IP协议，都能按一定的规则接入Internet。现在，快速网络接入Internet的方式也不断产生，如：ADSL、DDN、FDDI和ATM网络等。

未来的网络将是什么样呢？未来的网络将综合无线技术与固定线路技术，并且能够同时传送数据和语音。未来的网络将是一个统一的整体，能够同时传送视频、语音和数据；与这种网络相连的产品将包括PC、电话、无线电话及手持计算机等，光纤和无线传输介质成为主导，传统电信网、计算机互联网和有线电视网相互渗透和相互融合成为一体（三网合一）。“三网合一”包含两层意思：一是计算机网、电视网、电话网三网合一，三种信号均通过网际网传输；二是终端设备融为一体。这是目前人们广泛关注的技术。“三网融合”是为了实现网络资源的共享，避免低水平的重复建设，形成适应性广、容易维护、费用低的高速带宽的多媒体基础平台。

1.1.2 计算机网络在中国的发展

1987年9月20日，钱天白教授发出我国第一封电子邮件“越过长城，通向世界”，揭开了中国人使用Internet的序幕。1990年11月28日，钱天白教授代表中国正式在国际互联网络信息中心（InterNIC）的前身DDN－NIC注册登记了我国的顶级域名CN。1994年5月21日，在钱天白教授和德国卡尔斯鲁厄大学的协助下，中国科学院计算机网络信息中心完成了中国国家顶级域名（CN）服务器的设置，改变了中国的CN顶级域名服务器一直放在国外的历史。钱天白被誉为“中国第一上网人”、“中国Internet之父”。

中国在Internet发展上相对滞后。我国在1996年底建成4个基于Internet技术并可以和Internet互联的全国性公用计算机网络，即：中国公用计算机互联网CHINANET、中国金桥信息网CHINAGBN、中国教育和科研计算机网CERNET和中国科学技术网CSTNET。

中国互联网络信息中心（CNNIC）发布的《第21次中国互联网络发展状况统计报告》中显示：截至2007年12月，网民数已增至2.1亿人。中国网民数增长迅速，比2007年6月增加4800万人，2007年一年则增加了7300万人，年增长率达到53.3%。在过去的一年中平均每天增加网民20万人。互联网基础资源增长迅猛，年增长率均超过38%，尤其是域名、网站和网页数量，年增长率均超过了60%。中国的IP地址数达到1.35亿个，年增长率为38%。目前每万人拥有的IP地址是1 029个，每万个网民拥有的IP地址则是6 442个。中国域名总数是1193万个，年增长率达到190.4%。增长的主要拉动因素来自CN域名，CN域名数量已达到900万个，年增长率达到399.2%，在过去一年中平均每天增加CN域名2万个，增长势头迅猛。与其他国家顶级域名相比，目前中国仅次于德国的国家顶级域名DE（1128万个），位于世界第二。中国网站数量已有150万。这些网站中增长最快的是.CN下的网站数，目前的数量已经达到100.6万个，CN下的网站首次超过百万，占到中国网站数的66.9%。中国网页总数已经有84.7亿个，年增长率达到89.4%，是2007年互联网基础资源中增长最快的一项，互联网上的信息资源数量日趋丰富，如图1-6所示。中国互联网国际出口带宽数达到368927Mbps，年增长率为43.7%，中国与国际互联网连接的能力进一步增强。

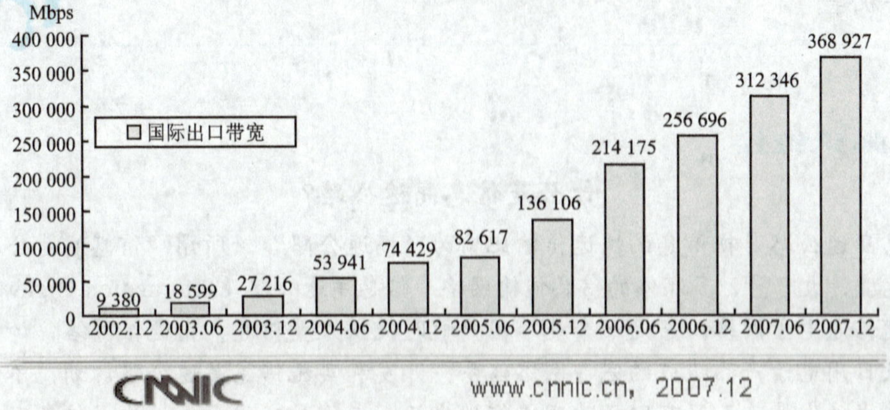

图1-6　中国国际出口带宽增长情况（2007）

同时也应看到，如图1-7所示，中国互联网普及率只有16%，比全球平均水平的19.1%低3.1个百分点。与互联网发达国家冰岛、美国等差距很大。邻国日本、韩国和俄罗斯的互联网普及率均高于中国。

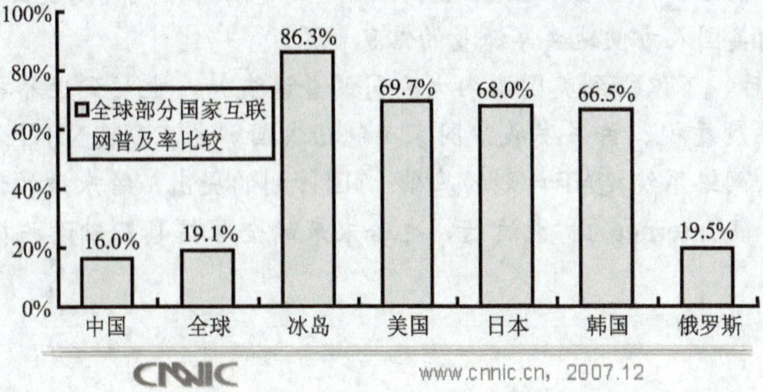

图1-7　互联网普及率部分国家比较（2007）

以上可以看出，计算机网络在中国的发展有令人振奋的骄傲，也有令人惭愧的不足。如今，计算机网络给人们提供了前所未有的机遇和挑战。雅虎公司的杨致远、网易公司的丁磊、搜狐公司的张朝阳、百度公司李彦宏、阿里巴巴公司的马云等华人仅仅几年时间就在网络世界搏击出一方天地，取得世人瞩目的成绩。以网络成功人士为榜样，步入计算机网络的大门，靠着自强不息的努力，那么我们一定能共享成功！

知识链接

什么是终端？

终端是输入输出设备的组合，没有主机。比如超市的收款机、银行的前台机都属于专用的终端，叫终端机。其主要功能是将键盘输入的请求数据发往主机（或打印机）并将主机运算的结果显示出来。而随着互连网的发展，现在对于“终端”一词又引入了新的含义。对互联网而言，终端泛指一切能够接入网络的计算设备，如个人计算机、网络电视、可上网手机等。

知识链接

什么是信息高速公路？

信息高速公路是把信息的快速传输比喻为“高速公路”。所谓“信息高速公路”就是一个高速度、大容量、多媒体的信息传输网络。信息高速公路（Information Highway）实质上是高速信息电子网络，它是一个能给用户随时提供大量信息，由通信网络、计算机、数据库以及日用电子产品组成的完备网络体系。开发和实施信息高速公路计划，不仅促进信息科学技术的发展，而且有助于改变人们的生活、工作和交往方式。构成信息高速公路的核心，是以光缆作为信息传输的主干线，采用支线光纤和多媒体终端，用交互方式传输数据、电视、话音、图像等多种形式信息的千兆比特的高速数据网。

1992年，当时的参议员，阿尔·戈尔提出美国信息高速公路法案。1993年9月，美国政府宣布实施一项新的高科技计划——“国家信息基础设施”（National Information Infrastructure，简称NII），旨在以互联网为雏形，兴建信息时代的高速公路——“信息高速公路”，使所有的美国人方便地共享海量的信息资源。

NII计划宣布后，不仅得到美国国内大公司的普遍支持，也受到世界各国（首先是日本和欧盟国家）的高度重视。许多发展中国家（包括我国）也在研究NII计划，并且制订和提出了本国的对策。网络系统是NII计划的基础。NII计划的提出，给未来的信息社会勾画出了一个清晰的轮廓，而Internet的扩大运行，也给未来的全球信息基础设施提供了一个可供借鉴的原型。

知识拓展

1972年，施乐公司设计出世界第一台配套齐全的微型计算机“阿尔托”（ALTO，意为男高音、女低音）。鲍伯·梅特卡夫（bob Metcalfe）和施乐公司帕洛阿尔托研究中心（Xerox PARC）的同事们研制出了世界上第一套实验型的以太网系统，用来实现Xerox Alto（一种具有图形用户界面的个人工作站）之间的互连，这种实验型的以太网用于Alto工作站、服务器以及激光打印机之间的互连，其数据传输率达到了2.94Mbps。梅特卡夫发明的这套实验型的网络当时被称为阿尔托/阿洛哈网（Alto是施乐公司设计的微型计算机，Aloha是当地的问候语，也是夏威夷的别名）。1973年，梅特卡夫将其命名为以太网，并指出这一系统除了支持Alto工作站外，还可以支持任何类型的计算机，而且整个网络结构已经超越了Aloha系统。他选择“以太”（ether）这一名词作为描述这一网络的特征：物理介质（比如电缆）将比特流传输到各个站点，就像古老的“以太理论”（luminiferous ether）所阐述的那样，古代的“以太理论”认为“以太”通过电磁波充满了整个空间。就这样，以太网诞生了。最初的以太网是一种实验型的同轴电缆网，冲突检测采用CSMA/CD。该网络的成功，引起了大家的关注。1979年，梅特卡夫成立了3Com公司，目标是推进以太网成为业界标准，并生产出第一个可用的网络设备：以太网卡（NIC），它是允许从主机到IBM终端和PC机等不同设备相互之间实现无缝通信的第一款产品，使企业能够以无缝方式共享和打印文件，从而增强工作效率，提高企业范围的通信能力。现在当以太网带宽开始向10G迈进时，谁还能说以太网不是业界的一个标准呢？鲍伯·梅特卡夫被称为以太网之父。

智慧城堡

互联网之父到底是谁？历来争议不断。你学习了计算机网络发展的历史后，你的观点是什么？

网络前瞻

上网查找计算机网络未来发展的趋势还有哪些？

网络故事

百　度

百度（www.baidu.com）是全球最大的中文搜索引擎，2000年1月由李彦宏、徐勇两人创立于北京中关村，致力于向人们提供“简单，可依赖”的信息获取方式。“百度”二字源于中国宋朝词人辛弃疾的《青玉案》诗句：“众里寻他千百度”，象征着百度对中文信息检索技术的执著追求。百度以自身的核心技术“超链分析”为基础，提供的搜索服务体验赢得了广大用户的喜爱；超链分析就是通过分析链接网站的多少来评价被链接的网站质量，这保证了用户在百度搜索时，越受用户欢迎的内容排名越靠前。百度总裁李彦宏就是超链分析专利的唯一持有人，目前该技术已为世界各大搜索引擎普遍采用。百度拥有全球最大的中文网页库，目前收录中文网页已超过12亿，这些网页的数量每天正以千万级的速度在增长。百度每天处理来自138个国家超过数亿次的搜索请求，每天有超过7万用户将百度设为首页，用户通过百度搜索引擎可以搜到世界上最新最全的中文信息。2004年起，“有问题，百度一下”在中国开始风行，百度成为搜索的代名词。

实践天地

列出10个著名的搜寻站点和门户站点网址。

1.2 网络的名字——网络的概念

1.2.1 计算机网络的定义

计算机网络是将地理位置不同的，功能独立的多个计算机通过通信设备和线路连接，在网络操作系统、通信协议和网络管理软件协调下，实现资源共享和信息传递的系统。

1. 计算机网络的特点

在上述的计算机网络的定义中可以归纳出有以下特点。

① 地理位置不同。计算机可以处在异地。每台计算机所处的地理位置对所有的用户是完全透明的。

② 功能独立。计算机是能够独立工作的系统。任何一台计算机都不能干预其他计算机的工作。例如启动、停止等。任意两台计算机之间没有主从关系。

③ 物理连接。处在异地的多台计算机由通信设备和线路进行连接，从而使各自具备独立功能的计算机系统成为一个整体。

④ 软件支持。完善的通信协议、信息交换技术、网络操作系统等软件对这个连接在一起的硬件系统进行支持和管理。

⑤ 资源共享。整个网络具备数据通信、远程信息处理、资源共享功能。

2. 计算机网络涉及到以下几个问题

① 连接介质。连接两台或两台以上的计算机需要传输介质。连接介质可以是双绞线、同轴电缆或光纤等“有线”介质，也可以是微波、红外线、激光、通信卫星等“无线”介质。

② 通信协议。计算机之间要交换信息，实现通信，彼此就需要有某些约定和规则——网络协议。目前有很多网络协议有一些是各计算机网络产品厂商自己制定的，也有许多是由国际组织制定的，它们已构成了庞大的协议集。

③ 网络连接设备。异地的计算机系统要实现数据通信、资源共享还必须有各种网络连接设备给予保障。如中继器、路由器、交换机等。

④ 网络管理软件。包括通信管理软件、网络操作系统、网络应用软件等。

⑤ 网络管理员。一个计算机网络需要有网络管理人员，对网络进行监视、维护和管理，保证网络能够正常有效地运行。

3. 计算机网络、有线电视网和电话网的区别

有线电视网是一个单向的、广播式的网络，每一个接入用户只能作为接收者被动地接收相同的信息，网络上的两个接入点之间无法进行信息沟通。接入用户无法对整个网络施加影响。这样的网络最简单、最容易管理。

电话网就比有线电视网要复杂些，它是一个双向的、单播式的网络，每一个接入用户可以接收信息，也可以对外发送信息，不过在同一时间内只能和一个接入用户进行信息交流。接入用户只能对整个网络施加及其有限且微弱的影响，所以电话网比有线电视网在管理上相对要难一些。

而计算机网络却是一个双向的、多种传送方式并存的网络，每个接入用户可以自由地通过单播、组播和广播3种不同的方式同时和一个或者多个用户进行信息交换。每个接入用户都可以在不同程度上对整个网络施加影响。所以，计算机网络是共享性的、协作性的网络。这样的网络最复杂、功能也最强、管理难度也最大，当然也最容易出现问题。

1.2.2 国际标准化组织

比较著名的国际标准化组织有：ISO、ITU（CCITT）、EIA、TIA、IEEE、ISOC、ICANN。

（1）ISO　国际标准化组织（International Organization for Standardization，ISO）是一个全球性的政府组织，是国际标准化领域中一个十分重要的组织。ISO被130多个国家应用，其总部设在瑞士日内瓦，ISO的任务是促进全球范围内的标准化及其有关活动的开展，以利于国际间产品与服务的交流以及在知识、科学、技术和经济活动中发展国际间的相互合作。它显示了强大的生命力，吸引了越来越多的国家参与其活动。ISO制定了网络通信的标准，即OSI（Open System Interconnection，开发系统互连参考模型），它将网络通信分为7层，开放的意思是通信双方必须都要遵守OSI模型。

（2）ITU　国际电信联盟（ITU），1865年成立于法国巴黎，1947年成为联合国的一部分，成员来自于188国家，总部设在瑞士日内瓦。

ITU的宗旨是维持和扩大国际合作，以改进和合理地使用电信资源；促进技术设施的发展及其有效的运用，以提高电信业务的效率，扩大技术设施的用途，并尽量使公众得以普遍利用；协调各国行动，以达到上述的目的。

在通信领域，最著名的国际电信联盟电信标准化部门（ITU0-T）标准有V系列标准，例如V.32、V.33、V.42标准对使用电话传输数据作了明确的说明；还有X系列标准，例如X.25、X.400、X.500都是公用数字网上传输数据的标准；ITU-T的标准还包括了电子邮件、目录服务、综合业务数字网ISDN和宽带ISDN等方面的内容。

（3）TIA　美国通信工业协会（TIA）是一个全方位的服务性国家贸易组织。其成员包括为美国和世界各地提供通信和信息技术产品、系统和专业技术服务的900余家公司，本协会成员有能力制造供应现代通信网中应用的所有产品。此外，TIA还有一个分支机构——多媒体通信协会（MMTA）。TIA还与美国电子工业协会（EIA）有着广泛而密切的联系。

（4）EIA　美国电子工业协会（EIA）广泛代表了设计生产电子元件、部件、通信系统和设备的制造商以及工业界、政府和用户利益，在提高美国制造商的竞争力方面起到了重要的作用。在信息领域，EIA在定义数据通信设备的物理接口和电气特性等方面有巨大的贡献，尤其是数字设备之间串行通信的接口标准，例如EIA RS-232、EIA RS-449和EIA RS-530。

（5）IEEE　电气和电子工程师协会（Institute of Electrical and Electronics Engineers，IEEE）由1963年美国电气工程师学会（AIEE）和美国无线电工程师学会（IRE）合并开发的，是美国规模最大的专业学会。IEEE最大的成果是制定了局域网和城域网的标准，这个标准称为802系列标准。

（6）ISOC　国际互联网协会ISOC（The Internet Society）是一个领导国际互联网络的科技和经济发展并指导国际互联网络政策制定的非赢利、非政府性组织，它兼顾各个行业的不同兴趣和要求，注重国际互联网络上出现的新功能与新问题，其主要任务是发展国际互联网络的技术架构。ISOC还每年定期组织一次INET大会，着重讨论国际互联网络的世界性架构以及ISOC执行的政策和网络的应用情况。

（7）ICANN　互联网名字与编号分配机构（Internet Corporation for Assigned Names and Numbers，ICANN）。它创立于1998年10月，总部设在美国洛杉矶，是一个采用国际化组织形式的非盈利性机构，负责全球互联网域名系统、根服务器系统、IP地址资源及协议参数的协调、管理与分配，并协调与互联网有关的技术和政策性事务。

IANA通过向地区性互联网注册机构分配一组IP地址编号来管理IP地址授权。这些地区性互联网注册机构从分配到的IP地址中把IP地址授权给大型互联网服务提供商。

ARIN（American Registry for Internet Numbers，美洲互联网号码注册管理机构）：负责北美地区。APNIC（Asia-Pacific Network Information Centre，亚太网络信息中心）：负责亚洲和太平洋地区。RIPE NCC（RIPE Network Coordination Centre，RIPE网络协调中心）：负责欧洲、中亚和中东地区业务。RIPE是1989年成立的欧洲地区网络发展论坛。LACNIC（Latin American and Caribbean Internet Address Registry，拉丁美洲及加勒比互联网络信息中心）：负责拉丁美洲和加勒比海地区业务。AfriNIC（African Network Information Centre，非洲网络信息中心）：负责非洲业务。

这5个机构的代表有时候开会讨论地区性互联网注册机构的业务合作。这5个机构把它们自己称作NRO（号码资源组织）。地区性互联网注册机构还提供域名注册服务并把这些域名授权给注册公司。地区性互联网注册机构还负责ASN（Autonomous System Number，自治系统号）的分配和管理。

网络前瞻

列表比较计算机网络、有线电视网和电话网的区别？网上查找“三网合一”的相关资料。谈谈三网合一实现的难度在哪里？

智慧城堡

计算机网络发展的第一阶段历史是不是符合严格意义的计算机网络的概念。仔细思考，阐述自己的观点。

实践天地

列出比较著名的国际标准化组织的网址。查找更多的介绍国际标准化组织的资料。

网络故事

ICQ

当4个年轻的以色列计算机迷渴望建立一个新的网络公司时，Mirabilis于1996年7月成立，Mirabils这个单词是拉丁文中神奇的意思。以便开发在互联网通信中的新方法。他们观察到上网冲浪和浏览的不断流行及互联网快速推广，并且看到了越来越多的人在网站上查阅信息。他们认识到，更多的东西在网络的影响下正在改变。百万个人被连接到一个巨大的全世界的网络——互联网。他们注意到了那些人被连接，然而并非在互相联系。如果这个缺陷被弥补，那么所有这些人，除了从网站查阅信息外，还将能与其他人一起交流。缺少的是将使用互联网的用户能在网上寻找对方的技术，并且创造对等的通信道，通过它以简单的方式进行交流。他们开创了这种技术，ICQ就是英文“I SEEK YOU”的简称，中文意思是“我找你”。这是一款网络即时讯息传呼软件，支持在Internet上聊天，发送消息、网址及文件等功能。通过免费发放软件的形式，拥有2100万用户，打开了新行业的渠道。仅仅不到两年，美国在线（AOL）就花费2.87亿美元才得以收购。

1.3 无处不在的网络——网络的功能

计算机网络究竟能给我们带来哪些帮助？为什么我们必须学习计算机网络知识？这里通过计算机网络的主要功能加以说明。

1．数据通信

数据通信功能实现了服务器与工作站、工作站与工作站之间的数据传输，是计算机网络的基本功能。在世界的任何地方都可以进行自由的通信。典型的例子就是通过Internet收发电子邮件，可以很方便地实现异地交流。这是对电话、信件和传真等通信方式的重要补充。另外IP电话、MSN、视频会议等通信方式也发展迅速。

2．资源共享

建立计算机网络的主要目的是实现资源共享。资源是指网络中所有的软件、硬件和数据。共享是指网络中的用户都能够部分或全部地享受这些资源。所谓资源共享是指网络中各地区的资源互通有无、分工协作，从而大大提高系统资源的利用率。资源共享包括硬件资源、软件资源和数据资源的共享。

（1）硬件共享　网络硬件资源主要包括大型主机、大容量磁盘、光盘库、打印机、网络通信设备、通信线路和服务器硬件等。用户可以使用网络中任意一台计算机所附接的硬件设备，包括利用其他计算机的中央处理器来分担用户的处理任务。从而使用户节省投资，也便于集中管理。例如：同一网络中的用户共享打印机、共享硬盘空间、共享调制解调器等。

（2）软件共享　用户可以使用远程主机的软件（系统软件和用户软件），既可以将相应软件调入本地计算机执行，也可以将数据送至对方主机，运行软件，并返回结果。从而可以避免软件研制上的重复劳动以及数据资源的重复存储，也便于集中管理。例如，网络版本软件使用，在线翻译等。

（3）数据共享　网络数据资源主要包括数据文件、数据库和光磁盘所保存的各种数据。数据包括文字、图表、图像和视频等。数据是网络中最重要的资源。计算机网络为在各地的用户提供了强有力的通信手段。可以通过计算机网络进行电子数据交换，极大地方便了用户，提高了工作效率。例如，VOD（视频点播）、在线阅读等。

3．分布式处理与负载均衡

由于个人计算机的性能得到极大的提高及其使用的普及，使处理能力分布到网络上的所有计算机成为可能。分布式处理是和集中式处理相对立的概念，分布式计算的数据可以分布在很大区域。分布式网络中，数据的存储和处理都是在本地工作站上进行的。数据输出可以打印，也可以保存。通过网络主要是得到更快、更便捷的数据访问。因为每台计算机都能够存储和处理数据，所以不要求服务器功能十分强大，其价格也就不必过于昂贵。分布处理的特点就在于把要处理的任务分散到各个计算机上运行。对比起把一个任务集中在一台计算机系统上运行的情况，分布处理不仅降低了软件设计的复杂度，而且大大提高了执行任务的效率，同时也降低了成本。

由于目前现有网络的各个核心部分随着业务量的提高，访问量和数据流量的快速增长，其处理能力和计算强度也相应增大，使得单一的服务器设备根本无法承担。在此情况下，如果扔掉现有设备去做大量的硬件升级，这样将造成现有资源的浪费，甚至性能再卓越的设备也不能满足当前业务量增长的需求。针对此情况而衍生出来了一种廉价、有效、透明的技术方法——负载均衡来扩展现有网络设备和服务器的带宽、增加吞吐量、加强网络数据处理能力、提高了网络的灵活性和可用性。负载均衡是由多台服务器以对称的方式组成一个服务器集合，每台服务器都具有等价的地位，都可以单独对外提供服务而无需其他服务器的辅助。通过某种负载分担技术，将外部发送来的请求均匀分配到对称结构中的某一台服务器上，而接收到请求的服务器独立地回应客户的请求。如，人口普查、售火车票。通过一定的算法将负载性比较大的作业分解并交给多台计算机进行分布式处理，起到负载均衡的作用，这样就能提高处理速度，充分发挥设备的利用率，提高设备的效率。

4．能够提高计算机的可靠性

在一个系统中，单个部件或计算机的暂时失效是随时都有可能发生的。建立计算机网络后，重要的资源可以通过网络在多个地点互做备份，并使用户可以通过几条路由来访问网内的资源，从而有效地避免了因单个部件、计算机等故障而影响用户的使用，也避免了整个系统的瘫痪。计算机网络使得计算机的可靠性得到了大大的提高。

5．综合信息服务

网络的一个发展趋势是多元化，在一套系统上提供集成的信息服务，包括来自政治、经济、生活等各个方面的资源，同时还能够提供多媒体信息。Internet上的一些综合性的网站主要提供这种综合信息服务。经过几十年的发展，互联网功能已经至少拓展到4个方面：信息渠道、沟通、娱乐和生活助手功能。反映互联网信息渠道的应用主要有网络新闻和搜索引擎，新兴工具有博客；起到沟通工具作用的网络应用主要有电子邮件和即时通信；发挥典型娱乐工具的网络应用有：网络音乐、网络影视和网络游戏；能反映互联网生活帮手的应用主要有：网上求职、网上教育、网上购物、网上旅行预订、网上银行和网上炒股等。只有这些多元化的互联网应用都非常深入人们的各种日常活动中时，才是真正数字时代的来临。

中国互联网络信息中心（CNNIC）发布的《第21次中国互联网络发展状况统计报告》显示，中国互联网娱乐性明显，网络音乐收听率居中国各项网络应用之首，半年内已有86.6%的网民收听过网络音乐。前七位网络应用的使用率排序是：网络音乐（86.6%）>即时通信（81.4%）>网络影视（76.9%）>网络新闻（73.6%）>搜索引擎（72.4%）>网络游戏（59.3%）>电子邮件（56.5%）。中国互联网的娱乐功能发挥较大。

网络新闻和搜索引擎是网络发挥信息渠道作用的代表性应用。尽管中国网民的这两种网络应用使用率都非常高，3/4的网民都在网上看新闻和使用搜索引擎，但与互联网发展较成熟的美国相比，互联网的信息渠道地位还有提高的余地。除这两项外，写博客作为一项新兴的信息类工具，在中国迅速扩散开来，已经有近1/5（19.1%）的网民青睐在网上写博客，即博客作者约有3094万人。中国网民对沟通工具功能的利用深度较好，但普及率还有提高的余地。互联网沟通工具功能的发展有一定的中国特色。即时通信在中国异常发达，81.4%的网民都使用这种网络聊天功能，但是即时通信在美国和韩国的使用率不到50%；在美国和韩国，电子邮件的使用率已经超过了90%，但在中国只有一半（55.4%）的网民在使用。

网络是一把双刃剑，在为人们提供信息和服务的同时，在互联网上游离着大量色情、暴力、赌博、迷信和反动的灰色信息，这些信息防不胜防，如同魔鬼般时刻侵蚀着涉世未深、好奇心强、自制力弱、辨别力差、自我保护能力弱的青少年，逐渐使一些青少年心灵扭曲，道德意识弱化。还时常有盗用他人账号密码、利用终端计算机搞恶作剧的情况。网络也使一些人沉迷于虚幻的网络世界里不能自拔，把网络看作是生命的全部，在虚拟世界里花费大量的时间、精力和情感。他们忘记了自己对现实社会的关注和了解，忘记了自己还要承担社会所赋予的角色和权利，该读的书不读，该做的事不做。当然，片面的禁止上网也是违背历史潮流的。网络的不利方面应这样看待：网络是社会的延伸，社会上有的违法犯罪换个方式也会在网络中出现。我们以不断加强自身的建设为前提，把网络作为工作和学习的工具，作为了解社会和开阔视野的工具，而不是作为纯娱乐消遣的工具，正确地利用好网络，趋利避害，发挥网络应有的功能。现在“文明网络”活动已轰轰烈烈开展起来，全国各大网站、校园纷纷展开行动，共同为构建健康清洁的文明网络环境，守护我们的精神家园而身体力行。

智能表格

中国互联网络信息中心（CNNIC）第21次网络应用使用率调查，见表1-1。请你结合自己和身边的网络应用使用率情况，仔细分析具体数据，可以看出什么问题？

1. ______________________________

2. ______________________________

表1-1　第21次网络应用使用率调查表

网络应用		使用率	用户规模（万人）
互联网基础应用	搜索引擎	72.4%	15204
	电子邮件	56.5%	11865
	即时通信	81.4%	17094
电子政务		25.4%	5334
网络媒体	网络新闻	73.6%	15456
	更新博客/个人空间	23.5%	4935
数字娱乐	网络游戏	59.3%	12453
	网络音乐	86.6%	18186

（续）

网络应用		使用率	用户规模（万人）
	网络影视	76.9%	16149
电子商务	网络购物	22.1%	4641
	网上支付	15.8%	3318
	网上银行	19.2%	4032
其他	网络求职	10.4%	2184
	网络教育	16.6%	3486
	网上炒股票基金	18.2%	3822

网络论坛

如何兴利除弊地使用互联网？请阐述一下自己的观点。

智慧城堡

下面是不同年龄段网民玩网络游戏的比例和网民每周玩网络游戏的时间统计表，如图1-8、1-9所示。从图中可以看出什么问题？网络游戏又有哪些益处？结合自己身边的实例，谈谈如何看待网络游戏。

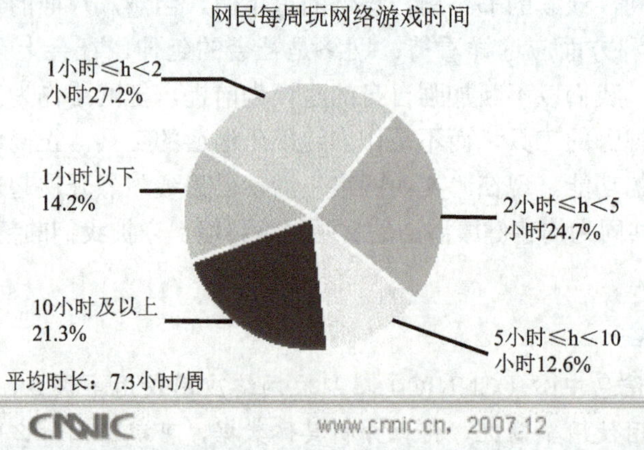

图1-8　网民每周玩网络游戏时间统计表

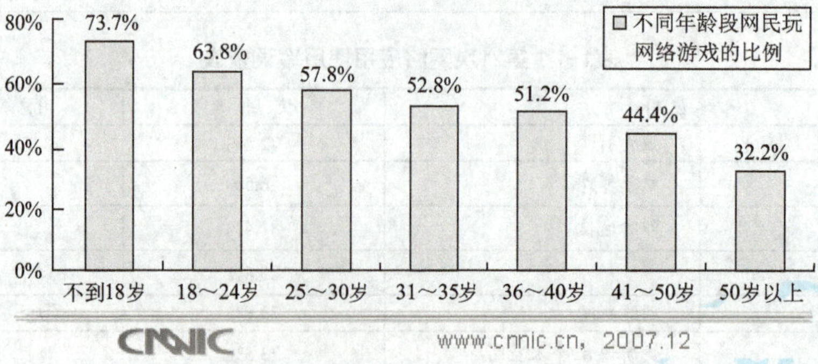

图1-9　不同年龄段网民玩网络游戏的比例

仔细观察

仔细观察超市的收银系统、图书馆的图书管理系统、人口查询系统、银行的信用卡系统等，讲一讲计算机网络是如何实现安全可靠的功能的？

疑难问题

新浪、网易、搜狐等网站是如何进行分布式处理与负载均衡的？

知识拓展

在中国互联网络信息中心网站www.cnnic.cn，查阅《第21次中国互联网络发展状况统计报告》。

学以致用

高考试卷计算机网上评卷就综合运用了计算机网络的功能。请大家调查了解一下，是如何具体实施的，相信一定能令大家对高考评卷和计算机网络的有机结合拍案叫绝。

所谓计算机网上评卷，就是运用计算机网络技术和先进的电子扫描技术等现代科技手段将纸质试卷通过扫描生成图像后，建立起大型数据库，最后通过专用服务器形成高考评卷局域网，在计算机网络上进行评阅的过程。网上评卷工作分试卷扫描、评卷、评卷数据核查及统分3个阶段进行。

首先，利用高速数据处理与图像扫描机器将所有考生答卷电子化，存储为图像。扫描进计算机的答卷，考生信息会自动完成保密处理，每份扫描答卷的唯一标志就是一个由计算机随机生成的保密号。答卷扫描图像按1:1比例呈现。扫描过程中，计算机还自动将扫描出来的一整张答卷图像按每一题答题区间分割，即每一题分割成一个小图像，发送给评卷老师。教师看不到考生姓名、考号等，减少了主观题评卷误差，减少了工作环节，做到了公平、公正、精确。

然后，每位评卷教师对应一台计算机，他们评卷都使用身份认证机制，只有输入密码才可进入评卷系统。评卷老师只能通过计算机屏幕批改扫描后的答卷，屏幕的左边显示的是考生答题卡上的答题信息，右边框里则是老师的打分信息。阅卷老师根据考生的答题情况将分数填在表格内，然后点击“确认”，这样考生该题的得分就显示在计算机上。除了分数和答题内容外，整个屏幕上没有显示其他任何和考生相关的信息。评卷老师只能通过计算机屏幕看到扫描后的答卷，每份答卷均需要随机经过不同的评卷教师至少评阅两遍，最终取两位评卷教师评分的平均值，为考生该科考试成绩。评卷教师只知道其所负责的某道试题的答题情况，不会受到考生其他答题得分情况的影响。

最后，考生的卷面统分由计算机自动统计，直到考生试卷总分出来后，密号才会还原成考生姓名、考号等信息。分布不同地域的各个科目评卷现场的成绩经过计算机汇总，形成考生的综合成绩。经过网络或者语音查询系统发布。

为什么高考需要答题卡、条形码、准考证号码？试题为什么要扫描切割？为什么要身份认证和保密号？为什么要强调随机经过不同的评卷教师至少评阅两遍后取平均值？对计算机网上评卷有什么意见和建议？……仔细思考，这涉及计算机网络的综合知识。

1.4 网络的自我简介——网络的组成

计算机网络系统由计算机网络硬件系统、计算机网络软件系统组成。

1．网络硬件

常见的网络硬件有服务器、网络工作站、网络接口卡、通信介质以及各种网络互连设备等。网络中的计算机又分为服务器和网络工作站两类。

（1）服务器　服务器的主要功能是为网络工作站上的用户提供共享资源、管理网络文件系统、提供网络打印服务、处理网络通信、响应工作站上的网络请求等。常用的网络服务器有文件服务器、通信服务器、计算服务器和打印服务器等。一个计算机网络系统至少要有一台服务器，也可有多台。通常用小型计算机、专用PC服务器或高档微机作为网络的服务器。

（2）网络工作站　向各种服务器发出服务请求，从网络上接收传送给用户的数据。网络工作站是通过网络接口卡连接到网络上的计算机。

（3）网络接口卡　网络接口卡简称网卡，又称为网络接口适配器，是计算机与通信介质的接口，是构成网络的基本部件。网卡的主要功能是实现网络数据格式与计算机数据格式的转换、网络数据的接收与发送等。按照网卡的总线类型可以分为ISA（Industrial Standard Architecture，工业标准结构）总线接口卡、MCA（Micro Channel Architecture，微通道结构）总线接口卡、EIES（Extended Industrial Standard Architecture，扩展工业标准结构）总线接口卡、PCI（Peripheral Component Interconnect，外围设备互连）总线接口卡和PCMCIA（PC Memory Card International Association，个人计算机存储卡国际委员会）接口卡等。

（4）通信介质　是计算机之间传输数据信号的重要媒介，它提供了数据信号传输的物理通道。有形介质包括双绞线、同轴电缆或光缆等；无形介质包括无线电、微波、卫星通信等。它们的参数包括：传输容量、信号衰减、抗干扰能力、安装难度、价格等。

（5）网络互联设备　网络中要实现网络与网络之间相互连接的目的时需要用到一些设备，其中最常用的有集线器、中继器、交换机、路由器、网关等。

集线器：集线器是局域网中常用的连接设备，它有多个端口，可以连接多台本地计算机，是对网络进行集中管理的最小单元。主要功能是放大和中转信号，把一个端口的信号广播发送。它有多个端口，可以连接多台本地计算机。

中继器：中继器工作可用来扩展网络长度。中继器的作用是在信号传输较长距离后，进行整形和放大，但不对信号进行校验处理等。

交换机：连接局域网网段或者端与端的连接设备。也是一种在链路层实现局域网互联的存储转发设备。

路由器：所谓“路由”，是指把数据从一个地方传送到另一个地方的行为和动作，而路由器，正是执行这种行为动作的机器，它的英文名称为Router，是一种连接多个网络或网段的网络设备，它能将不同网络或网段之间的数据信息进行“翻译”，以使它们能够相互“读懂”对方的数据，从而构成一个更大的网络。路由器是互联网的枢纽和核心。

网关：用来互连完全不同的网络。主要功能是把一种协议变成另一种协议，把一种数据格式变成另一种数据格式，把一种速率变成另一种速率，以求两者的统一。提供中转中间接口。在Internet中，网关是一台计算机设备，它能根据用户通信用的计算机的IP地址，界定是否将用户发出的信息送出本地网络，同时，它还可以接收外界发送给本地网络计算机的信息。

调制解调器（Modem）：是一种信号转换装置，它可以将计算机中传输的数字信号转换成通信线路中传输的模拟信号，或者将通信线路中传输的模拟信号转换成数字信号。一般将数字信号转换成模拟信号，称为“调制”过程；将模拟信号转换成数字信号，称为“解调”过程。

调制解调器的作用是将计算机与公用电话线相连，使得现有网络系统以外的计算机用户能够通过拨号的方式利用公用事业电话网访问远程计算机网络系统。

2．网络软件

网络操作系统（Network Operating System）、网络协议软件、网络应用软件。

（1）网络操作系统　网络操作系统是运行在网络硬件基础之上的，为网络用户提供共享资源管理服务、基本通信服务、网络系统安全服务及其他网络服务的软件系统。网络操作系统必须对用户进行控制；它需要通过软件工具对网络资源进行全面的管理，进行合理的调度和分配。如：Windows 2003 Server/ Advance Server、UNIX、NetWare、Linux等。

（2）网络协议软件　连入网络的计算机依靠网络协议实现互相通信，而网络协议是靠具体的网络协议软件的运行支持才能工作。凡是连入计算机网络的服务器和工作站上都运行着相应的网络协议软件。如：IPX\SPX、TCP\IP等。

（3）网络应用软件　为某一应用目的而开发的网络软件。网络管理软件、网络通信软件、网络应用软件（如：远程教学软件、电子图书馆软件、火车站售票系统软件等）；网络应用软件为用户提供访问网络的手段及网络服务、资源共享和信息的传输。

知识拓展

网络操作系统简介

1．Windows类

对于这类操作系统相信用过电脑的人都不会陌生，这是全球最大的软件开发商——Microsoft（微软）公司开发的。Microsoft公司的Windows系统不仅在个人操作系统中占有绝对优势，它在网络操作系统中也是具有非常强劲的力量。这类操作系统配置在整个局域网配置中是最常见的，但由于它对服务器的硬件要求较高，且稳定性能不是很高，所以微软的网络操作系统一般只是用在中低档服务器中，高端服务器通常采用UNIX、Linux或Solairs等非Windows操作系统。在局域网中，微软的网络操作系统主要有：Windows NT 4.0 Server、Windows 2000 Server/Advance Server，以及最新的Windows 2003 Server/Advance Server等。工作站系统可以采用Windows或非Windows操作系统，包括个人操作系统，如Windows 9x/ME/XP等。

2. NetWare类

NetWare操作系统虽然远不如早几年那么风光，在局域网中早已失去了当年雄霸一方的气势，但是NetWare操作系统仍以对网络硬件的要求较低（工作站只要是286机即可）而受到一些设备比较落后的中、小型企业，特别是学校的青睐。人们一时还忘不了它在无盘工作站组建方面的优势，还忘不了它那毫无过分需求的大度。且因为它兼容DOS命令，其应用环境与DOS相似，经过长时间的发展，具有相当丰富的应用软件支持，技术完善、可靠。目前常用的版本有3.11、3.12和4.10、V4.11，V5.0等中英文版本，NetWare服务器对无盘站和游戏的支持较好，常用于教学网和游戏厅。目前这种操作系统有市场占有率呈下降趋势，这部分的市场主要被Windows NT/2000和Linux系统瓜分了。

3. UNIX系统

目前常用的UNIX系统版本主要有：UNIX SUR4.0、HP-UX 11.0、SUN的Solaris 8.0等。支持网络文件系统服务，提供数据等应用，功能强大，由AT&T和SCO公司推出。这种网络操作系统稳定和安全性能非常好，但由于它多数是以命令方式来进行操作的，不容易掌握，特别是初级用户。正因如此，小型局域网基本不使用UNIX作为网络操作系统，UNIX一般用于大型的网站或大型的企、事业局域网中。UNIX网络操作系统历史悠久，其良好的网络管理功能已为广大网络用户所接受，拥有丰富的应用软件的支持。目前UNIX网络操作系统的版本有：AT&T和SCO的UNIXSVR3.2、SVR4.0和SVR4.2等。UNIX本是针对小型机主机环境开发的操作系统，是一种集中式分时多用户体系结构。因其体系结构不够合理，UNIX的市场占有率呈下降趋势。

4. Linux

这是一种新型的网络操作系统，它的最大特点就是源代码开放，可以免费得到许多应用程序。目前也有中文版本的Linux，如Redhat（红帽子），红旗Linux等。在国内得到了用户充分的肯定，主要体现在它的安全性和稳定性方面，它与UNIX有许多类似之处。

课外查找Windows、Linux、UNIX、NetWare的相关资料，在未来的操作系统竞争中，谁会在企业服务器领域“独领风骚”，谈谈你的见解。

实践天地

参观网络教学实训室，认识和了解网络互连设备和传输介质的原理和功能。列表完成生产厂家和型号以及针对的接口类型等相关信息。

知识拓展

Internet和Intranet的区别

Internet即国际互联网，是各种网络互连的一个大系统。Internet是用TCP/IP协议将不同结构的网络连接起来的计算机信息网络。在Internet中任何一个用户都可以使用网络上的资源。Intranet即企业内部互联网，是使用了TCP/IP技术和信息技术的局域网。该网具有与Internet连接的功能，是随着Internet的发展而建立起来的。

Intranet是属于某个企业事业单位自己组建的内部计算机信息网络，而Internet不属于任何一个部门所独有的计算机信息网络。Intranet上的企业内部私有的资源信息，需要严格的保护；企业内部的公开信息，则希望社会上的用户尽可能多的访问。在Internet中任何一个用户都可以使用网络上的资源，比如访问网页资源。

网络故事

MSN

出生于印度的萨比尔·巴迪亚（Sabeer Bhatia）是免费电子邮件服务网站Hotmail的创始人。他毕业于斯坦福大学电气工程专业。加入苹果电脑公司之后，为了方便与同事杰克·史密斯（Jack Smith）联系但又防止被上司发现，巴迪亚萌发了建立一种新型的互通模式。他的这个想法最终付诸行动，Hotmail这个全世界第一个免费的电子邮件服务商便诞生了。而巴迪亚本人也因此在年仅31岁时就奠定了一定的事业基础，在当时的IT领域极具影响，个人财产那时就达到了1亿美元。1997年12月31日，微软公司完成了与成立不足两年、员工仅有26人、主导业务仅为提供免费邮件业务的小公司—— Hotmail公司的购并事宜。在谈判过程中，微软公司的董事长盖茨亲自出马，坐在谈判桌前，与Hotmail公司年轻的创始人进行面对面地对购并条款进行谈判，最终以4亿美元收购，由此也创造了一个关于风险投资与企业购并领域的经典案例。而微软公司也正是借助于Hotmail所带来的注册用户和迅猛增长的业务，使自己旗下的www.msn.com网站，一跃成为全球注册用户最多和访问量最大的三大网站之一。

1.5 网络的门派——网络的分类

计算机网络从发展到现在应用的非常广泛，计算机网络分类方法有很多种，根据网络的分类不同，在同一种网络中可能会有很多种不同的名词说法，例如是局域网、总线网、以太网等。因此，对计算机网络分类的研究有助于人们能够更好地理解和学习计算机网络。以下是计算机网络的主要分类方法。

1. 按计算机网络规模和覆盖范围分类

按照计算机网络规模和所覆盖的地理范围对其分类，可以很好地反映不同类型网络的技术特征。由于网络覆盖的地理范围不同，所采用的传输技术也有所不同，因此形成了不同的网络技术特点和网络服务功能。按覆盖地理范围的大小，可以把计算机网络分为局域网、城域网和广域网见表1-2。

表1-2　计算机网络按规模和覆盖范围分类比较表

网络分类	分布距离	跨越地理范围	带　宽
局域网	10m	房间	10Mpbs～xGpbs
	200m	建筑物	
	2km	校园内	
城域网	100km	城市	64kpbs～xGpbs
广域网	1000km	国家、洲或洲际	64kpbs～625Mpbs

（1）局域网LAN（Local Area Network）局域网可分布于一个间房、每个楼层、整栋楼及楼群之间等，范围一般在2km以内，最大距离不超过10km，如图1-10所示。它是在小型计算机和微型计算机大量推广使用之后逐渐发展起来的。一方面，它容易管理与配置；另一方面，容易构成简洁整齐的拓朴结构。局域网速率高、延迟小，传输速率通常为10Mpbs～2Gbps。因此，网络节点往往能对等地参与整个网络的使用与监控，再加上成本低、应用广、组网方便及使用灵活等特点，深受用户欢迎，是目前计算机网络技术发展中最活跃的一个分支。局域网的物理网络通常只包含物理层和数据链路层。

局域网主要用来构建一个单位的内部网络，例如办公室网络、办公大楼内的局域网、学校的校园网、工厂的企业网、大公司及科研机构的园区网等。局域网通常属于单位所有，单位拥有自主管理权，以共享网络资源和协同式网络应用为主要目的。

局域网的主要特点：

①适应网络范围小。

②传输速率高。

③组建方便、使用灵活。

④网络组建成本低。

⑤数据传输错误率低。

局域网按照采用的技术、应用范围和协议标准的不同，可以分为共享局域网和交换局域网。

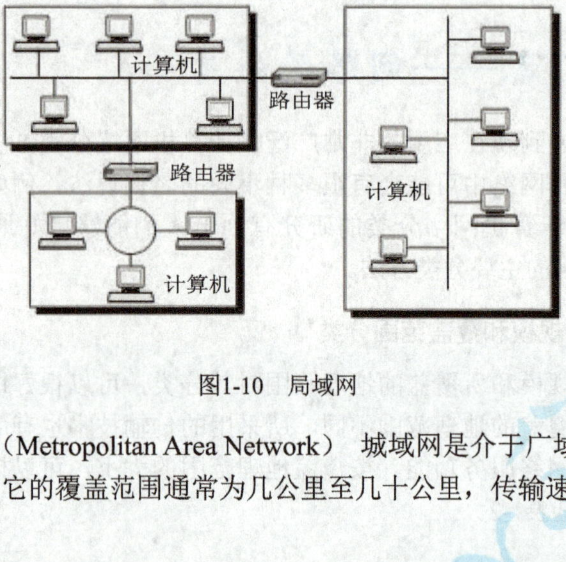

图1-10　局域网

（2）城域网MAN（Metropolitan Area Network）　城域网是介于广域网与局域网之间的一种大范围的高速网络，它的覆盖范围通常为几公里至几十公里，传输速率为2Mpbs～xGbps，如图1-11所示。

随着使用局域网带来的好处，人们逐渐要求扩大局域网的范围，或者要求将已经使用的局域网互相连接起来，使其成为一个规模较大的城市范围内的网络。因此，城域网设计的目标是要满足几十公里范围内的大量企业、机关、公司与社会服务部门的计算机连网需求，实现大量用户、多种信息传输的综合信息网络。城域网主要指在大中型企业集团、ISP、电信部门、有线电视台和政府构建的专用网络和公用网络。

城域网的主要特点：

①适合比LAN大的区域（通常用于分布在一个城市的大校园或企业之间）。

②比LAN速度慢，但比WAN速度快。

③昂贵的设备。

④中等错误率。

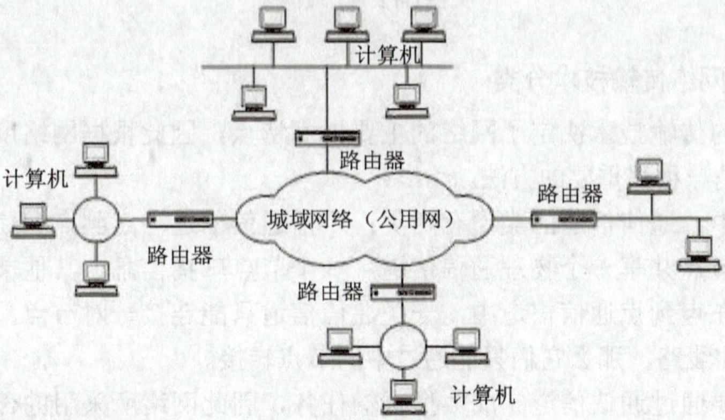

图1-11　城域网

（3）广域网WAN（Wide Area Network）　广域网的覆盖范围很大，几个城市，一个国家，几个国家甚至全球都属于广域网的范畴，从几十公里到几千或几万公里，如图1-12所示。

此类网络起初是出于军事、国防和科学研究的需要。例如美国国防部的ARPANET网络，1971年在全美推广使用并已延伸到世界各地。由于广域网分布距离远，其速率要比局域网低得多。另外在广域网中，网络之间连接用的通信线路大多租用专线，当然也有专门铺设的线路。物理网络本身往往包含了一组复杂的分组交换设备，通过通信线路连接起来，构成网状结构。由于广域网一般采用点对点的通信技术，所以必须解决寻径问题，这也是广域网的物理网络中心包含网络层的原因。目前，许多全国性的计算机网络属于这类网络，例如ChinaPAC网和ChinaDDN网等。

互联网在范畴上属于广域网，但并不是一种具体的物理网络技术。它是将不同的物理网络技术按某种协议统一起来的一种高层技术，是广域网与广域网、广域网与局域网、局域网与局域网之间的互连，形成了局部处理与远程处理，有限地域范围资源共享与广大地域范围资源共享相结合的互联网。目前，世界上发展最快、最热门的就是Internet，它是世界上最大的互联网。国内这方面的代表主要有：中国电信的CHINANET网、中国教育科研网（CERNET）、中国科学院系统的CSTNET和金桥网（GBNET）等。

广域网的主要特点：

①规模可以与世界一样大小。

②一般比LAN和MAN慢很多。

③网络传输错误率最高。

④昂贵的网络设备。

图1-12　广域网

2．按计算机网络传输技术分类

网络所采用的传输技术决定了网络的主要技术特点，因此根据网络所采用的传输技术对网络进行划分是一种很重要的方法。

在通信技术中，通信信道的类型有两类：广播通信信道与点到点通信信道。在广播通信信道中，多个节点共享一个物理通信信道，一个节点广播信息，其他节点都能够接收这个广播信息。而在点到点通信信道中，一条通信信道只能连接一对节点，如果两个节点之间没有直接连接的线路，那么它们只能通过中间节点转接。

显然，网络要通过通信信道完成数据传输任务，因此网络所采用的传输技术也只可能有两类，即广播（Broadcast）方式和点到点（Point-to-Point）方式。这样，相应的计算机网络也可以分为两类：

（1）广播式网络　广播式网络中的广播是指网络中所有连网计算机都共享一个公共通信信道，当一台计算机利用共享通信信道发送报文分组时，所有其他计算机都将会接收并处理这个分组。由于发送的分组中带有目的地址与源地址，网络中所有接收到该分组的计算机将检查目的地址是否与本节点的地址相同。如果被接收报文分组的目的地址与本节点地址相同，则接收该分组，否则将丢弃收到的分组。

在广播式网络中，若分组是发送给网络中的某些计算机，则被称为多点播送或组播；若分组只发送给网络中的某一台计算机，则称为单播。在广播式网络中，由于信道共享可能引起信道访问错误，因此信道访问控制是需要解决的关键问题。

（2）点到点式网络　点到点传播指网络中每两台主机、两台节点交换机之间或主机与节点交换机之间都存在一条物理信道，即每条物理线路连接一对计算机。机器（包括主机和节点交换机）沿某信道发送的数据确定无疑地只有信道另一端的唯一一台机器收到。

假如两台计算机之间没有直接连接的线路，那么它们之间的分组传输就要通过中间节点的接收、存储、转发直至目的节点。由于连接多台计算机之间的线路结构可能是复杂的，因此从源节点到目的节点可能存在多条路由，决定分组从通信子网的源节点到达目的节点的路由需要有路由选择算法。采用分组存储转发是点到点式网络与广播式网络的重要区别之一。

在这种点到点的拓扑结构中，没有信道竞争，几乎不存在介质访问控制问题。点到点信道无疑可能浪费一些带宽，但在长距离信道上一旦发生信道访问冲突，控制起来是相当容易，所以广域网都采用点到点信道，而用带宽来换取信道访问控制的简化。

3．按计算机网络的工作模式分类

（1）对等网（Peer to Peer） 在对等网络中，所有的计算机地位平等，没有从属关系，也没有专用的服务器和客户机。网络中的资源是分散在每台计算机上的，每一台计算机都有可能成为服务器也可能成为客户机。网络的安全验证在本地进行，一般对等网络中的用户小于或等于10台。对等网能够提供灵活的共享模式，组网简单、方便，但难于管理，安全性能较差。它可满足一般数据传输的需要，所以一些小型单位在计算机数量较少时可选用"对等网"结构，如图1-13所示。

图1-13 对等网

（2）客户机/服务器模式（Client/Server） 为了使网络通信更方便、更稳定、更安全，引入了基于服务器的网络（Client/Server，简称C/S），如图1-14所示。这种类型中的网络中有一台或几台较大计算机集中进行共享数据库的管理和存取，称为服务器，而将其他的应用处理工作分散到网络中其他计算机上去做，构成公布式的处理系统。服务器控制管理数据的能力已由文件管理方式上升为数据库管理方式，因此，C/S中的服务器也称为数据库服务器，注重于数据定义、存取安全备份及还原，并发控制及事务管理，执行诸如选择检索和索引排序等数据库管理功能。它有足够的能力做到把通过其处理后用户所需的那一部分数据通过网络传送到客户机去，而不是整个文件，这样就减轻了网络的传输负荷。C/S结构是数据库技术的发展和普遍应用与局域网技术发展相结合的结果。

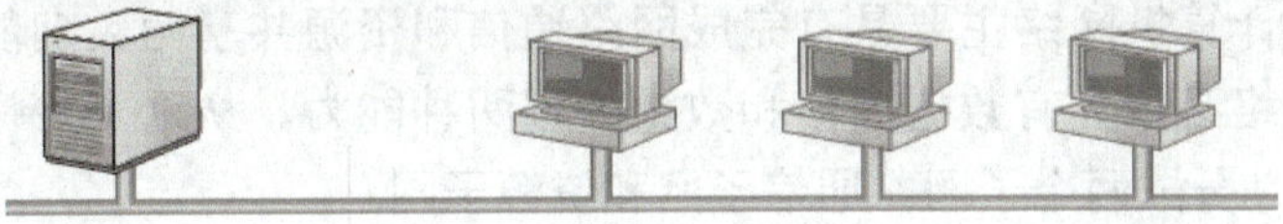

图1-14 客户机/服务器模式

4．按计算机网络管理性质分类

根据对网络组建与管理的部门和单位不同，常将计算机网络分为公用网和专用网。

（1）公用网 由电信部门或其他提供通信服务的经营部门组建、管理和控制，网络内的传输和转接装置可供任何部门和个人使用；公用网常用于广域网络的构造，支持用户的远程通信。如我国的电信网、广电网、联通网等。

（2）专用网 由用户部门组建经营的网络，不允许其他用户和部门使用；由于投资的因素，专用网常为局域网或者是通过租借电信部门的线路而组建的广域网络。如由学校组建的校园网、由企业组建的企业网等。另外，许多部门直接租用电信部门的通信网络，并配置一台或者多台主机，向社会各界提供网络服务，如全国各大银行的网络等。

5. 按网络的交换方式分类

根据计算机网络的交换方式，可以将计算机网络分为电路交换网、报文交换网和分组交换网3种类型。

（1）电路交换网　电路交换方式是在用户开始通信前，先申请建立一条从发送端到接收端的物理信道，并且在双方通信期间始终占用该信道。

（2）报文交换网　报文交换方式是把要发送的数据及目的地址包含在一个完整的报文内，报文的长度不受限制。报文交换采用存储 — 转发原理，每个中间节点要为途经的报文选择适当的路径，使其能最终到达目的端。

（3）分组交换网　分组交换方式是在通信前，发送端先把要发送的数据划分为一个个等长的单位（即分组），这些分组逐个由各中间节点采用存储 — 转发方式进行传输，最终到达目的端。由于分组长度有限，因此可以比报文更加方便地在中间节点机的内存中进行存储处理，其转发速度大大提高。

6. 按网络的传输介质分类

根据网络的传输介质，可以将计算机网络分为有线网、光纤网和无线网3种类型。

（1）有线网　有线网是采用同轴电缆、双绞线、光纤连接的计算机网络。用同轴电缆连接的网络成本低，安装较为便利，但传输率和抗干扰能力一般，传输距离较短。用双绞线连接的网络价格便宜，安装方便，但其易受干扰，传输率也比较低，且传输距离比同轴电缆要短。光纤网是采用光导纤维作为传输介质的。光纤传输距离长，传输率高，抗干扰性强，不会受到电子监听设备的监听，是高安全性网络的理想选择，但其成本较高，且需要高水平的安装技术。

（2）无线网　无线网是用电磁波作为载体来传输数据的，目前无线网连网费用较高，还不太普及，但由于连网方式灵活方便，因此是一种很有前途的连网方式。

7. 按网络的功能分类

从功能上看，计算机网络主要具有完成网络通信和资源共享两大功能。为了实现这两个功能，计算机网络必须具有数据通信和数据处理两种能力。从这个前提出发，计算机网络可以从逻辑上被划分成两个子网：通信子网和资源子网。

（1）资源子网　资源子网主要是对信息进行加工和处理，面向用户，接受本地用户和网络用户提交的任务，最终完成信息的处理。它包括访问网络和处理数据的硬件、软件设施，主要有主计算机系统、终端控制器和终端、计算机外部设备、有关软件和可共享的数据（如公共数据库）等。

主机（Host）：主计算机系统可以是大型机、小型机或局域网中的微型计算机，它们是网络中的主要资源，也是数据资源和软件资源的拥有者，一般都通过高速线路将它们和通信子网的节点相连。

终端控制器和终端：终端控制器连接一组终端，负责这些终端和主计算机的信息通信，或直接作为网络节点，在局域网中它相当于集线器（HUB）。终端是直接面向用户的交互设备，可以是由键盘和显示器组成的简单终端，也可以是微型计算机系统。

计算机外设：计算机外部设备主要是网络中的一些共享设备，如大型的硬盘机、数据流磁带机、高速打印机、大型绘图仪等。

（2）通信子网　通信子网主要负责计算机网络内部信息流的传递、交换和控制，以及信号的变换和通信中的有关处理工作，间接服务于用户。它主要包括网络节点、通信链路和信号转换设备等硬件设施。它提供网络通信功能。

网络节点：网络节点的作用一是作为通信子网与资源子网的接口，负责管理和收发本地主机和网络所交换的信息；二是作为发送信息、接收信息、交换信息和转发信息的通信设备，负责接收其他网络节点传送来的信息并选择一条合适的链路发送出去，完成信息的交换和转发功能。网络节点可以分为交换节点和访问节点两种。交换节点主要包括交换机（Switch）、集线器、网络互连时用的路由器（Router）以及负责网络中信息交换的设备等。访问节点主要包括连接用户主机和终端设备的接收器、发送器等通信设备。

通信链路：通信链路是两个节点之间的一条通信信道。链路的传输媒体包括：双绞线、同轴电缆、光导纤维、无线电微波通信、卫星通信等。一般在大型网络中和相距较远的两个节点之间的通信链路，都利用现有的公共数据通信线路。

信号转换设备：信号转换设备的功能是对信号进行变换以适应不同传输媒体的要求。这些设备一般有：将计算机输出的数字信号转换为电话线上传送的模拟信号的调制解调器（Modem）、无线通信接收和发送器、用于光纤通信的编码解码器等。

网络前瞻

上网查找计算机网络分类还有哪些？如果你向没有网络知识的人介绍网络分类，你认为最应该介绍哪几种？为什么？

知识拓展

ISP的英文是Internet Service Provider，翻译为互联网服务提供商，即向广大用户提供互联网接入业务、信息业务和增值业务的电信运营商。ISP是经国家主管部门批准的正式运营企业，享受国家法律保护。

ICP的英文是Internet Content Provider，翻译为互联网内容提供商，即向广大用户提供互联网信息业务和增值业务的电信运营商。ICP同样是经国家主管部门批准的正式运营企业，享受国家法律保护。国内知名的ICP有新浪、搜狐、163、21CN等。

ASP的英文是Application Service Provider，翻译为应用服务提供商，是为各种各样的商务客户和事务客户提供其所需的应用，并且这种应用通过托管或者租用的形式实现，而不是使用传统的购买方式或者用户定制开发的形式实现的，从而使客户的应用开发成本大幅度下降。

实践天地

调查当地互联网服务提供商有哪些？有什么相关的服务？其中ISP的差异有哪些？

网络故事

google

1998年，人们对互联网的狂热达到了颠峰，网络正处于“信息爆炸”状态，唯一的问题是怎样去查找信息。此刻，两名不为人所知的年轻的计算机专业研究生，在斯坦福大学的宿舍里经常一待就是一通宵，他们是拉里·佩奇和谢尔盖·布林。他们想出了在互联网上寻找信息的方法，并决定放弃学业，将想法商业化。1998年9月，布林从一位斯坦福校友那里顺利地拿到了第一笔投资：10万美元。依靠这10万美元，在朋友的一个车库里，布林和佩奇开始了“google”（翻译成中文是谷歌）的征程。

此后，在不到六年的时间里，两位年轻人的梦想变成了现实，成百上千亿的网页信息轻易地在网络用户的指尖流淌，搜索内容几乎无所不包。搜索巨人“google”的横空出世带来了真正的互联网搜索时代，点燃了互联网搜索革命，现在每天的搜索高达6.5亿次。而布林与佩奇也成为了世界上第一个互联网搜索引擎谷歌的创始人，美国最年轻的亿万富翁。2005年9月，他们以110亿美元的身家并列排名《福布斯》富豪排行榜的第16位。

1.6 网络的明星照——网络的拓扑结构

拓扑学的英文名是“Topology”。拓扑学是几何学的一个分支，是一种研究与大小、形状无关的点、线、面关系的方法。按照拓扑学的观点，将工作站、服务器、交换机等网络单元抽象为“点”，网络中的传输介质抽象为“线”，计算机网络系统就变成了由点和线组成的几何图形，它表示了通信媒介与各节点的物理连接结构，这种结构称为网络的拓扑结构。

网络拓扑结构图是理解和研究网络结构和分布的语言。网络拓扑结构反映了网络连接关系的本质，而且还排除了一些没有反映网络本质特征的细节，例如网络连接所使用的缆线类型和网络主机使用的操作系统等。网络拓扑结构对整个网络的设计、功能、可靠性、费用及维护等方面有着重要的影响。从某种意义上说，网络拓扑结构图就是网络的明星照，也是网络建设的蓝图。

1.6.1 网络拓扑的基本构型

网络拓扑是指从计算机网络中抽象出来的网络节点与线构成的网络几何形状，或者说是它在物理上的连通性。网络的拓扑结构按几何形状主要有以下几种基本构型：星形拓扑型、总线拓扑型、环形拓扑型、树形拓扑型、网状拓扑型。常用的网络拓扑结构主要是总线型、环形和星形拓扑结构，如图1-15所示。

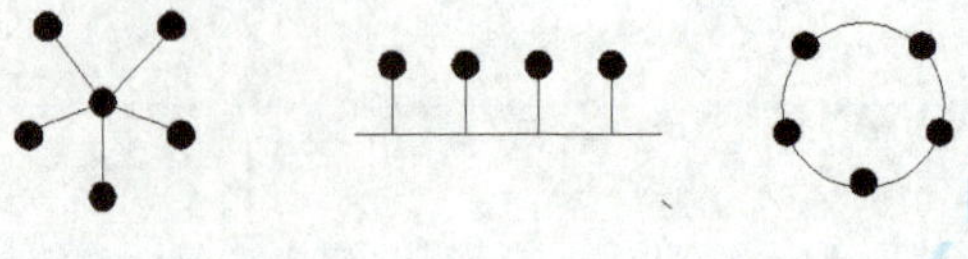

a)　　b)　　c)

图1-15　网络拓扑的基本构型

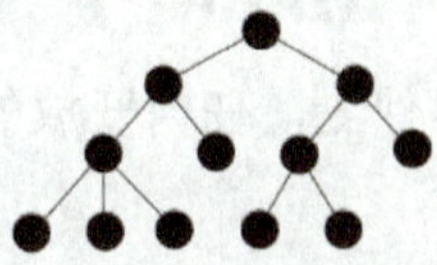

d）

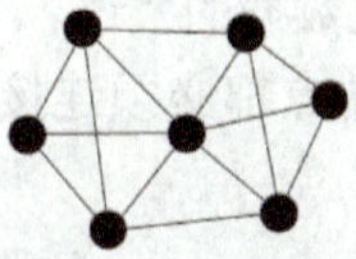

e）

图1-15　网络拓扑的基本构型（续）

a）星形拓扑型　b）总线拓扑型　c）环形拓扑型　d）树形拓扑型　e）网状拓扑型

1.6.2　网络拓扑的分类

根据通信子网中通信信道的类型，网络拓扑可以分为两类：广播信道通信子网的拓扑与点对点线路通信子网的拓扑。

在采用广播信道通信子网中，一个公共的通信信道被多个网络节点共享。采用广播信道通信子网的基本拓扑结构有4种：总线型、环形、树形。这一类主要以局域网的总线型拓扑结构为代表。

在采用点对点线路通信子网中，每条物理线路连接一对节点。采用点对点线路通信子网的基本拓扑结构也有4种：网状形、星型、环形与树型。目前实际存在与使用的广域网结构，基本上都采用网状拓扑结构。

1.6.3　网络拓扑的选择

拓扑结构的选择往往与传输媒体的选择及媒体访问控制方法的确定紧密相关。在选择网络拓扑结构时，应考虑的因素有下列几点。

1. 可靠性

网络的可靠性是任何一个网络的生命。当网络总的某个节点或站点发生问题时，网络不能正常工作。网络拓扑结构的选择还直接决定网络故障检测和故障隔离的方便性。

2. 扩展性

任何一个网络都不能一劳永逸，随着用户的增加，应用的深入和扩大，网络新技术的不断涌现，特别是应用方式和要求的改变，网络经常需要加以调整。

3. 性价比

对于网络的费用高低、响应时间和吞吐量，都要求进行综合考虑。

1.6.4　总线型拓扑结构

总线型拓扑结构是以单根数据传输线作为通信介质，所有的节点都通过相应的硬件接口（如网卡）直接连接到通信介质。图1-16所示为总线型拓扑结构示意图。

总线型结构的数据传输是广播式传输结构。当数据发送给网络上的所有计算机时，只有计算机地址与信号中的目的地址相匹配的计算机才能接收到。它采取了分布式访问控制策略来协调网络上计算机数据的发送。

传输介质的每一个端点都必须连接到某个器件上，任何开放的缆线端口都必须接入终结器以阻止信号的反射。

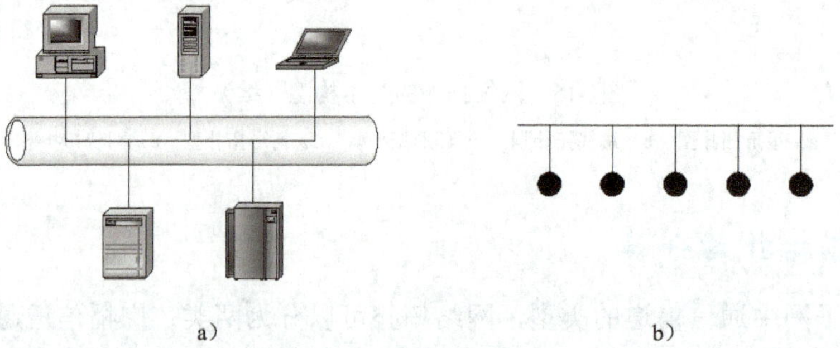

图1-16　总线型拓扑结构

a）总线型局域网的计算机连接　b）总线型局域网的拓扑结构

总线型拓扑结构在局域网中得到了广泛的应用，主要优点有：

1）布线容易、电缆用量小。总线型网络中的节点都连接在一个公共的通信介质上，所以需要的电缆长度短，减少了安装费用，易于布线和维护。

2）可靠性高。总线型的结构简单，从硬件观点来看，十分可靠。

3）易于扩充。在总线型网络中，如果要增加长度，可通过中继器加上一个附加段。如果需要增加新节点，只需要在总线的任何点将其接入。

4）费用低。总线型网络的设备少。

总线型拓扑结构的缺点：

1）故障诊断困难。虽然总线型拓扑结构简单，可靠性高，但故障检测却不容易。因为具有总线拓扑结构的网络不是集中控制，故障检测需要在网上各个节点进行。

2）故障隔离困难。对于介质的故障，不能简单地撤消某个工作站，这样会切断整段网络。

3）实时性不强。易于发生数据碰撞，线路争用现象比较严重。

1.6.5　星形拓扑结构

星形拓扑结构是以中央节点为中心，由通过点到点链路连接到中央节点的各节点组成。利用星形拓扑结构的交换方式有电路交换和报文交换，尤其以电路交换更为普遍。一旦建立了通道连接，可以没有延迟地在连通的两个节点之间传送数据。工作站到中央节点的线路是专用的，不会出现拥挤的瓶颈现象。图1-17所示为星形拓扑结构图。

星形拓扑结构中，中央节点为集线器（HUB）或局域网交换机，其他外围节点为服务器或工作站。通信介质为双绞线或光纤。

星形拓扑结构被广泛的应用于网络中智能主要集中于中央节点的场合。由于所有节点的往外传输都必须经过中央节点来处理，因此，对中央节点的要求比较高。

星形拓扑结构信息发送的过程为：某一工作站有信息发送时，将向中央节点申请，中央节点响应该工作站，并将该工作站与目的工作站或服务器建立会话。此时，就可以进行无延时的会话了。

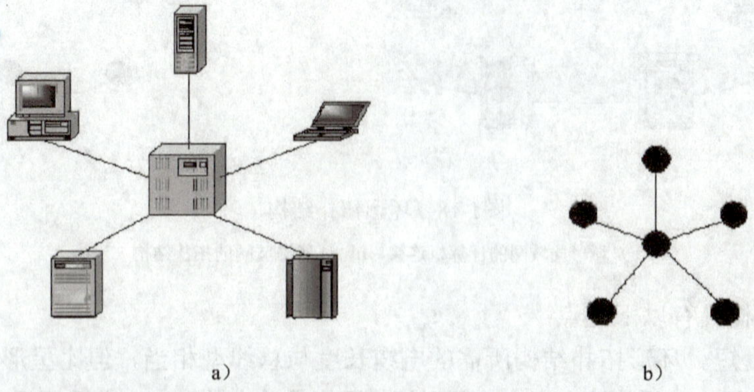

图1-17　星形拓扑结构

a）星形局域网的计算机连接　b）星形局域网的拓扑结构

星形拓扑结构的优点为：

1）可靠性高。在星形拓扑的结构中，每个连接只与一个设备相连。因此，单个连接的故障只影响一个设备，不会影响全网。

2）方便服务。中央节点和中间接线都有一批集中点，可方便地提供服务和进行网络重新配置。

3）故障诊断容易。如果网络中的节点或者通信介质出现问题，只会影响到该节点或者与通信介质相连的节点，不会涉及整个网络，从而比较容易判断故障的位置。

星形拓扑结构虽有许多优点，但也有缺点：

1）扩展困难、安装费用高。增加网络新节点时，无论有多远，都需要与中央节点直接连接，布线困难且费用高。

2）对中央节点的依赖性强。星形拓扑结构网络中的外围节点对中央节点的依赖性强，如果中央节点出现故障，则全部网络不能正常工作。

1.6.6　环形拓扑结构

环形拓扑结构是一些中继器和连接中继器的点到点链路组成的一个闭合环，计算机通过各中继器接入这个环中，构成环形拓扑的计算机网络。在环形网中，所有的通信共享一条物理通道，即连接网中所有节点的点到点链路。图1-18为环形拓扑结构。

其中，每个中继器通过单向传输链路连接到另外两个中继器，形成单一的闭合通路，所有的工作站都可通过中继器连接到环路上。任何一个工作站发送的信号，都可以沿着通信介质进行传播，而且能被所有的工作站接收。中继器为环形网提供了3种基本功能：数据发送到环中、接收数据和从环中删除数据。

一般情况下，环形拓扑结构网络采用令牌环（Token Ring）的介质访问控制。环形拓扑中的每个站点都是通过一个中继器连接到网络中的，网络中的数据以分组的形式发送。网络中的信息流是单向的，即能在一个方向上围绕着环进行循环。

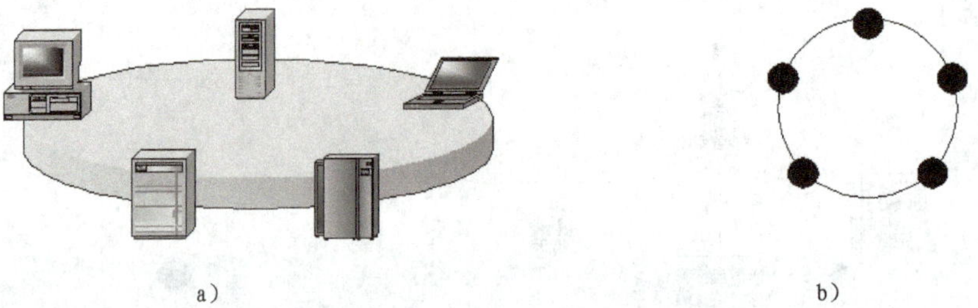

图1-18　环形拓扑结构

a）环形局域网的计算机连接　b）环形局域网的拓扑结构

环形拓扑结构具有以下优点：

1）电缆长度短。环形拓扑结构所需的电缆长度与总线型相当，但比星形要短。

2）适用于光纤。光纤传输速度高，环形拓扑网络是单向传输，十分适用于光纤通信介质。如果在环形拓扑网络中把光纤作为通信介质，将大大提高网络的速度和加强抗干扰的能力。

3）实时性好。信息流是单向的，避免冲突，运行速度快。

环形拓扑结构的缺点为：

1）可靠性差。在环上传输数据是通过接在环上的每个中继器完成的，所以任何两个节点间的电缆或者中继器故障都会导致全网故障。

2）故障诊断困难。因为环上的任一点出现故障都会引起全网的故障，所以难于对故障进行定位。

3）网络扩展困难。因为网络是闭合的环，因此在不影响网络运行的情况下，要扩展都是比较困难的。

网络前瞻

在环型拓扑结构中，自愈环技术的出现提高了网络的生存性，即在无人工参与的情况下，网络能及时地发现错误，并能在极短的时间内自动恢复承载的业务，而用户根本感觉不到网络的故障。目前的环形结构中采用了一种多路访问部件MAU，当某个节点发生故障时，可以自动旁路，隔离故障点，这也使可靠性得到了提高。另外还可以采用双环结构，在一对光纤上以时分复用的方式传送两个方向相反的信号，可靠性提高的同时，效率也更高了。

知识拓展

实际运用网络拓扑结构时，区分物理结构和逻辑结构。物理结构是指局域网的外部连接形式。逻辑结构是指局域网节点之间的相互关系与介质访问控制方法。比如，逻辑结构属于总线型与环形的局域网，在物理结构上也可以被看成星形。

智慧城堡

“交换机出现后，才真正出现了物理结构与逻辑结构统一的星形拓扑。”如何理解这句话？

网络驿站

网上搜索拓扑学的相关知识。著名的“四色问题”也是与拓扑学发展有关的问题。四色问题又称四色猜想，是世界近代三大数学难题之一。研究一下吧！

网络故事

哥尼斯堡（今俄罗斯加里宁格勒）是东普鲁士的首都，普莱格尔河横贯其中。18世纪在这条河上建有七座桥，将河中间的两个岛和河岸连接起来。人们闲暇时经常在这上边散步，一天有人提出：能不能每座桥都只走一遍，最后又回到原来的位置。这个看起来很简单又很有趣的问题吸引了大家，很多人在尝试各种各样的走法，但谁也没有做到。看来要得到一个明确、理想的答案还不那么容易。

1736年，有人带着这个问题找到了当时的大数学家欧拉，欧拉经过一番思考，很快就用一种独特的方法给出了解答。欧拉把这个问题首先简化，他把两座小岛和河的两岸分别看作四个点，而把七座桥看作这四个点之间的连线。那么这个问题就简化成，能不能用一笔就把这个图形画出来。经过进一步的分析，欧拉得出结论——不可能每座桥都走一遍，最后回到原来的位置。并且给出了所有能够一笔画出来的图形所应具有的条件。这是拓扑学的雏形。

实践天地

调查周围的网络，在LAN和WAN中使用最广泛的网络拓扑类型是什么？过去和现在有区别吗？为什么？

网络论坛

“形”是指物体的形状，“型”则指物体的类型。《现代汉语词典》中“形状”的释义为：“物体或图形由外部的面或线条组合而呈现的外表。”“类型”的释义为：“具有共同特征的事物所形成的种类。”形状侧重于个体事物区别于其他事物的不同特征；而类型侧重于同类事物中共同具有的特征，是人们对个体事物特征的一种归类。

如今，“形”和“型”两个字用得都很普遍。你认为网络拓扑结构应该用哪一个？

学以致用

动手画一个校园网的网络设计拓扑图。好的拓扑图制作软件（如，亿图图示专家EDraw Max、Microsoft Visio等）能更方便、快捷地阐述你的设计思想、创作灵感，试一试！

1.7 迈入网络世界的第一步——认识网络（实训）

【实训目的】

1）掌握网络拓扑图。

2）认识网络设备与组件，了解整个流程。

【实训环境】

网络实训单位实地参观调查

【实训内容及步骤】

1）了解并画出详细的参观单位的网络拓扑结构图。网络拓扑图的要求如下：

①标识清楚、详细。

拓扑图：要有标题（如×××学校网络拓扑图）。

网段：要标出子网地址、接入网络职能单位、使用设备。

网络连接：给出连接带宽、连接设备。

信息点填写格式：IP地址段子网掩码、接入网络职能单位、使用设备（名称型号）

如：192.168. 32.0/24 学生宿舍5#锐捷二层交换机RG-2126。

②图例统一、美观，如图1-19所示。

③文档格式。

使用Office的VISIO制作拓扑图，然后再存储为jpg图形格式。

2）初步认识网络设备。

认识路由器、集线器、交换机，并列表记下它们的型号、品牌、接口类型、功能、注意事项等信息。

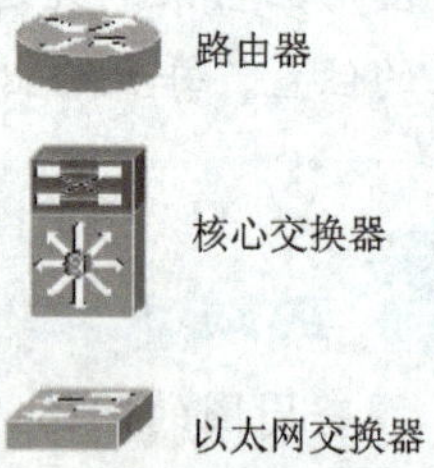

图1-19 拓扑图例

3）初步认识网络传输介质。

认识光纤、双绞线、同轴电缆，观察它们的内部结构，并列表记下它们的型号、品牌、线缆类型、布线特点、优缺点等信息。

4）探讨一台计算机上网的整个流程。

设置IP地址以及掩码、网关等信息，向DNS服务器查询IP地址，路由选择等情况。

知识总结

本章小结

作为网络的基础知识，本章主要介绍了计算机网络的发展、定义、主要功能及其分类、以及有关的国际组织。

首先从计算机网络的发展入手，计算机网络源于计算机技术与通信技术的结合，始于20世纪50年代。从简单到复杂、从单机到多机、从终端到计算机之间通信，演变到计算机与计算机直接通信的过程。计算机网络的发展过程大致经过以单个计算机为中心的远程联机系统，构成面向终端的计算机通信网；多个自主功能的主机通过通信线路互联，形成资源共享的计算机网络；形成具有统一的网络体系结构，遵循国际标准化协议的计算机网络；向互连、高速、智能化方向发展的计算机网络这4个阶段。每个阶段里都有各自的特点。以计算机网络在中国的发展历程以及中国互联网络信息中心（CNNIC）发布的《第21次中国互联网络发展状况统计报告》，认识我们面前的机遇和挑战的意义，并且里面涵盖了大量的知识点，如，阿帕网、以太网、互联网、信息高速公路等。

然后给计算机网络下了一个完整的科学的定义。即计算机网络是将地理位置不同的，功能独立的多个计算机通过通信设备和线路连接，在网络操作系统、通信协议和网络管理软件协调下，实现资源共享和信息传递的系统。定义中涉及了5个特点。初步认识有关的国际组织，把握计算机网络发展协作和管理的意义。

在计算机网络的功能方面，以大量的篇幅以及具体的实例把5个方面给大家展示出来。正确认识网络是一把双刃剑，强化自身素质，利用好网络工具，为工作生活正确服务。计算机网络系统由计算机网络硬件系统、计算机网络软件系统组成。

最后，一定要牢记分类的标准。介绍了按计算机网络规模和覆盖范围分类；按计算机网络传输技术分类；按计算机网络的工作模式分类；按计算机网络管理性质分类；按网络的交换方式分类；按网络的传输介质分类；按网络的功能分类这7种分类方法。这样就可以从不同的角度认识计算机网络了。

网络拓扑结构是个难点，掌握3种拓扑结构的工作原理、网络特点及主要应用领域，特别是掌握网络拓扑图画法，为以后深入学习奠定基础。

竞技擂台

1．填空题 A级（1-10） B级（11-20） C级（21-26）

1）计算机网络的功能主要表现在________、________、________、________和________个方面。

2）如按地理分布范围为标准，计算机网络可分为________、________和________3种。

3）按交换方式来分类，计算机网络可分为________、________和________3种。

4）1984年，国际标准化组织ISO颁布的OSI参考模型的全称为________。

5）网络节点可以分为________和________两种。

6）计算机网络按传输技术分类可以分为________和________两类。

7）计算机网络按功能分类可以分为________和________两类。

8）计算机网络是现代________技术与________技术密切结合的产物。

9）通信子网主要由__________和__________组成。

10）计算机网络中常用的3种有线通信介质是__________、__________和__________。

11）计算机网络的资源共享功能主要表现在__________、__________和__________。

12）局域网的两种工作模式是__________和__________模式。

13）计算机网络的发展历史可概括为__________、__________、__________和__________4个阶段。

14）网络拓扑结构主要有__________、__________、__________、__________和__________。

15）需要接入终结器以阻止信号反射的拓扑结构是__________。

16）网络操作系统主要有__________、__________、__________和__________。

17）信息高速公路指__________________。

18）__________被誉为“中国第一上网人”、“中国Internet之父”。

19）我国在1996年底建成4个基于Internet技术并可以和Internet互联的全国性公用计算机网络，即：__________、__________、__________和__________。

20）__________被称为互联网之父，互联网的生日是__________。

2. 选择题 A级（1-15） B级（16-25） C级（26-30）

1） 最先出现的计算机网络是（　　）。

A. ARPANET　　B. Ethernet　　C. BITNET　　D. Internet

2） 主要由各成员国的邮政、电话和电报部门组成的国际化条约组织为（　　）。

A. ISO　　B. ITU　　C. NBS　　D. ANSI

3） 分布范围可达一个办公室、一幢大楼或一个校园内的网络一般称为（　　）。

A. 局域网　　B. 广域网　　C. 校园网　　D. 城域网

4） 一所大学拥有一个横跨校园中许多办公楼的网络，其中几座办公楼分布在各个城区，它们组成继续教育中心。这种网络是属于（　　）网络。

A. 局域网　　B. 广域网　　C. 校园网　　D. 城域网

5） 在计算机网络中负责信息处理的那一部分称为（　　）。

A. 通信子网　　B. 交换网　　C. 资源子网　　D. 工作站

6） 在计算机网络中负责节点间的通信任务的那一部分称为（　　）。

A. 工作站　　B. 资源子网　　C. 用户网　　D. 通信子网

7） 信息在两端节点之间传输时，若要经过多个中间节点转发，则称这种传输方式为（　　）。

A. 存储—转发　　B. 集中传输　　C. 分布传输　　D. 广播

8） 互联网最早起源于（　　）。

A. 二次大战中　　B. 20世纪60年代末

C. 20世纪80年代中期　　D. 20世纪90年代初期

9）调制解调器的作用是（　　）。

A．把计算机信号和音频信号互相转换　　B．把计算机信号转换为音频信号

C．把音频信号转换成为计算机信号　　D．防止外部病毒进入计算机中

10）以下不属于无线介质的是（　　）。

A．激光　　B．电磁波　　C．光纤　　D．微波

11）在局域网中，信息是固定的单向流动的拓扑结构是（　　）。

A．星形结构　　B．树形结构　　C．总线型结构　　D．环形结构

12）最容易处理网络故障的网络拓扑结构是（　　）。

A．星形拓扑结构　　B．环形拓扑结构

C．总线型拓扑结构　　D．以上都不是

13）凡将地理位置不同、并具有独立功能的多个计算机系统通过通信设备和线路连接起来，以功能完善的网络软件实现网络中（　　）的系统，称为计算网络系统。

A．资源独占　　B．资源共享　　C．资源回收　　D．资源封锁

14）一个计算机网络由（　　）组成。

A．传输介质和通信设备　　B．通信子网和资源子网

C．用户计算机终端　　D．主机和通信处理机

15）局部地区通信网络简称局域网，英文缩写为（　　）。

A．WAN　　B．LAN　　C．SAN　　D．MAN

16）世界上第一个网络是在（　　）年诞生。世界上第一台计算机是在（　　）年诞生。

A．1946 1977　　B．1969 1946

C．1977 1946　　D．1973 1969

17）下列不属于网络操作系统的是（　　）。

A．Win NT server　　B．Netware　　C．UNIX　　D．DOS

18）目前实际存在与使用的广域网基本都是采用（　　）。

A．总线型拓扑　　B．环形拓扑　　C．网状形拓扑　　D．星形拓扑

19）下列传输介质中采用RJ-45头作为连接器件的是（　　）。

A．双绞线　　B．细缆　　C．光纤　　D．粗缆

20）计算机网络中可以共享的资源包括（　　）。

A．硬件、软件、数据、通信信道　　B．主机、外设、软件、通信信道

C．硬件、程序、数据、通信信道　　D．主机、程序、数据、通信信道

21）一旦中心节点出现故障则整个网络瘫痪的网络拓扑结构是（　　）。

A．星形结构　　B．树形结构　　C．总线型结构　　D．环形结构

22）在局域网中，最普遍使用的网络且实时性较差的拓扑结构是（　　）。

A．星形结构　　B．树形结构　　C．总线型结构　　D．环形结构

23）局域网采用的双绞线为（　　）。

A．3类UTP　　B．4类UTP　　C．5类UTP　　D．6类UTP

24）调制解调器的功能是实现（　　）。

A．数字信号的编码　　B．数字信号的整形

C．模拟信号的放大　　D．数字信号与模拟信号的转换

25）关于以太网网卡地址的说法正确的是（　　）。

A．在世界范围内唯一　　B．在世界范围内不唯一

C．在一定范围内唯一　　D．在一定范围内不唯一

26）下面哪个命令用于查看网卡的MAC地址（　　）。

A．ipconfig/release　　B．ipconfig/renew

C．ipconfig/all　　D．ipconfig/registerdns

27）网卡属于计算机的（　　）。

A．显示设备　　B．存储设备　　C．打印设备　　D．网络设备

28）连接到Internet的计算机中，必须安装的协议是（　　）。

A．双边协议　　B．TCP/IP协议　　C．NetBEUI协议　　D．SPSS协议

29）早期的计算机网络是由（　　）组成系统。

A．计算机—通信线路—计算机　　B．PC机—通信线路—PC机

C．终端—通信线路—终端　　D．计算机—通信线路—终端

30）ADSL通常使用（　　）。

A．电话线路进行信号传输　　B．ATM网进行信号传输

C．DDN网进行信号传输　　D．有线电视网进行信号传输

3．名词解释 A级 B级

1）计算机网络系统

2）对等网

3）网络拓扑

4）局域网

5）三网合一

4．比较题 A级（1-3） B级（4-5）

1）LAN、WAN、MAN。

2）电话网、电视网、计算机网。

3）对等网、客户机/服务器模式。

4）通信子网与资源子网。

5）环形、星形、总线型网络拓扑结构。

5．指出下面简称的中文含义 A级（1-8） B级（9-16）

1）Modem

2）ARPAnet

3）ISO

4）OSI/ RM

5）NII

6）MAN

7）Internet

8）TCP/IP

9）TIA

10）EIA

11）E-mail

12）Hub

13）Internet Explore

14）Client /Sever

15）ITU

16）IEEE

6．判断题 A级（1-8） B级（9-12） C级（13-16）

1）计算机网络是计算机技术和通信技术紧密结合的产物。（ ）

2）计算机网络发展过程是从简单到复杂、从单机到多机、从终端到计算机之间通信，演变到计算机与计算机直接通信的过程。（ ）

3）多个自主功能的主机通过通信线路互连，形成资源共享的计算机网络是在20世纪40年代。（ ）

4）中国互联网普及率只有16%，比全球平均水平19.1%低3.1个百分点。（ ）

5）1979年，梅特卡夫成立了3Com公司并生产出第一个以太网卡。（ ）

6）百度（www.baidu.com）是全球最大的中文搜索引擎，2000年1月由李彦宏、徐勇两人创立于北京中关村。（ ）

7）常用的网络服务器有文件服务器、通信服务器、计算服务器和打印服务器等。（ ）

8）网络软件包括网络操作系统 、网络协议软件、网络应用软件。（ ）

9）三网合一指传统电信网、计算机互联网和有线电视网相互渗透和相互融合成为一体。（ ）

10）Internet是目前世界上影响最大的国际性计算机网络。（ ）

11）在ARPANET网络中，将计算机网络分为资源子网和通信子网。（　）

12）计算机网络发展的第三阶段：形成具有统一的网络体系结构、遵循国际标准化协议的计算机网络是在20世纪70年代。（　）

13）文特·瑟夫和罗伯特·卡恩于1974年提出一组网络通信协议的建议，这就是著名的TCP/IP协议。（　）

14）TCP/IP早已在专业市场上形成并具有很大的优势。学习OSI/ RM没有意义。（　）

15）OSI/ RM参考模型由于其功能划分明确，依然成为人们打开网络知识宝库的金钥匙。（　）

16）1987年9月20日，钱天白教授发出我国第一封电子邮件“越过长城，通向世界”，揭开了中国人使用Internet的序幕。（　）

7. 简答题 A级（1-3） B级（4-5） C级（6-8）

1）计算机网络的发展可以划分为几个阶段？每个阶段都有什么特点？

2）什么是计算机网络？计算机网络由什么组成？

3）举例说明计算机网络具备的主要功能。

4）通信子网与资源子网的联系与区别是什么？

5）什么是信息高速公路？

6）在选择网络拓扑结构时，应考虑的因素有哪些？

7）有哪些网络操作系统？

8）环形、星形、总线型网络拓扑结构的优缺点是什么？

第 2 章

赢在通信—— 数据通信基础

网络比单独计算机成功之处就在于通信。通过各种形式将信息从一个地方传送到另一个地方均称为通信。在计算机网络中处理、交换和传输的信息都是二进制的数据，为区别其他的通信，将计算机之间的通信称为数据通信。数据通信技术为计算机网络的发展提供了技术支持和可靠的通信环境，是促进计算机网络技术发展的重要因素。计算机网络功能的基础是数据通信，掌握了数据通信基础，为以后进一步掌握计算机网络知识奠定基础。

2.1 通信的各个阶梯——通信基础

2.1.1 数据通信的基本概念

1．信息（Information）

信息是人对现实世界事物存在方式或运动状态的某种认识。表示信息的形式可以是数值、文字、图形、声音、图像以及动画等。

2．数据（Data）

数据是承载信息的物理符号。数据可分为模拟数据和数字数据两类。模拟数据是指在某个区间连续变化的物理量。数字数据是指离散的不连续的量。模拟数据（Analog Data）是由传感器采集得到的连续变化的值，例如温度、压力，以及目前在电话、无线电和电视广播中的声音和图像。数字数据（Digital Data）则是模拟数据经量化后得到的离散的值，例如在计算机中用二进制代码表示的字符、图形、音频与视频数据。

3．信号（Signal）

信号是数据的具体物理表现，即数据的编码，例如电压、磁场强度等。在数据通信系统中，人们关注得更多的是数据和信号。信号是数据在传输过程中的电信号的表示形式，主要形式有：模拟信号和数字信号。模拟信号是连续变换的电信号，它的取值可以是连续值，例如，声音大小和温度高低。数字信号是一种离散信号，它的取值是离散的，例如，计算机内部处理的信号都是数字信号。

信息、数据和信号关系，如图2-1所示。

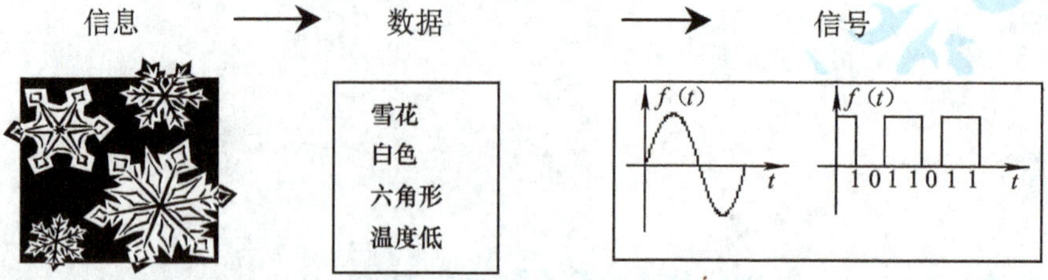

图2-1　信息、数据、信号关系

4. 信道（Communication Channel）

信道是数据传输的通路。在计算机网络中信道分为物理信道和逻辑信道。物理信道指用于传输数据信号的物理通路，它由传输介质与有关通信设备组成；逻辑信道指在物理信道的基础上，同一物理信道上可以走过不只一路信号，此时每一路信号所占用的信道被称作逻辑信道。物理信道还可根据传输介质的不同而分为有线信道和无线信道；也可按传输数据类型的不同分为数字信道和模拟信道。

5. 调制与解调

普通电话线是针对话音通话而设计的模拟信道，主要适用于模拟信号的传输。如果要在模拟信道上传输数字信号，就必须在信道两端分别安装调制解调器（Modem），用数字脉冲信号对模拟信号进行调制和解调。在发送端，将数字脉冲信号转换成能在模拟信道上传输的模拟信号，此过程称为调制（Modulate）；在接收端，再将模拟信号还原成数字脉冲信号，这个反过程称为解调（Demodulate）。把这两种功能结合在一起的设备称为调制解调器（Modem）。

2.1.2　数据通信模型

通信系统的基本作用是在发送方（信源）和接收方（信宿）之间传递和交换信息。根据通信系统是利用模拟信号还是数字信号来传递消息，通信系统可以分为模拟通信系统和数字通信系统。

模拟通信系统利用模拟信号来传递信息，如现在广泛使用的电话、广播和电视。系统一般由信源、调制器、信道、解调器、信宿以及噪声源组成，如图2-2所示。

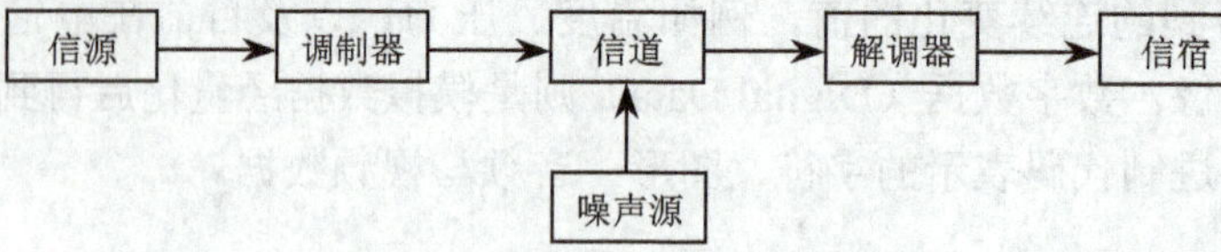

图2-2　模拟通信系统示意图

人们日常使用的拨号上网就是一个模拟通信系统的实例，发送端工作站发送的数据经调制解调器转换为模拟信号后，送到公共电话网上传输，到接收端经调制解调器变换为数字信号后，与服务器通信。

数字通信系统利用数字信号来传递信息，如计算机通信、数字电话、数字电视等。数字通信系统由信源、信源编码器、信道编码器、调制器、信道、解调器、信道译码器、信源译码器以及发送端和接收端时钟同步组成，如图2-3所示。

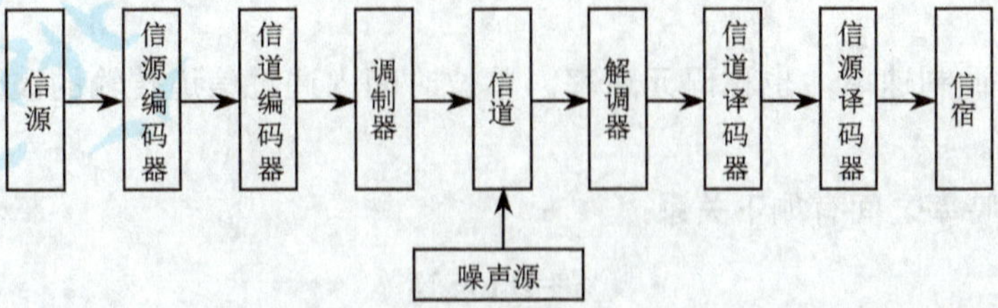

图2-3　数字通信系统示意图

主要特点：数字通信抗干扰能力强，可以实现信号的差错控制，传输质量高，通过对信号加密和防火墙技术可以实现保密通信，但数字通信所占的信道带宽远远大于模拟信道。

数据通信系统的一般结构，还可以简化为数字终端设备（DTE）、数字通信设备（DCE）和通信线路组成。

DTE英文全称Data Terminal Equipment，数字终端设备，指一般的终端或是计算机。可能是大、中、小型计算机，也可能是一台只接收数据的打印机。DCE英文全称是Data Circuit-terminating Equipment，数字通信设备通常指调制解调器、多路复用器或数字设备，如图2-4所示。

图2-4　数据通信系统的一般结构

2.1.3　数据通信系统的主要技术指标

1．带宽

信号在通信线路上传输时最高频率与最低频率之差叫信号的频带宽度，简称带宽或称为通频带。数字信号带宽与脉冲宽度成反比。

2．信道容量

单位时间内最大可传输信息的位数，是信道传输信息的最大能力的指标。无噪声理想信道容量与信道的带宽的关系如下：

$$C=2H\log_2 N$$

其中：C为信道容量，H为信道带宽（信道能够传输信号的最大频率范围），N为传输时为一个码元所取的离散值个数。本公式也称为奈奎斯特公式或无噪信道传输能力公式。

对有噪声的实际信道，其关系如下：

$$C=H\log_2(1+S/N)$$

其中：S/N为接收端的信噪比。本公式也称为香农公式。

3．位速率

位速率也称比特率，常用S表示，位速率是数字信号的传输速率，它用单位时间内传输的二进制代码的有效位数来表示，其单位为位每秒（bps）。

4. 波特率

波特率也称调制速率，也称码元速率。单位时间内通过信道传输的波形个数。单位为波特，记作Baud。

位速率和波特率之间有如下关系：

$$S = B \log_2 N$$

其中N是一个脉冲信号所表示的有效状态，在二进制方式中，$N=2$，故$S=B$。即数据传输速率和调制速率相等。

5. 误码率

误码率指信息传输的错误率，是衡量传输系统可靠性的指标。误码率以在接收的码元中的错误码元占总传输码元的比例来衡量，通常应低于10^{-6}。

6. 时延（delay/latency）

一个报文（分组）从网络（链路）一端传送到另一端的时间。时延包括发送时延、传播时延、处理时延3部分。

仔细观察

参考图2-5，结合你对数据通信系统的了解，谈谈你对家庭上网的原理的理解？未来家庭上网的趋势是什么？

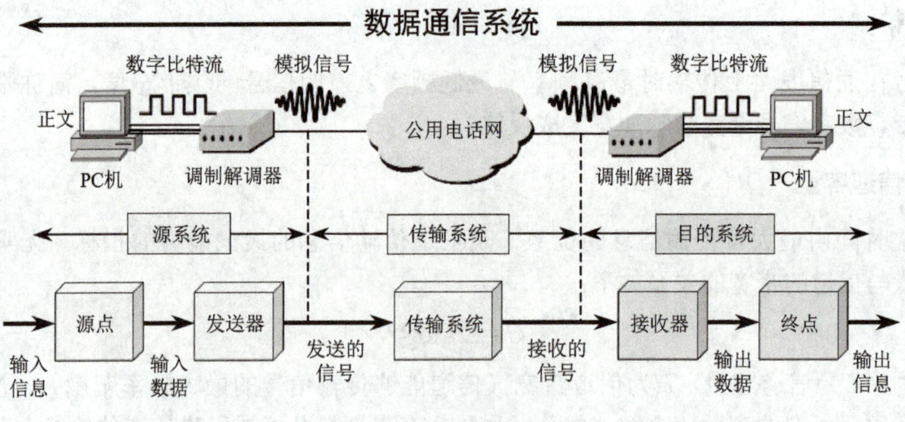

图2-5 数据通信系统

知识总结

网络中Byte和bit区别

在计算机科学中，bit是表示信息的最小单位，叫做二进制位，一般用0和1表示。Byte叫做字节，由8个位（8bit）组成一个字节（1Byte），用于表示计算机中的一个字符。bit

与Byte之间可以进行换算，其换算关系为：1Byte＝8bit（或简写为：1B＝8b）。在实际应用中一般用简称，即1bit简写为1b（注意是小写英文字母b），1Byte简写为1B（注意是大写英文字母B）。

在计算机网络或者是网络运营商中，一般，宽带速率的单位用bps（或bit/s）表示。bps表示比特每秒即表示每秒钟传输多少位信息，是bit per second的缩写。在实际所说的1M带宽的意思是1Mbps，是兆比特每秒（Mbps）不是兆字节每秒（MBps）。

仔细观察

带宽和宽带比较

所谓带宽（bandwidth）是网络信号可使用的最高频率与最低频率之差。这个术语也用来描述指定网络介质或协议的额定吞吐能力。现在用的电话线ADSL是非对称线路，实际传输能力上行是640Mbps，下行是8192Mbps，但开通业务大多数地区最高就是4Mbps。

宽带主要是访问互联网的速度，这个可以和电信部门推出的“宽带”和“窄带”用户一起综合理解，所谓“窄带”用户，一般指拨号上网用户，通过MODEM拨号上网速度一般不会超过64kbps，带宽很窄；而“宽带”用户指ADSL或社区宽带网用户，上网速度可以达到512kbps～100Mbps（楼道或小区共享）不等，带宽较宽。

疑难问题

什么时候波特率等于比特率？

网络驿站

数字通信和数据通信区别

数字通信和数据通信是两个不同的概念。前者强调的是信道的形式或信道中传输的信号的形式，而后者强调的是信源与信宿之间传输的信息形式。

知识拓展

DTE、DCE的区别

DCE提供时钟，DTE不提供时钟，但它依靠DCE提供的时钟工作。比如PC机和MODEM之间的连接。PC机就是一个DTE，MODEM是一个DCE。DTE可以从硬件上区别它的接口为针式，DCE的接口为孔式。

远端的数据终端设备（DTE）通过数据电路与计算机系统相连。数据电路由传输信道和数据电路终端设备（DCE）组成。如果传输信道是模拟信道，DCE的作用就是把DTE送来的数据信号变换为模拟信号再送往信道；或者反过来，把信道送来的模拟信号变换成数据信号再送到DTE。如果信道是数字的DCE，它的作用就是实现信号码型与电平的转换、信道特性的均衡，收发时钟的形成与供给以及线路接续控制等。

2.2 通信的百宝箱——数据传输

2.2.1 并行传输和串行传输

依据传输线数目的多少，可以将数据传输方式分为：并行传输和串行传输。并行传输用于短距离、高速率的通信；串行传输用于长距离、低速率的通信。

（1）并行传输　并行传输是指数字信号以成组的方式在多个并行信道上传输，数据由多条数据线同时传送与接收，每个比特使用单独的一条线路。

并行传输的优点在于传送速率高，发收双方间不存在字符同步的问题；缺点是需要多个并行信道，增加了设备的成本，而且并行线路的电平相互干扰也会影响传输质量，不适合做较长距离的通信，主要用于计算机内部或同一系统设备间的通信。常见的并行传输如，计算机与打印机之间的数据传输，如下图2-6所示。

（2）串行传输　串行传输就是将比特流逐位在一条信道上传送。需要解决收发双方如何保持码组或字符同步的问题。

相对于并行传输，串行传输的效率低，传输速率慢，但由于只有一条信道，减少了设备成本，且易于实现与维护。计算机与Modem之间的通信就是串行传输，如图2-7所示。

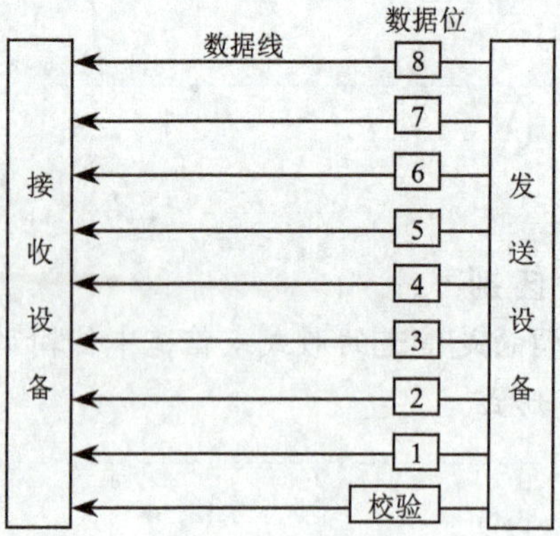

图2-6　并行传输

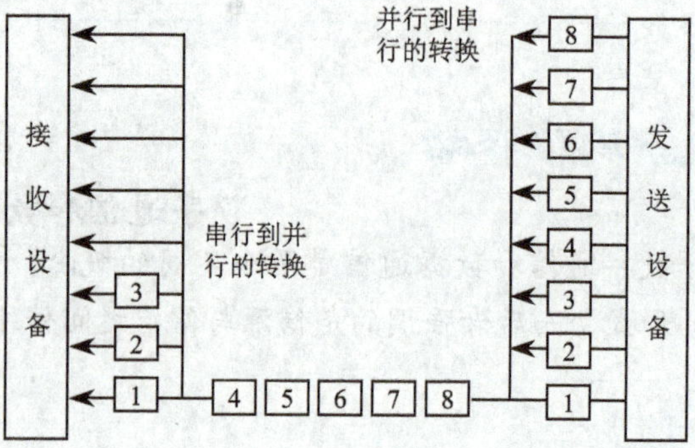

图2-7　串行传输

2.2.2 单工、半双工和全双工通信

在串行通信中，根据数据流的方向可以将通信分为单工、半双工和全双工通信3种方式，如图2-8所示。

（1）单工通信　单工通信是指在两个通信设备间，信息只能沿着一个方向被传输。

采用单工通信时，在通信设备双方中，一方为发送设备，另一方为接收设备。广播和电视节目的传送以及寻呼系统都属于单工通信的例子。

（2）半双工通信　半双工通信是指两个通信设备间的信息交换可以双向进行，但不能同时进行。也就是说，在同一时间内仅能使信息在一个方向上传输。

半双工通信设备的两端要求既要有发送设备，又要有接收设备，因此该方式需要具有信道转换能力，通常用软件控制换向，换向过程中存在延时时间，也可以采用人工操作机械开关的方法进行控制，其典型的例子是对讲机或计算机与终端的通信。

（3）全双工通信　全双工通信是指两个通信设备间可以同时进行两个方向上的信息传输。

两个通信应同时具有发射和接收的功能，与通信站相接的传输设备和传输控制协议必须提供全双工的工作方式，同时还应对缓存器作特殊的考虑，如想进行同时读写就要求缓存中也能同时释放和分配存储器等。人们平时使用的手机类似于全双工通信。

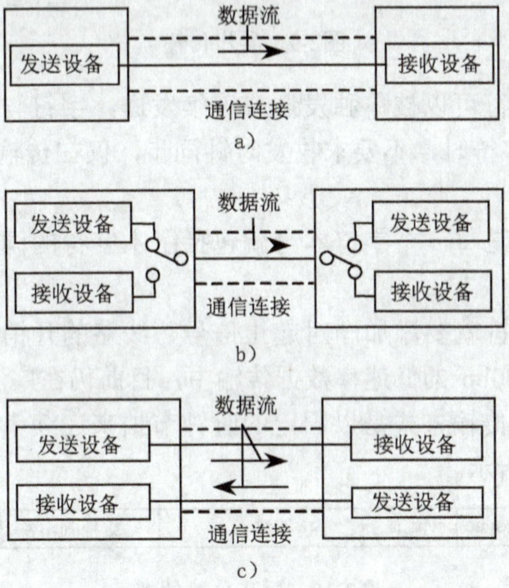

图2-8　单工、半双工和全双工通信

a）单工　b）半双工　c）全双工

2.2.3　基带传输和宽带传输

数据传输方式依其数据在传输线上原样不变地传输还是调制变样后再传输，可以分为基带传输和频带传输两大类。

（1）基带信号与基带传输　二进制数字脉冲信号称为基带信号。

基带传输是将数据直接转换为脉冲信号加到电缆上进行传送的数据传输方式。

（2）频带信号与频带传输　频带信号是将多组基带信号分别调制不同频率的载波，并由这些载波分别占用不同频段的调制载波组成。

频带传输是将数据加载到载波信号上进行传送的数据传输方式。

基带传输和频带传输最重要的区别在于：基带传输采用的是“直接控制信号状态”的

传输方式，而频带传输采用的是“控制载波信号状态”的传输技术。

2.2.4 异步传输和同步传输

（1）异步传输　异步传输方式又称为起止式同步方式，它是以字符为单位进行同步的，且每一字符的起始时刻可以为任意。

一般“起”信号的长度规定为1个码元宽度，极性为“0”，即用空号（space）代表，“止”信号可以为1、1.5或2个码元的宽度，其长度的选取与所采用的传输代码类型有关，如图2-9所示。

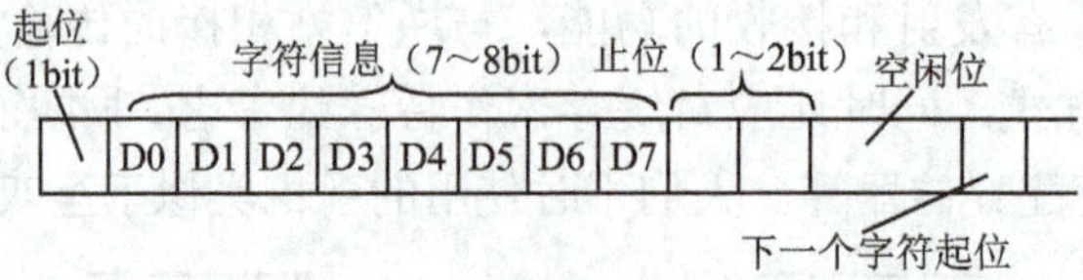

图2-9　异步传输

在异步传输方式中字符可以被单独发送或连续发送，字符与字符的间隔期间可以连续发送“1”状态，当不传字符时，不要求收发时钟同步，仅在传输字符时，收发时钟才需要在字符的每一位上同步。

异步传输方式的优点是每一个字符本身就包括了本字符的同步信息，不需要在线路两端设置专门的同步设备。

其缺点是每发一个字符就要添加一对起止信号，线路的开销增加，传输效率低。异步传输方式常用于不高于1200bps的低速率数据传输中，目前仍在广泛使用。

（2）同步传输　同步传输方式是以固定的时钟节拍来连续串行发送数字信号的一种方法，其数据格式如图2-10所示。

图2-10　同步传输的帧

同步传输方式中，要求收发两端的时钟都必须在每个比特上保持一致。

在同步传输中，数据的发送一般以帧为单位。传送时在每个帧的帧首加两个或两个以上同步字符Sync，帧内每个字符前后不附加起止位。同步字符Sync是一个独特的比特组合，用于通知接收方一个帧已经到达。Sync类似于异步传输中的起始位，但它除了具有起始位的功能外，还能确保接收方的采样速度和比特的到达速度保持一致，收、发方一般采用同一同步时钟。

实现同步传输方式的收发时钟同步方法有两种：外同步法和自同步法。同步传输方式具有较高的效率，常用于高于2400bps的速率的传输。

疑难问题

小明刚办的网通4M的业务，就是想图个网络畅快，可是到家感觉网速很不满意，在IE普通下载的时候（不用任何下载工具），大多数的时候连100KB/s都不到，而且在网络测试在线网站测速（世界各地）的时候，距离最近的测试点就在唐山，但是显示的数据连2M都不到。为什么？（提示：从理论速度和实际速度、线路、服务器情况分析）。

网络故事

罗伯特·卡恩，现代互联网发展史上最著名的科学家之一，TCP/IP协议合作发明者，互联网雏形ARPANET网络系统设计者，“信息高速公路”概念创立人。美国国家工程协会（National Academy of Engineering）成员，美国电气与电子工程师学会（IEEE）成员，美国人工智能协会（American Association for Artificial Intelligence）成员，美国计算机协会（ACM）成员，前美国总统科技顾问。

罗伯特·卡恩目前在美国全国研究创新联合会（Corporation for National Research Initiatives，CNRI）任主席。CNRI是罗伯特·卡恩于1986年亲自领导创建的，为美国信息基础设施研究和发展提供指导和资金支持的非赢利组织，同时也执行IETF的秘书处职能。

罗伯特·卡恩，普林斯顿大学博士，之后被麻省理工学院聘为助理教授。1969年，卡恩参加阿帕网“接口信息处理机”（IMP）项目，负责最重要的系统设计。IMP就是今天网络最关键的设备—— 路由器的前身。1970年，卡恩设计出第一个“网络控制协议”（NCP），即网络通信最初的标准；20世纪80年代中期，他还参与了美国国家信息基础设施（NII）的设计，NII后来被人们称之为“信息高速公路”。1997年，罗伯特-卡恩由于其对互联网发展的巨大贡献，被克林顿总统授予国家最高科技奖项“美国国家技术奖”。

仔细观察

有些资料显示：数据传输方式依其数据在传输线上原样不变地传输还是调制变样后再传输，分为基带传输、频带传输和宽带传输3类。你同意这种观点吗？

网络论坛

有人说，半双工的通信方式过时了。你同意这个观点吗？

2.3 信息王国的神奇代码——编码与调制

用数字信号承载数字或模拟数据就是编码；用模拟信号承载数字或模拟数据就是调制。在实际应用中人们不得不进行编码与调制，具体包括数字数据的数字信号编码、数字数据的模拟信号调制、模拟数据的数字信号编码、模拟数据的模拟信号调制4个方面，如图2-11所示。

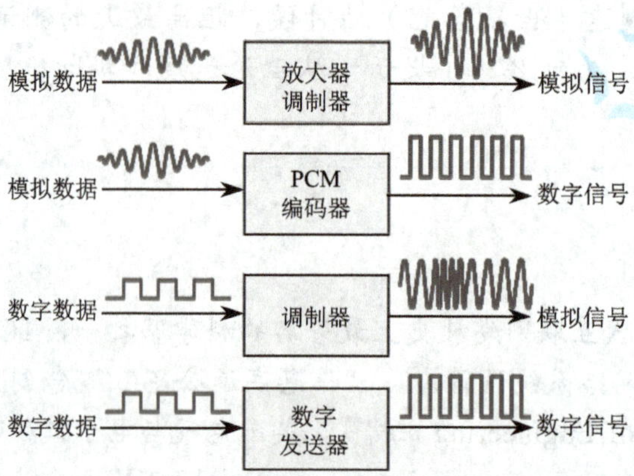

图2-11　编码与调制的分类

2.3.1 数字数据的数字信号编码

数字数据的在数字信道上传输，最普遍的办法是用两个电压电平来表示二进制数字。例如电压的有无、电压的高低、电压的跳变等表示1、0。常用数字信号编码如图2-12所示。

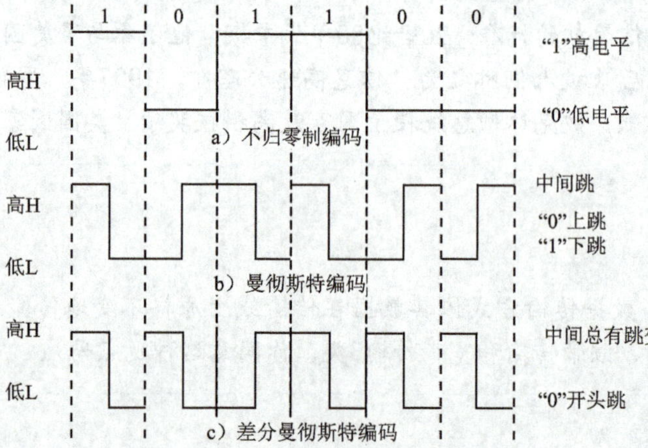

图2-12　常用数字信号编码

（1）非归零编码　用两个电平来表示两个二进制数字；用高电平（正电压）表示1，用低电平（负电压）表示0。不归零制有很多缺点，它难以判断一位的结束和另一位的开始，需要用某种方法来使发送器和接收器进行定时或同步。如果传输中都是“1”或“0”的话，那么在单位时间内将产生累积的直流分量，它能使设备连接点产生电腐蚀或其他损坏。

（2）曼彻斯特编码　它是一种自同步编码方式，包括数据信息和时钟信息。它的编码方法是将每一个码元再分成两个相等的间隔，码元1是前一个间隔为高电平而后一个间隔为低电平；码元0则正好相反，从低电平变到高电平。这种编码的优点是可以保证在每一个码元的正中间出现一次电平的转换，对接收端提取位同步信号非常有利，而且当码元中间无跳变时，就形成违例码，这种违例的情况可形成帧标志。但是从曼彻斯特编码的波形图不难看出其缺点，这就是它所占的频带宽度比原始的基带信号增加了一倍。

（3）差分曼彻斯特编码　它的编码规则是：若码元为1，则其前半个码元的电平与上一个码元的后半个码元的电平一样；但若码元为0，则其前半个码元的电平与上一个码元的后半个码元的电平相反。不论码元是1或0，在每个码元的正中间时刻，一定要有一次电平的转换。差分曼彻斯特编码需要较复杂的技术，但可以获得较好的抗干扰性能。

2.3.2　数字数据的模拟信号调制

数字设备（如计算机或终端）通过调制解调器接入电话网络进行通信是利用模拟信号传输数字数据的典型情况。模拟信号发送的基础就是一种称之为载波信号的连续的频率恒定的信号。通过调制振幅、频率和相位等载波特性来对数字数据进行调制。具体分以下3种，如图2-13所示。

（1）幅移键控方式（ASK）　载波的振幅随基带数字信号而变化。例如，“0”对应于无载波输出，而“1”对应于有载波输出。

（2）频移键控方式（FSK）　载波的频率随基带数字信号而变化。例如，“0”对应于频率慢，而“1”对应于频率快。

（3）相移键控方式（PSK）　载波的初始相位随基带数字信号而变化。例如，“0”对应于相位0°，而“1”对应于180°。

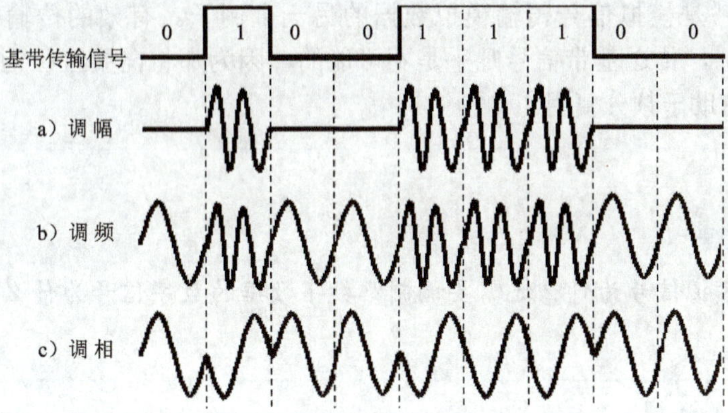

图2-13　数字数据的模拟信号编码

2.3.3　模拟数据的数字信号编码

模拟数据的数字信号编码主要采用脉冲编码调制（PCM）。由于数字信号传输失真小、误码率低、数据传输效率高，因此语音、图像信息的数字化已成发展的趋势。脉冲编码调制的过程主要由采样、量化与编码3个步骤组成，如图2-14所示。

1）采样是把时间上连续的模拟信号转换成时间上离散的采样信号。

2）量化是把幅度上连接的模拟信号转换成幅度上离散的量化信号。

3）编码是把时间离散且幅度离散的量化信号用一个二进制码组表示。

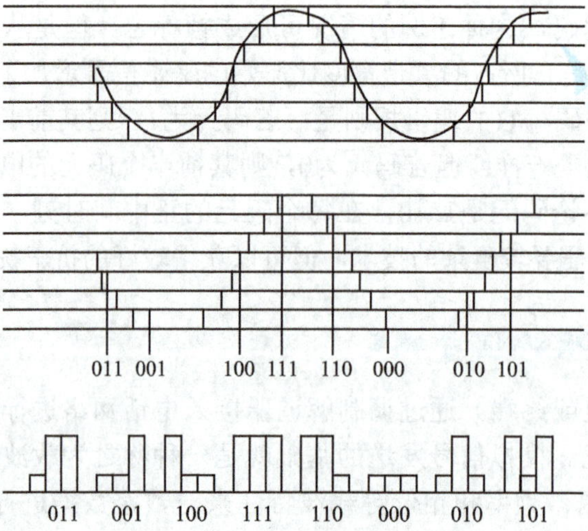

图2-14 脉冲编码调制（PCM）

2.3.4 模拟数据的模拟信号调制

在电话机和本地局交换机之间所传输的信号就是采用这种编码方式。声音信号无法远距传输，于是借助某个正弦波（担当载波角色），模拟的声音数据是加载到模拟的载波信号中传输的。

无线语音广播是模拟信号传输模拟数据的另一个例子。有效的传输需要比较高的频率。对于无线传播，传送基带信号几乎是不可能的，因为那将需要直径为好几公里长的天线。另外，调制有助于频分复用。

疑难问题

模拟数据的模拟信号为什么还需要调制？数字数据的数字信号为什么还需要编码？仔细想一想。

网络前瞻

话音插空技术（简记为DSI）是根据话音的突发规律，充分利用通话的“空闲”时间传送其他信息（数据、图像，甚至其他语音），是提高传输效率的有效方法之一。利用话音插空技术，使通话的实际数码率下降，提高了信道的利用率。

话音插空技术基本思想是：在数字电话网中，全工电话通常是采用两条彼此独立的通道，即采用四线通话方式。由于通话时，通常是一方说话，另一方在听话，一方说完，另一方再说，这样一条单向数字通话的利用率顶多只有50%。此外，一方说话也不可能连续不断，而是断断续续，两个人说与听的交替也不是立即完成，存在一个考虑之后再答复的空闲时间，因而一条信道的利用率达不到50%。统计测量表明：一个单向数字信道作为电路应用时，实际应用时间约占总时间的40%，这样就可以设法把60%的空闲时间利用起来，利用已经占用的电路在通话过程中的空闲时间来传递其他话路的信号，从而实现数字电路倍增。利用数字话音插空技术可实现2.5倍的电路增益。

学以致用

仔细观察家庭安装的数字电视的“机顶盒”，结合学过的知识分析其工作情况。如果说，真正的“数字电视”应当从节目的录制、编辑、播出、收视等都是“数字化信号”。那么现在的数字电视是真正的“数字电视”吗？为什么？

举一反三

LW、MW、SW、FM简介

长波（LW）

早期广播制式，传播距离远，昼夜变化大，易受干扰。除欧洲少数国家外，大部分国家已淘汰民用长波广播。

中波（MW）

目前世界各地和地区广泛采用的民间广播波段。主要用于国内、省内、地区性等中等距离广播。节目丰富。中波广播特点：白天近，夜间远，易受雷电与家用电器辐射干扰。

短波（SW）

利用地球的外表面电离层多次反射来传播信号，广播覆盖距离远。被世界各国采用作为国际广播波段，同时，又广泛地用于军事、民用及业余无线电通信。短波的频段范围较宽，但民间广播的大部分电台密集在频率为6MHz～18MHz范围。短波广播节目丰富多彩，有新闻、教育、宗教、文化生活等。

调频（FM）

近距离的高保真广播制式，以直线方式传播，通常覆盖范围在几十公里左右，用差转台的方法可增加覆盖面积。是目前发展最快、数量最多、音质最好的广播制式。发达国家的有些城市竟有30个电台之多，且几乎都能够播放立体声节目。有些电台还利用其附属信道（SCA）来进行股市、教育等广播。

网络前瞻

SSB简介

single side band的缩写，单边带的意思，效率最高的语音通信方式，频带占用只有AM的一半，效率理论上是AM的4倍，但设备复杂。

网络故事

比尔·盖茨（Bill Gates）

比尔·盖茨1955年10月28日出生于西雅图的一个普通家庭里，他的父亲是律师，母亲是教师。比尔·盖茨在哈佛大学运用学校的计算机开发一种软件，赚了不少钱，为此受到了学校的严厉批评，并警告不得再犯，因为学校认为比尔·盖茨违背了公共教育的教学设施不得用作牟利的大学精神。1975年5月，比尔·盖茨产生了退学的想法，他希望能和好友艾伦一起创办一个软件公司，由于父母的极力反对，比尔·盖茨没能马上退学。但是，他还是离开了西雅图到了亚帕克基。1975年7月，他与艾伦合作创建公司。微软公司成立时，比尔·盖茨正好20岁。

微软公司是家固定资产规模较小、原材料库存较少的公司，年销售收入不足200多亿美元，但其资产价值高达5000亿美元。

比尔·盖茨以五十二岁的英年正式告别为他创造出人生辉煌的茫茫商海，而转身投入到崇高的社会慈善事业中。与此同时，当他离开那个充分展示过他杰出人生价值的美国微软公司时，不仅没有将他创造的科技成果和高额附加价值带走，而是仅将属于他个人所有的财产580亿美元，全部捐献给了他和夫人组织的以救灾扶贫为宗旨的比尔及梅琳达盖茨基金会（Bill & Miranda Gates Foundation），这即是说他已经一分一毫都没有留给自己的子女了。

2.4 神龙见首不见尾——信息交换技术

在数据通信线路中，最简单的形式是在由某种传输介质直接连接的两台设备之间进行通信。但在长距离通信中，从源站发出的数据一般还需要经过网络中一个或多个用作交换设备的中间结点，由相应结点的交换设备把数据从一个结点传送到另一个结点，直至到达目的站。通常将交换网络中所有通信的发送方与接收方的主机均简称为站，而将通信交换设备简称为结点。这些结点以不规则的网状结构用传输线路互相连接起来，而每个站点都连接到某个结点上。

在交换网络中，站点之间需要通过有关结点之间的数据交换才能实现数据通信，基本的交换技术有两类：电路交换与存储转发，存储转发又可以分为报文交换和分组交换，分组交换则可分为面向连接的虚电路传输和无连接的数据报传输。

2.4.1 电路交换

电路交换（Circuit Switching）是在两个站点之间通过通信子网的结点建立一条专用的通信线路，这些结点通常是一台采用机电与电子技术的交换设备（例如程控交换机）。也就是说，在两个通信站点之间需要建立实际的物理连接，其典型实例是两台电话之间通过公共电话网络的互连实现通话。

电路交换实现数据通信需经过下列3个步骤：首先是建立连接，即建立端到端（站点到站点）的线路连接；其次是数据传送，所传输数据可以是数字数据（如远程终端到计算机），也可以是模拟数据（如声音）；最后是拆除连接，通常在数据传送完毕后由两个站点之一终止连接，如图2-15所示。

电路交换的优点：

1）实时性好，信息传输的时延小。

2）电路是透明的，没有对双方用户的信息进行任何的修正或解释。

3）信息传送的吞吐量大，适合连续、大量的数据传输。

电路交换的缺点：

1）通信双方必须同时存在，并且通信线路必须物理连通才能通信。最明显的就是：只要建立了一条电路，那么，不管双方是否在传送信息（不管双方是否在发声通话），这条电路都不能改做他用，直到拆除这条电路为止。

2）独自占用带宽，网络资源利用效率低。在电话通信中，由于讲话双方总是一个在说，一个在听，因此电路空闲时间占大约50%。如果考虑到讲话过程中的停顿，那么还要多一些。在计算机通信中，由于人机交互（从键盘输入，阅读观察屏幕输出）时间长，空闲时间可高达90%以上。

3）不同速率不同协议之间的用户不能通信。

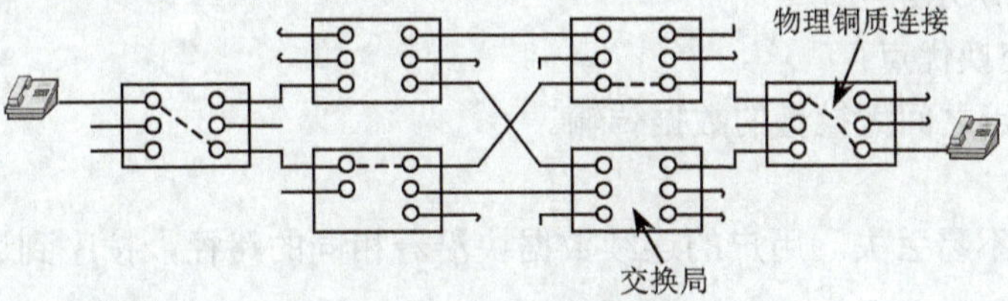

图2-15　电路交换

2.4.2　报文交换

报文交换（Message Switching）是通过通信子网上的结点采用存储转发的方式来传输数据，它不需要在两个站点之间建立一条专用的通信线路。报文交换中传输数据的逻辑单元称为报文，其长度一般不受限制，可随数据不同而改变。一般它将接收报文站点的地址附加于报文一起发出，每个中间结点接收报文后暂存报文，然后根据其中的地址选择线路再把它传到下一个结点，直至到达目的站点。

实现报文交换的结点通常是一台计算机，它具有足够的存储容量来缓存所接收的报文。一个报文在每个结点的延迟时间等于接收报文的全部位码所需时间、等待时间，以及传到下一个结点的排队延迟时间之和。

报文交换的主要优点是：

1）线路利用率较高。多个报文可以分时共享结点间的同一条通道。

2）一对多，即一个报文送到多个目的站点。

3）用户不需要叫通对方就可以发送报文。

4）兼容性好。不同速率不同协议之间的用户可以通信。

报文交换的主要缺点是：

1）实时性交互式性差。报文传输延迟较长（特别是在发生传输错误后），而且随报文长度变化大。

2）有时节点收到过多的数据而无空间存储或不能及时转发时，就不得不丢弃报文，而且发出的报文不按顺序到达目的地。

3）购置存储转发设备要求较高，增加了设备开支。

2.4.3　分组交换

分组交换（Packet Switching）属于“存储—— 转发”交换方式。兼有电路交换和报文交换的优点，分组交换比电路交换的电路利用率高，比报文交换的传输时延小，交互性好。分组交换是报文交换的一种改进，它将报文分成若干个报文分组（Packet），每个分组的长度有一个上限，有限长度的分组使得每个节点所需的存储能力降低了，分组可以存储到内存中，提高了交换速度。它适用于交互式通信，如终端与主机通信。分组交换也称包交换。分组交换有虚电路分组交换和数据报分组交换两种。它是计算机网络中使用最广泛的一种交换技术。

（1）虚电路（data gram）　虚电路分组交换在传送数据前必须在发送端和接收端之间建立一条逻辑连接，数据按照事先建好的路径顺序传输。传送数据量较大时，通常采用虚电路方式，如图2-16所示。

虚电路分组交换优点：

1）较适合站点之间大批量的数据传输。

2）时延短。

3）数据分组不易丢失。用户的连续数据块沿着相同的路径，按序到达目的地；接受站点处理方便。

虚电路分组交换缺点：

对网络依赖大。如果虚电路中的某个结点或者线路出现故障，将导致虚电路传输失效。

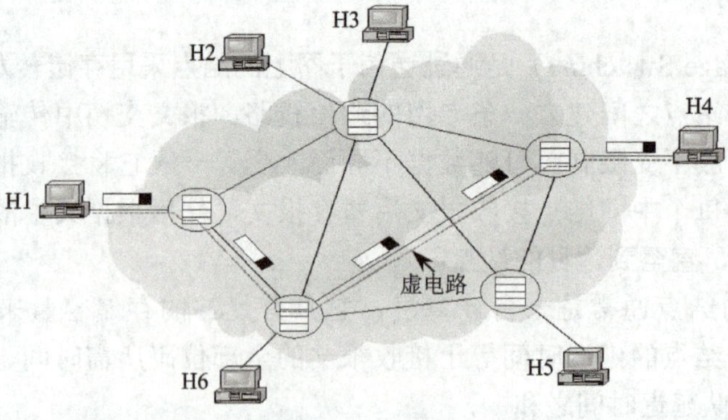

图2-16　虚电路交换

（2）数据报（data gram）　数据报分组中每个分组的大小有严格的限制，每个数据报自身携带足够的地址信息。各数据报所走的路径不一定相同，各个数据报到达目的地的顺序可能不同，有的数据报会丢失，如图2-17所示。

数据报分组交换优点：

1）可靠性较高。数据报分组可以选择不同的路径，任一中间结点或者线路的故障不会影响数据报的传输。

2）数据报较适合站点之间少量数据的传输。

数据报分组交换缺点：

1）传输的延时大，时延离散度大。

2）数据分组易丢失。

3）用户的连续数据块会无序地到达目的地；接受站点处理复杂（排序）。

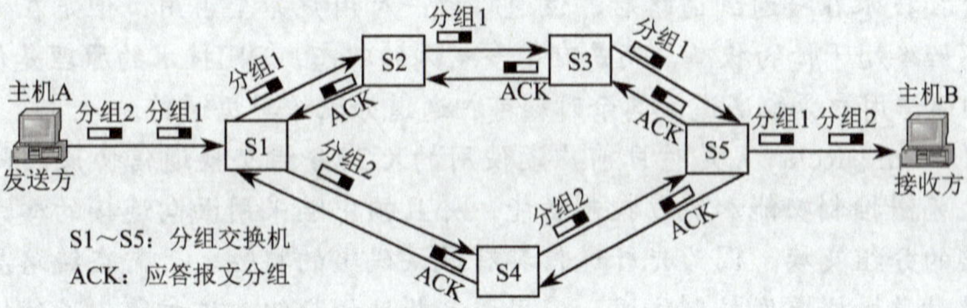

图2-17　数据报交换

2.4.4　各种数据交换技术的性能比较

1．电路交换

在数据传输之前必须先设置一条完全的通路。在线路拆除（释放）之前，该通路由一对用户完全占用。电路交换效率不高，适合于较轻和间接式负载使用租用的线路进行通信。

2．报文交换

报文从源点传送到目的地采用存储转发的方式，报文需要排队。因此报文交换不适合于交互式通信，不能满足实时通信的要求。

3．分组交换

分组交换方式和报文交换方式类似，但报文被分成分组传送，并规定了最大长度。分组交换技术是在数据网中最广泛使用的一种交换技术，适用于交换中等或大量数据的情况。

各种数据交换技术的性能比较，如图2-18所示。

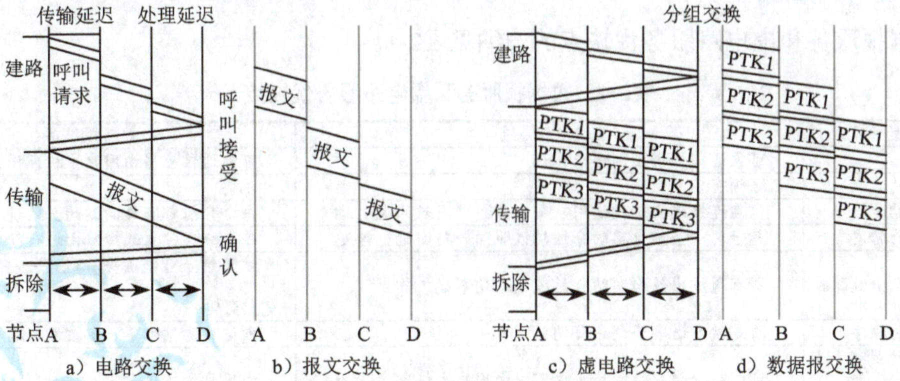

图2-18　几种交换方法的时序图

知识拓展

随着通信和网络应用的发展，传统的交换技术已经不能满足需要。例如，交互式的会话通信对实时性要求很高，延时要小；高清晰度（HDTV）图像及高速数据的传送要求高速宽带的通信网。目前提高数据交换速度的方案有很多，主要有DSI、FrameRelay和ATM等。

利用数字语音插空技术DSI（Digital Speech Interpolation）能提高线路交换的传输能力。传统的线路交换技术在接通到通路后，该通路被一对用户完全占用。但是在传输语音信号时，通路并不始终处于忙的状态，而是有很多空闲的状态。DSI技术的原理是仅当传输语音信号时，才向通话用户分配通道，其余时刻可把通道分配给数据通信。

帧中继（Frame Relay）是对目前广泛使用的X.25分组交换通信协议的简化和改进，它在链路上无差错控制功能和流量控制功能，并且帧中继采用面向连接的模式，是一种简化的面向连接的分组交换。因为光纤通信具有低误码率的特性，无需在链路层进行差错控制，可采用端对端检错重发控制方式，采用固定长度的分组。这种简化了的协议，可以方便地用VLSI技术实现。这种高速分组交换技术有很多优点：可灵活设置信号的传输速率；充分利用网络资源，提高传输效率；可对分组呼叫进行带宽的动态分配。因此可获得低延时、高吞吐率的网络特性。

异步传输模式ATM（Asynchronous Transfer Mode）是线路交换与分组交换技术的结合，能最大限度地发挥线路交换与分组交换技术的优点，分组单位称为信元（Cell），其长度是固定的，由5个字节首部和48个字节的信息字组成，因此在各结点可采用硬件对信元进行处理，而缩短信元处理时间。具有从实时的语音信号到高清晰度电视图像等各种高速综合业务的传输能力。

学以致用

使用计算机进行远距离交互式视频会话时，声音和图像同步吗？哪一个更快些？为什么？

智能表格

数据报服务和虚电路服务优缺点的归纳见表2-1。

表2-1　数据报服务和虚电路服务优缺点

对比的方面	虚电路服务	数据报服务
思路	可靠通信应当由网络来保证	可靠通信应当由用户主机来保证
连接的建立	必须有	不要
目的站地址	仅在连接建立阶段使用，每个分组使用短的虚电路号	每个分组都有目的站的全地址
分组的转发	属于同一条虚电路的分组均按照同一路由进行转发	每个分组独立选择路由进行转发
当结点出故障时	所有通过出故障的结点的虚电路均不能工作	故障结点可能丢失分组，一些路由可能会发生变化
分组的顺序	总是按发送顺序到达目的站	到达目的站时不一定按发送顺序
端到端的差错处理和流量控制	可以由分组交换网负责也可以由用户主机负责	由用户主机负责

网络论坛

数据报提供的服务是不可靠的，它不能保证服务质量。实际上“尽最大努力交付”的服务，就是没有质量保证的服务。为什么还说数据报服务对军事通信有其特殊的意义？

实践天地

1）向目标主机127.0.0.1发送数据包，测试数据包的最大值

2）向目标主机127.0.0.1发送数据包，不允许报文分片，测试数据包的最大值。

提示：

开始\运行\CMD

C:\Documents and Settings\Administrator>cd\

C:\>ping 127.0.0.1 -L *****

C:\>ping 127.0.0.1 -L -f ****

2.5 通信的立体交通——多路复用技术

引起人们研究和应用多路复用技术的主要原因主要有两点：一是通信工程中用于通信线路架设的费用相当高，人们需要充分利用通信线路的容量；二是无论在广域网还是局域网中，传输介质的传输容量往往都超过了单一信道的通信量。为了充分利用传输介质，人们研究与应用了一条物理线路上建立多条通信信道的技术，这就是多路复用技术。

多路复用是指将多路信号组合在一条物理信道上进行传输，到接收端再用专门的设备将各路信号分离出来，多路复用可以极大地提高通信线路的利用率。常用的多路复用技术一般有以下3种形式：

1）频分多路复用（Frequency Division Multiplexing，FDM）。

2）时分多路复用（Time Division Multiplexing，TDM）。

3）波分多路复用（Wavelength Division Multiplexing，WDM）。

2.5.1 频分多路复用

频分多路复用技术是一种模拟技术。它按照频率区分信号，即把传输介质的带宽划分为若干个窄频带，每一路信号占用一个窄频带。实现FDM的前提是任何信号只占据一个宽度有限的频率，而信道可以被利用的频率比一个信号的频率宽得多，因而可以利用频率分隔主方式来实现多路复用。

当有多路信号输入时，发送端分别将各路信号调制到各自所分配的频带范围内的载波上，传输到接收端以后，利用接收滤波器再把各路信号区分开来并恢复成原来信号的波形。为了防止相邻两个信号频率覆盖造成干扰，在相邻两个信号的频率之间通常要留有一定的频率间隔。

频分多路复用原理简单、技术成熟、系统的效率较高，但易产生信号失真，系统设备

庞大复杂。频分多路复用适合于模拟信号的传输，通常电话系统、电视系统中都采用频分多路复用技术，如图2-19所示。

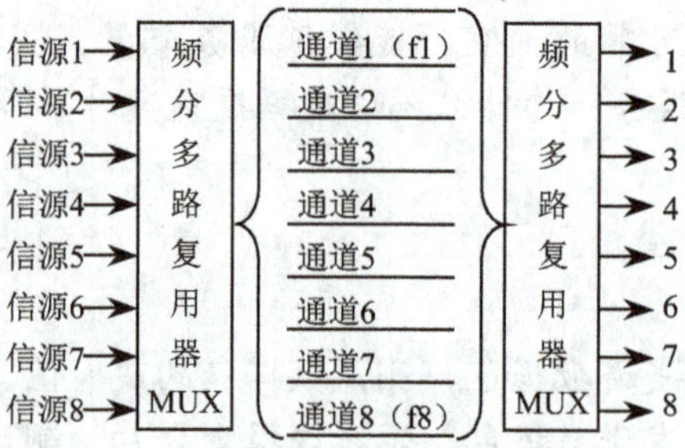

图2-19　频分多路复原理

2.5.2　时分多路复用

时分多路复用是将一条物理信道的传输时间分成若干个时间片，按一定的次序轮流给各个信号源使用。使用时分多路复用技术的前提是：物理信道能达到的数据传输速率超过各路信号源所需的数据传输速率。时分多路复用主要用于数字信道的复用，如图2-20所示。

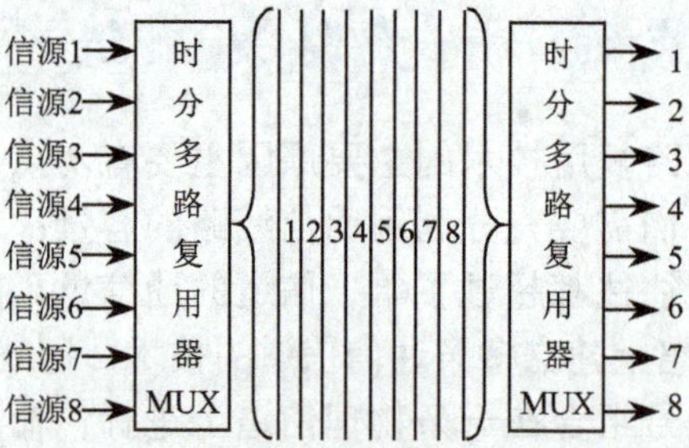

图2-20　时分多路复原理

时分多路复用的实现方法有两种：同步时分多路复用和异步时分多路复用。

1. 同步时分多路复用

在同步时分多路复用中，时间片是预先分配好的，而且是固定不变的，即每个时间片与一个信号源对应，而不管此时是否有信息发送。在接收端，根据时间片序号可判断出是哪一路信号。采用同步时分多路复用，由于不一定每个时间片内都有数据发送，所以信道的利用率低，如图2-21所示。

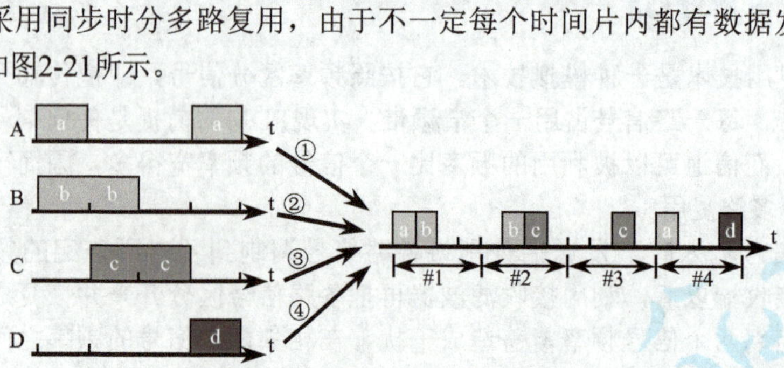

图2-21　同步时分多路复用原理

2. 异步时分多路复用

异步时分多路复用是目前计算机网络中应用广泛的多路复用技术。在异步时分多路复用技术中，动态分配信道的时间片，以实现按需分配。如果某路信号源没有信息发送，则允许其他信号源占用这个时间片，这样就避免了时间片的浪费，大大提高了信道的利用率，如图2-22所示。

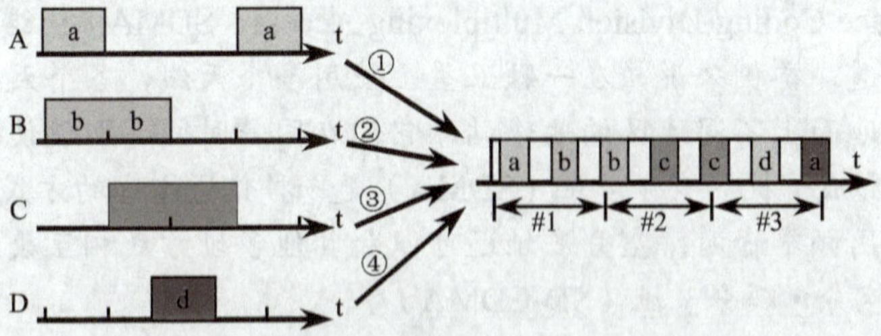

图2-22 异步时分多路复用原理

2.5.3 波分多路复用

波分多路复用技术是频分多路复用在光纤信道上使用的一个变种，因此也称其为光的频分复用。不同的是波分多路复用技术应用于全光纤组成的网络中，传输的是光信号，并按照光的波长区分信号。

波分多路复用系统的核心器件是棱柱或衍射光栅。多根光纤发出的光信号到达同一个棱柱或衍射光栅，每根光纤里的光波处于不同的波段上，多束光信号通过棱柱或衍射光栅全到一根共享的光纤上，到达目的地后，再由一个棱柱或衍射光栅将光重新分解为多路光信号。作为FDM的一个变种，波分多路复用与频分多路复用的唯一区别就是：在波分多路复用中使用的衍射光栅是无源的，因此可靠性非常高，如图2-23所示。

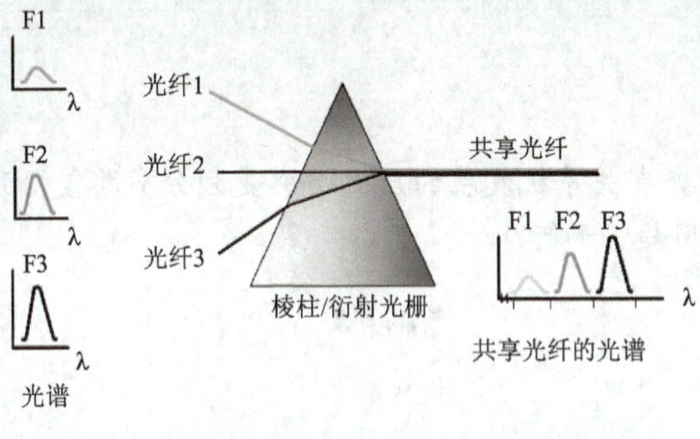

图2-23 波分多路复用原理

网络前瞻

码分多路复用

码分多路复用（Coding Division Multiplexing Access，CDMA）技术则是一种用于移动

通信系统的新技术。笔记本电脑或个人数字助理（Personal Data Assistant，PDA）以及手提电脑（Handed Personal Computer，HPC）等移动计算机的连网通信将会大量用到码分复用技术。CDMA的复用原理是基于码型分割信道的。每个用户分配有一个地址码，而这些码型互不重叠，其特点是频率和时间资源均为共享。因此，在频率和时间资源紧缺的环境下，CDMA将独具魅力，这也是CDMA受到人们普遍关注的缘故。

空分多址（Space Coding Division Multiplexing Access，SDMA）：这种技术是利用空间分割构成不同的信道。举例来说，在一颗卫星上使用多个天线，各个天线的波束射向地球表面的不同区域。地面上不同地区的地球站，它们在同一时间，即使使用相同的频率进行工作，之间也不会形成干扰。空分多址（SDMA）是一种信道增容的方式，可以实现频率的重复使用，充分利用频率资源。空分多址还可以和其他多址方式相互兼容，从而实现组合的多址技术，例如空分·码分多址（SD-CDMA）。

知识拓展

码元、码字的区别？

码元：或称码位，是对计算机网络传送的二进制数字中的每一位的通称。

码字：由若干个码元序列表示的数据单元代码称为码字。

学以致用

当地GSM（global system for mobile communications，全球通）和CDMA（CDMA code division multiple access，码分多址）手机的运营商是什么公司？各采用了什么多路复用的方式？你认为从技术角度讲哪一种更先进些？

知识链接

上网查询和企业调查有关手机发展的历史，感受频分多路复用到码分多路复用的发展过程。预测未来多路复用趋势如何？

网络驿站

3G是英文3rdGeneration的缩写，指第三代移动通信技术。相对第一代模拟制式手机（1G）和第二代GSM、TDMA等数字手机（2G），第三代手机一般地讲，是指将无线通信与国际互联网等多媒体通信结合的新一代移动通信系统。它能够处理图像、音乐、视频流等多种媒体形式，提供包括网页浏览、电话会议、电子商务等多种信息服务。为了提供这种服务，无线网络必须能够支持不同的数据传输速度，也就是说在室内、室外和行车的环境中能够分别支持至少2Mbps、384kbps以及144kbps的传输速度。目前，国际上3G手机（3G handsets）有3种制式标准：欧洲的WCDMA（宽频分码多重存取）标准、美国的

CDMA2000（多载波分复用扩频调制）标准和由我国科学家提出的TD－SCDMA（时分同步码分多址接入）标准。2008年4月1日，中国的8座奥运城市正式启动国产3G（即TD-SCDMA）的社会化业务测试和试商用，具体包括北京、天津、上海、青岛、秦皇岛、沈阳、深圳和广州8个城市。

2.6 自我批评很重要——差错控制技术

2.6.1 差错原因与差错控制方法

差错是指接收端收到的数据与发送端实际发出的数据出现不一致的现象。差错产生是不可避免的，我们的任务是分析差错产生的原因与差错控制类型，研究检查是否出现差错及如何纠正差错，即差错控制方法。

当数据从信源出发，经过通信信道时，由于通信信道总是有一定的噪声存在，因此，在到达信宿时，接收信号是信号与噪声的叠加。在接收端，接收电路在取样时判断信号电平。如果噪声对信号叠加的结果在电平判决时出现错误，就会引起传输数据的错误。

通信信道的噪声分为两类：热噪声与冲击噪声。

热噪声是由传输介质导体的电子热运动产生的。热噪声的特点是：时刻存在，幅度较小，强度与频率无关，但频谱很宽，是一类随机的噪声。由热噪声引起的差错是一类随机差错。

冲击噪声是由外界电磁干扰引起的。与热噪声相比，冲击噪声幅度较大，是引起传输差错的主要原因。冲击噪声持续时间与数据传输中每比特的发送时间T相比，可能较长，因而冲击噪声引起的相邻多个数据位出错呈突发性。冲击噪声引起的传输差错为突发差错。引起突发差错的位长称为突发长度。在通信过程中产生的传输差错，是由随机差错与突发差错共同构成的。

2.6.2 差错控制

差错控制就是指在数据通信过程中，发现、检测差错，对差错进行纠正，从而把差错限制在数据传输所允许的尽可能的范围的技术和方法。在数据传输中，没有差错控制的传输通常是不可靠的。

1．差错控制编码

差错控制编码是用以实现差错控制的编码。它分纠错码和检错码两种。

纠错码是让每个传输的分组带上足够的冗余信息，以便在接收端能发现并自动纠正传输中的差错。检错码让分组仅包含足以使接收端发现差错的冗余信息，但不能确定错误位的位置，即自已不能纠正传输差错。

纠错码方法虽然有优越之处，但实现复杂、造价高、费时间，在一般的通信场合不易采用。检错码方法虽然要通过重传机制达到纠错，但原理简单，实现容易，编码与解码速度快，是网络中广泛使用的差错控制编码。

2. 差错控制方法

差错控制方法主要有两类，自动请求重发（Automatic Repeat Request，ARQ）和前向纠错。

自动请求重发是利用编码的方法在数据接收端检测差错，当检测出差错后，设法通知发送数据端重新发送数据，直到无差错为止。

前向纠错是利用编码的方法，接收数据端不仅对接收的数据进行检测，当检测出差错后能自动纠正差错。在实际的网络中一般使用自动请求重发与检错码结合的方法。对于自动请求重发又有以下几种实现方式。

（1）停等式　发送方每发完一个数据报文必须等接收方确认后才能发下一个数据报文。

（2）全部重发　发送方可连续发送多个数据报文。若前面某个数据报文出错，从该数据报文以后的所有数据报文都需重发。

（3）选择重发　发送方可连续发送多个数据报文。若前面某个数据报文出错，只需重发出错的数据报文。但这种方法要求发送方缓存出错数据报文重发前接收的所有未被确认的数据报文。

2.6.3　检错码工作原理

目前，常用的检错码主要有奇偶校验和循环冗余编码两类。

1. 奇偶校验码

在差错检测中，奇偶校验是一种最简单、最基本的方法，它分为垂直奇（偶）校验、水平奇（偶）校验与水平垂直（偶）校验（方阵码）。

奇偶校验码的工作原理是在原始数据字节的最高位或最低位增加一个附加位，使结果中1的个数为奇数（奇校验）或偶数（偶校验）。增加的位称为奇偶校验位。

以奇校验为例，如果发送方要发送数据10110101，（比特串中1的个数为4），按照奇校验的规则，奇偶校验位应为1，即实际发送的比特序列为10110101，这样才能保证整个信息中1的个数为奇数（5）。如果数据在传输过程中，遭到了破坏，假设接收方接收到的数据为11110101，计算其中1的个数为6，是偶数，则拒绝接收这个数据，并要求发送方重新发送。再假设接收方接收到的数据为10000101，计算其中1的个数为3，是奇数，按照奇校验的规则，应视此数据无差错，但实际上在传输过程中发生了2位错误，奇校验失效了。

奇偶校验可以检测出数据中奇数个错误，但不能检测出偶数个错误。奇偶校验经济、容易实现。

2. 循环冗余编码

在数据通信中，循环冗余校验方法是一种功能很强的检错技术，得到了广泛的应用。循环冗余校验是将所传输的数据除以一个预先设定的除数，所得的余数作为冗余比特，附加在要发送数据的末尾，被称为循环冗余校验码（CRC码）。这样，实际传输的数据就能够被预先设定的除数整除。当整个数据传送到接收方之后，接收方就利用同一个除数去除接收到的数据，如果余数为0，即表明数据传输正确，否则即意味着数据传输出现了差错。

知识拓展

手机信号屏蔽器原理简介

在一定的频率范围内，手机和基站通过无线电波联接起来，以一定的波特率和调制方式完成数据和声音的传输。手机屏蔽器在工作过程中以一定的速度从前向信道的低端频率向高端扫描。该扫描速度可以在手机接收报文信号中形成乱码干扰，手机不能检测出从基站发出的正常数据，使手机不能与基站建立连接。手机表现为搜索网络、手机无信号、无服务系统等现象。

举一反三

如果你是手机信号屏蔽器的市场推销员，你还应该到下面主要哪些具体应用场所

视听场所：戏院、_____、____、____、____。

保安隐私：监狱、_____、_____、_____、____。

健康安全：加油站、____、____、____、____。

智慧城堡

下面是手机信号屏蔽器针对各种手机的技术参数的屏蔽范围，见表2-2。3G/GSM/CDMA/DCS/PHS各指市场上什么类型的电话？想一想为什么屏蔽应该有范围，而不是所有的信号？

表2-2　手机信号屏蔽器针对各种手机的技术参数的屏蔽范围

序　号	技术标准	技术参数
1	CDMA频段发射频率	869MHz～894MHz
2	GSM频段发射频率	925MHz～960MHz
3	DCS频段发射频率	1805MHz～1880MHz
4	PHS频段发射频率	1900MHz～1990MHz
5	3G频段发射频率	2100MHz～2200 MHz

实践天地

通过网络QQ和E-mail方式传输一组照片文件。比较传输过程的差错控制情况。传输成功后照片顺序有无变化？为什么？

学以致用

你觉得家庭网络布线应该避免经过哪些地方？如果不能避免，应该如何？

2.7 通信兵——传输介质简介

传输介质是信息传输的物理通道，提供可靠的物理通道是信息能够正确、快速传递的前提。在网络设计时，必须决定使用什么传输介质，传输介质选择的不同，网络整体性能上会有很大的差异。传输介质包括有线传输介质（双绞线、同轴电缆、光纤）和无线传输介质（无线电、微波、红外线）。

2.7.1 有线传输介质

1．双绞线（Twisted Pair）

双绞线由粗约1mm相互绝缘的一对铜导线扭在一起组成，对称均匀的绞扭可以减少线对间的电磁干扰。双绞线的标准频宽为300Hz～3400Hz。双绞线可以点对点或多点连接，在进行多点连接时，效果较差，可支持的工作站也较少，所以常用于点对点的连接。双绞线的抗干扰能力视其是否有良好的屏蔽和设置地点而定，如果干扰源的波长大于双绞线的扭曲长度（Twist Length），其抗干扰性大于同轴电缆（在10kHz～100kHz以内，同轴电缆抗干扰性更好）。双绞线较适合于近距离（一栋建筑物内或几栋建筑物之间，若超过几公里，就要加入中继器）、环境单纯（远离潮湿，电源磁场等）的局域网络系统。双绞线可用来传输数字（Digital）与模拟（Analog）信号。由于价格便宜，安装容易，所以得到了广泛的应用。通常在局域网中的无屏蔽双绞线的传输速率是100Mbps，随着制造技术的发展，1000Mbps的双绞线已经出现。双绞线按电气性能划分的话，通常分为：三类、四类、五类、超五类、六类、七类双绞线等类型，数字越大，版本越新、技术越先进、带宽也越宽，当然价格也越贵了。目前在一般局域网中常见的是五类、超五类或者六类双绞线，如图2-24所示。

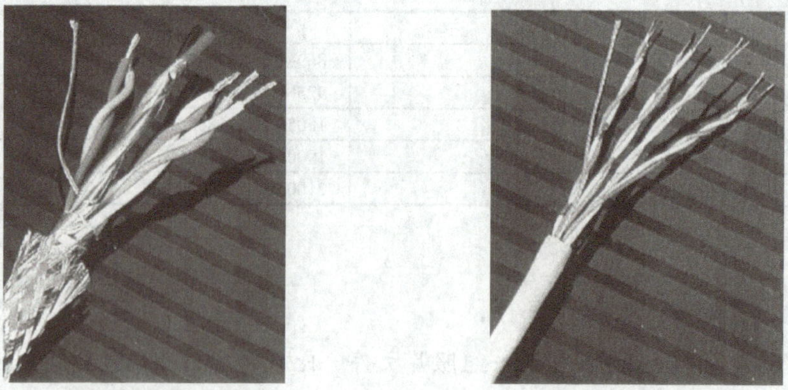

屏蔽双绞线（STP）　　　　非屏蔽双绞线（UTP）

图2-24　双绞线

2．同轴电缆（Coaxial Cable）

同轴电缆其组成由里往外依次是铜芯、塑胶绝缘层、细铜丝组成的网状导体及塑料保护膜。铜芯与网状导体同轴，故名同轴电缆。局域网中常用到的同轴电缆有两种，一种是特性阻抗为50Ω的同轴电缆，用于传送数字信号。通常把表示数字信号的方波所固有的频带称为基带，所以这种电缆也叫基带（Baseband）同轴电缆。基带系统的优点是安装简单而且价格便宜，但由于在传送过程中基带信号容易发生畸变和衰减，所以传输距离不能很长，一般在1km以内，典型的传送速率是10Mbps。另一种是特性阻抗为75Ω的CATV（Community Antenna Television）电缆，用于传送模拟信号，这种电缆也叫宽带（Broadband）同轴电缆。要把计算机产生的比特（bit）流变成模拟信号在CATV电缆传输，就要求在发送端和接收端加入Modem（调制解调器）。对于带宽为400MHz的CATV电缆，其传送速率为100Mbps～150Mbps。也可以采用频分多路技术（Frequency Division Multiplex，FDM），把整个带宽划分为多个独立的信道，分别传输数字、声音和视频信号，实现多种电信业务，如图2-25所示。

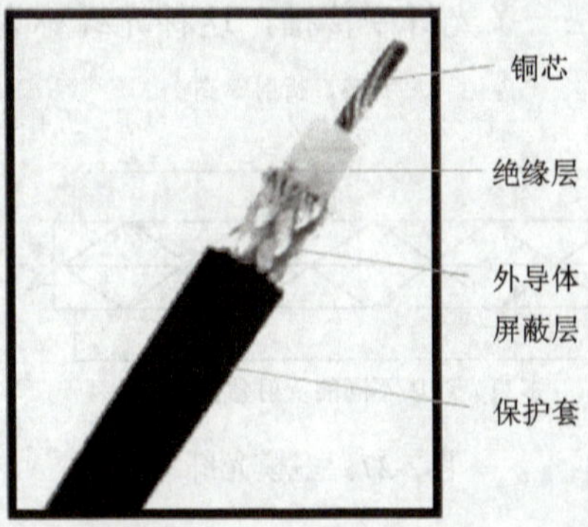

图2-25　同轴电缆的结构

粗缆最大段长度为500m，每段最多可以容纳100个节点，网络最大长度大约为2500m；而细缆最大段长度约为185m，每段最多可以容纳30个节点，网络最大长度大约为925m。

细缆使用BNC、T型连接器将电缆与网络设备相连，并且需要在网络总线两端各安装一个20Ω的终结器以吸收反射电波；粗缆与网络设备的连接需要收发器，见表2-3。

表2-3　同轴电缆的规格

规格	阻抗	适用网络
RG-58A/U细缆	50Ω	10Base2以太网
RG-58C/U细缆	50Ω	RG-58A/U的军用版本
RG-8粗缆	50Ω	10Base5以太网
RG-11粗缆	50Ω	10Base5以太网
RG-59	75Ω	有线电视网
RG-62A/U	93Ω	ARCnet和IBM3270终端

3．光缆（Optical Fiber）

光纤电缆简称为光缆、光纤。光纤由纤芯、包层和涂敷层组成，纤芯位于光纤的中心部位，是高度透明材料，包层的折射率略低于纤芯。在光纤发射端，主要是采用两种光源发光二极管LED与注入型激光二极管ILD。根据光线在光缆中的传输方式，可以将光纤分为两类：单模光纤和多模光纤。单模光纤比多模光纤更难制造，因而价格更高。

单模光纤：如果光纤导芯的直径小到只有一个光的波长，光纤就成了一种波导管，光线则不必经过多次反射式的传播，而是一直向前传播，这种光纤称为单模光纤，如图2-26所示。

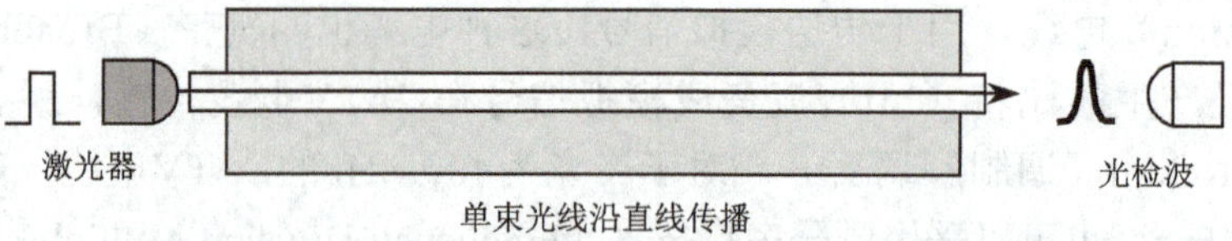

图2-26 单模光纤

多模光纤：只要到达光纤表面的光线入射角大于临界角，便产生全反射，因此可以由多条入射角度不同的光线同时在一条光纤中传播，这种光纤称为多模光纤，如图2-27所示。

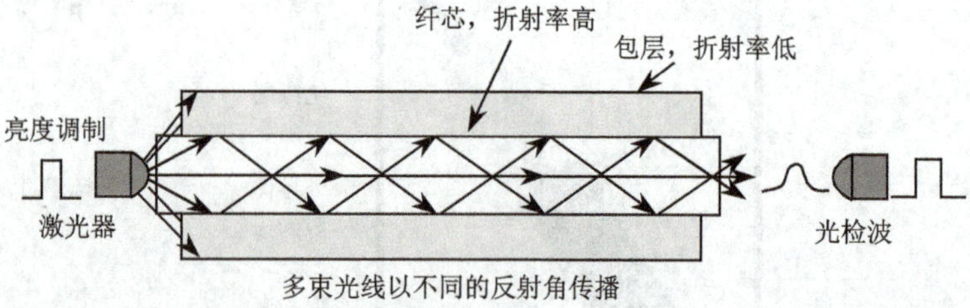

图2-27 多模光纤

光纤的连接常用熔接方法，如图2-28所示，或利用光纤连接器，如图2-29所示。光纤的熔接是将两根光纤利用特定的仪器将其熔合到一起，其衰减较小，但需专业人员使用专用仪器来完成，做好后不能轻易改变。利用光纤连接器可以方便地更改光纤的连接，不过其衰减较大，连接器的接头部分仍需专业人员利用专业设备来完成。

光纤作为传输介质，其优点很多。首先是它具有很高的数据传输速率、极宽的频带、低误码率和低延迟。典型数据传输速率是100Mbps，甚至可达1000Mbps。其次是光传输不受电磁干扰，不能被偷听，因而安全和保密性能好。最后，光纤重量轻、体积小。光纤通信是比较新的技术领域，网络接口和光缆价格还比较昂贵，安装和配置技术都比较复杂，但随着技术的发展，光纤通信在计算机网络中将会获得更广泛的应用。

图2-28 光纤熔接机

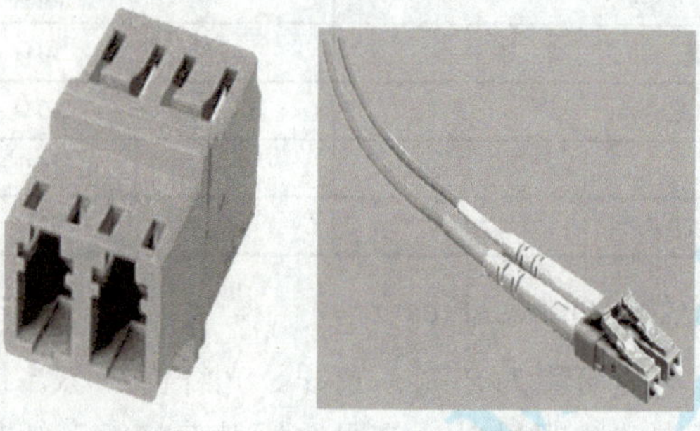

图2-29 光纤连接器和光纤跳线

2.7.2 无线传输介质

1．无线电波

无线电波的频率在10^4Hz～10^8Hz之间，含低频、中频、高频、甚高频和特高频，属于管制频段和非管制频段。它很容易产生，传播是全方向的，能从源向任意方向进行传播，很容易穿过建筑物，被广泛地应用于现代通信中。由于它的传输是全方向的，所以发射和接收装置不必在物理上很准确地对准，如图2-30所示。

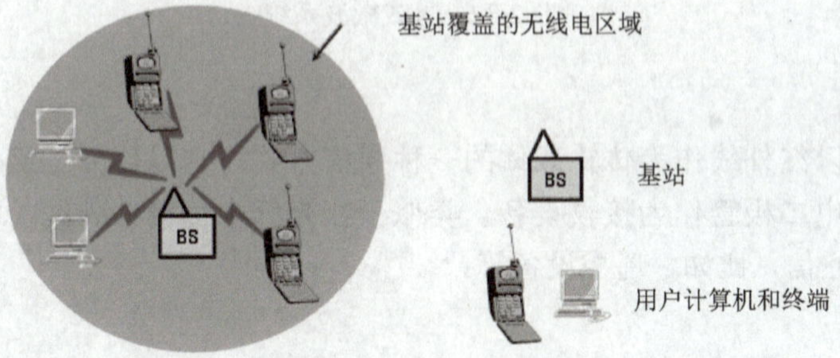

图2-30　无线电波

2．微波

微波系统一般工作在较低的兆赫兹频段，地面系统通常为4GHz～6GHz或21GHz～23GHz，星载系统通常为11GHz～14GHz，沿着直线传播，可以集中于一点，微波不能很好地穿过建筑物。微波通过抛物状天线将所有的能量集中于一小束，这样可以获得极高的信噪比，发射天线和接收天线必须精确地对准。由于微波是沿着直线传播，所以每隔一段距离就需要建一个中继站。中继站的微波塔越高，传输的距离就越远，中继站之间的距离大致与塔高的平方成正比，如图2-31所示。

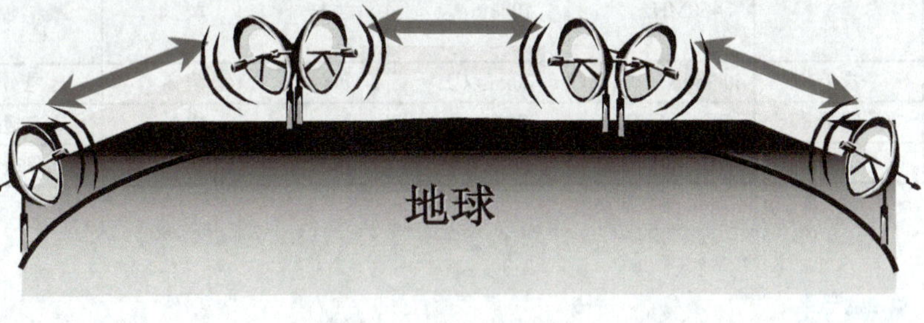

图2-31　地载微波系统

在星载微波系统中，发射站和接收站设置于地面，卫星上放置转发器。地面站首先向卫星发送微波信号，卫星在接收到该信号后，由转发器将其向地面转发，供地面各站接收。星载系统覆盖面积极大，理论上一颗同步卫星可以覆盖地球1/3的面积，三颗同步卫星就可以覆盖全球。用户的地面设备包括一个0.75m～2.4m直径的抛物面天线、接收机、电缆等。我们可以将一颗卫星看作是一个集线器，各接收站看作一个节点，这样就形成了一个星形网络，如图2-32所示。

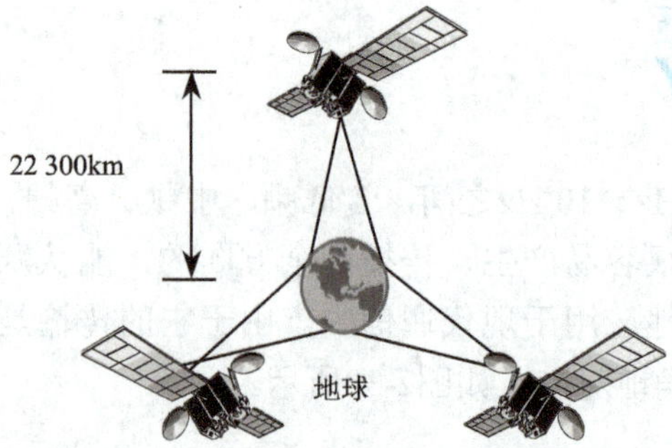

图2-32　星载微波系统

3. 红外传输

红外传输是以红外线作为传输载体的一种通信方式。它以红外二极管或红外激光管作为发射源，以光电二极管作为接收设备，类似于在光纤中传输红外线的方式。红外线传输主要用于短距离通信，比如，遥控设备等。

智能表格

常用传输介质的比较见表2-4。

表2-4　常用传输介质的比较表

传输介质	传输方式	速率/工作频带	传输距离	性能	价格	应用
双绞线	宽带 基带	≤1Gbit/s	模拟：10km 数字：500m	较好	低	模拟/数字信号传输
50Ω 同轴电缆	基带	10Mbit/s	<3km	较好	较低	基带数字信号
75Ω 同轴电缆	宽带	≤450MHz	100km	较好	较低	模拟电视、数据及音频
光纤	基带	40Gbit/s	20km以上	很好	较高	远距离高速数据传输
微波	宽带	4GHz～6GHz	几百km	好	中等	远程通信
卫星	宽带	1GHz～10GHz	18000km	很好	高	远程通信

知识链接

频段划分及主要用途见表2-5。

表2-5　频段划分及主要用途表

名称	甚低频	低频	中频	高频	甚高频	超高频	特高频	极高频
符号	VLF	LF	MF	HF	VHF	UHF	SHF	EHF
频率	3kHz～ 30kHz	30kHz～ 300kHz	0.3MHz～ 3MHz	3MHz～ 30MHz	30MHz～ 300MHz	0.3GHz～ 3GHz	3GHz～ 30GHz	30GHz～ 300GHz

（续）

名称	甚低频	低频	中频	高频	甚高频	超高频	特高频	极高频
波段	超长波	长波	中波	短波	米波	分米波	厘米波	毫米波
波长	1000km～100km	10km～1km	1km～100m	100m～10m	10m～1m	1m～0.1m	10cm～1cm	10mm～1mm
传播特性	空间波为主	地波为主	地波与天波	天波与地波	空间波	空间波	空间波	空间波
主要用途	海岸潜艇通信；远距离通信；超远距离导航	越洋通信；中距离通信；地下岩层通信；远距离导航	船用通信；业余无线电通信；移动通信；中距离导航	远距离短波通信；国际定点通信	电离层散射（30MHz～60MHz）；流星余迹通信；人造电离层通信（30MHz～144MHz）；对空间飞行体通信；移动通信	小容量微波中继通信；（352MHz～420MHz）；对流层散射通信（700MHz～10000MHz）；中容量微波通信（1700MHz～2400MHz）	大容量微波中继通信（3600MHz～4200MHz）；大容量微波中继通信（5850MHz～8500MHz）；数字通信；卫星通信；国际海事卫星通信（1500MHz～1600MHz）	再入大气层时的通信；波导通信

网络论坛

调查一下现在哪些地方还在使用同轴电缆？这些地方可以用双绞线代替吗？同轴电缆过时了吗？

疑难问题

网线有多少根，如果其中哪根断开对一般用户没有影响呢？

知识链接

常用术语的含义

“10Base-T”的名称命名分为3个部分，数字“10”表示带宽，单位为Mbit/s，10表示10Mbit/s，若为100则表示100Mbit/s；“Base”指带宽使用方式，Base指基带传输，Board指宽带传输；“T”指传输距离，作为专用符号，若为2表示最大传输距离200m，T表示介质为双绞线，物理星形拓扑，传输距离为100m，若为F则表示光纤网络。

网络驿站

为什么信元要采用53个字节，其实也没什么特别的理由，只是在初期的研究中，美国主张用6个字节的信头和64个字节的负荷信息，而欧洲主张用4个字节的信头和32个字节的信息负荷，最后在CCITT会议上，双方作了让步，即取简单的算术平均值，才取得统一，并作为国际建议。即：

信头：（6+4）/2=5（字节）

信息：（32+64）/2=48（字节）

2.8 水晶头的华山论剑——网线的制作（实训）

【实训目的】

1）掌握非屏蔽双绞线的制作。

2）掌握线缆测试的简单方法。

【实训环境】

1）非屏蔽双绞线（5类）和RJ-45接头，如图2-33、图2-34所示。

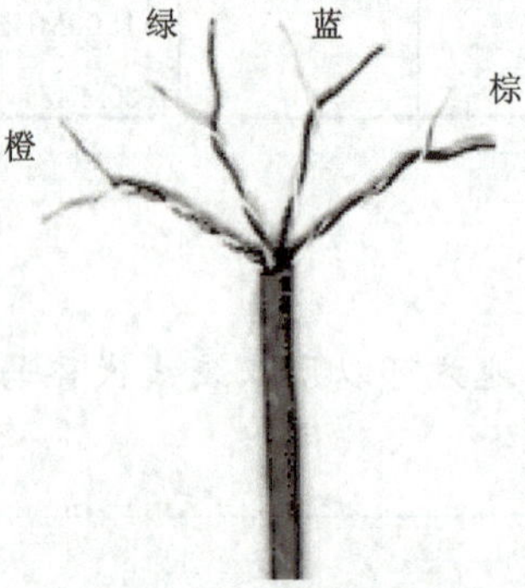

图2-33 双绞线示意图

图2-34 RJ45接头

2）压线钳和测线仪，如图2-35所示。

图2-35 测线仪和压线钳

【实训知识点】

1）非屏蔽双绞线介绍。

双绞线可以用于传输模拟或数字信号，常用点到点连接，也可用于多点连接。在同轴、双绞线、光纤3种有线传输介质中，双绞线的地理范围最小、抗干扰性最低，但价格最便宜，是当前使用最普遍的传输介质。双绞线分为非屏蔽双绞线（UTP）和屏蔽双绞线（STP）两类。非屏蔽双绞线没有屏蔽层，完全依赖双绞线对的绞合来限制电磁干扰和无线干扰引起的信号退化。在以太网标准中双绞线的有效距离为100m。

2）T568A、T568B标准线序的排列方式。

要使双绞线能够与网卡、集线器、交换机、路由器等网络设备互连，还需要制作RJ-45接头（俗称水晶头）。RJ-45接头在制作时必须符合美国电子/电信工业协会EIA/TIA标准。如图2-36所示，线序见表2-6。

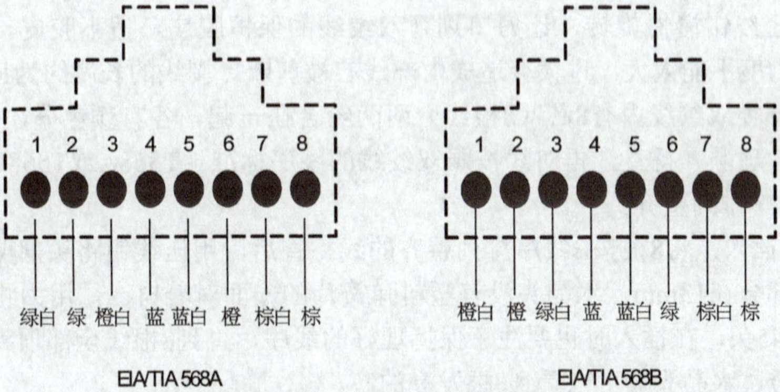

图2-36 T568A和T568B的接线标准

表2-6 T568A和T568B的线序

T568A线序	1	2	3	4	5	6	7	8
	绿白	绿	橙白	蓝	蓝白	橙	棕白	棕
T568B线序	1	2	3	4	5	6	7	8
	橙白	橙	绿白	蓝	蓝白	绿	棕白	棕

3）UTP直通线、交叉线、反序线的制作方法以及它们的线序和使用场合见表2-7。

表2-7 直通线、交叉线、反序线比较表

线　序	连 接 方 式	使 用 场 合
直通线（直连线）	T568B—T568B（我国默认标准） T568A—T568A	在异种设备之间，例如： 计算机—交换机 路由器—交换机 交换机—交换机（UPLink口）
交叉线	T568A—T568B	在同种设备之间，例如：计算机—计算机 路由器—路由器 交换机—交换机
反序线（反转线）	T568B（正常顺序）—T568B（顺序彻底颠倒）	路由器、交换机配置（Console口）

【实训内容及步骤】

1．制作RJ-45接头

1）剪线：利用压线钳的剪线刀口剪取适当长度的网线（5类双绞线）。原则上，剪取网线的长度应当比实际需要稍长一些。原因之一是网线制作不能保证每次都是成功的，失败则需要剪掉水晶头重做。网线走线时，并不能按直线距离，而需要将从实际的房间走到工作台再到机器的长度都计算进去。

2）剥线：用压线钳的剪线刀口将线头剪齐，再将线头放入剥线刀口，让线头紧顶挡板，稍微握紧压线钳慢慢旋转，让刀口划开双绞线的保护胶皮，拨下胶皮。此过程要特别把握压线钳的力度不能太大，过大会造成内部线芯被剪断。剥线的长度约为15mm。

3）排线：5类双绞线内有8芯（8根线）两两绞合在一起，各有颜色分，因此要将8条细导线一一拆开、理顺、捋直，再对线按照双绞线的线序标准（T568A或T568B）排序。本例中此端采用B线序排列整齐。

4）剪齐及插入：将8根按B线序排列整齐的线捋直后，用压线钳将头部剪齐。保证去掉外层绝缘皮的部分在13mm，水晶头没有塑料弹簧片的一面对着自己，用力将8根线并排沿8个线槽插入RJ-45头，在插入时也要注意保持理好的线序，直到8根线全部顶到底，并确保护套也被插入。透过水晶头端可以看到8根发亮的芯。

5）压线：在透过水晶头检查一遍线序无误后，放松压线钳，将RJ-45（铜片方向向上）头用力塞进压线钳的RJ-45插座内，直到塞不动为止，用力压下压线钳的手柄，直到压不下，将突出在外的针脚全部压入水晶头内。

6）拔出做好的RJ-45头，用同样的方法制作另一头RJ-45。为了给实训三做准备，另一头也采用B线序，即做成直通线。

7）将做好的RJ-45头分别插入线测试仪的不同模块的RJ-45插座内，打开主模块的电源开关，则可以看到两个模块的相同指示灯同时亮。如果是直通缆，则可以看到：1&1、2&2、3&3、4&4、5&5、6&6、7&7、8&8八对线相同数字序号上的灯同时亮；如果是交叉缆，则可以看到：1&3、2&6、3&1、4&4、5&5、6&2、7&7、8&8的灯同时亮，否则就是做错了，应重新做。

8）当网线较多时，集线器或交换机的另一端很可能就很难分清网线？因为两端间距可达百米。为避免此类事件发生，在每条线的两端分别做好标记，并制作一份档案长期保存。通常采用两种方法：一种是塑料线号标记。在市场中有售网线标记号的，制作网线时，剪断网线时就套好标记号即可。另一种是“塑料套管+记号笔”。购买比网线稍粗的塑料管，将其剪成2cm～3cm左右的小段，然后用标记笔在塑料套上写好标记号，制作时套在网线上。

2．使用直通线连接PC机和交换机端口

把直通线一头插入计算机网卡的RJ-45口，另一头插入交换机的任意一个端口。如连接正常，则网卡后面的指示灯会亮。

3．使用交叉线连接PC机和PC机

把交叉线的一头插入计算机网卡的RJ-45口，另一头插入另一台计算机网卡的RJ-45

头。如连接正常，则网卡后面的指示灯会亮。

4．使用反序线连接PC机交换机配置口

把反序线的一头插入计算机com口（需要DB9接头），另一头插入交换机的配置口，如连接正常，可以进入配置页面。

知识总结

本章小结

作为数据通信的基础知识，本章主要介绍了通信基础、数据传输、数据编码与调制技术、交换技术、多路复用技术、差错控制技术、传输介质、网线制作等。

首先从数据通信的基本概念出发，将信息、数据、信号、信道的概念区别清楚，然后围绕调制与解调从模拟与数字具体分类。数据通信模型包括模拟通信系统和数字通信系统。数字终端设备（DTE）、数字通信设备（DCE）是重点。数据通信系统的主要技术指标带宽、信道容量、位速率、波特率、误码率是难点。数据传输也是数据通信的基础，基带传输与频带、串行传输与并行传输、同步传输与异步传输技术、单工、半双工和全双工通信等应该学好原理抓住区别并学以致用，千万不能死记概念，那样就舍本逐末了。

数据编码与调制技术、交换技术、多路复用技术、差错控制技术以技术形式出现，就体现出有一定难度。编码与调制是个难点，因为抽象理解困难。以数字数据的数字信号编码、数字数据的模拟信号调制、模拟数据的数字信号编码理解为主。多路复用技术中频分、时分、波分多路复用以区别入手，结合手机类型理论联系实际。交换技术中利用好图表，把握电路、报文、分组3种数据交换技术历史发展和优缺点。差错控制要了解差错产生原因及差错控制的基本概念，了解差错控制方式。最后了解数据通信的传输介质。传输介质包括有线传输介质（双绞线、同轴电缆、光纤）和无线传输介质（无线电、微波、红外线）。有线传输介质是重点，网线制作是技能重点。

本章实质就是从基础概念入手，然后接触一系列相关技术，最后回到传输介质和网线制作，进行一次由浅入深、由理论到实践、由知识到技能的旅程见表2-8。

表2-8　数据通信的基本内容归纳表

数据通信技术的基本内容	数据通信基本概念	数据通信系统基本结构
		信息、数据、信号
		数据通信的主要技术指标
	数据传输方式	串行通信、并行通信
		单工通信、半双工通信、全双工通信
		基带传输、频带传输、宽带传输
	数据同步技术	异步传输、同步传输

（续）

数据通信技术的基本内容	数据编码技术	数字数据信号	模拟传输	幅移键控ASK、频移键控FSK、相移键控PSK
			数字传输	不归零码NRZ、曼彻斯特编码、差分曼彻斯特编码
		模拟数据信号	模拟传输	调幅、调频、调相
			数字传输	脉冲编码调制PCM（抽样、量化和编码）
	多路复用技术	时分、频分、波分、码分多路复用		
	数据交换技术	电路交换、报文交换、分组交换（数据报、虚电路方式）		
	传输介质	传输介质类型与特点		
	差错控制技术	检错码、纠错码和差错控制机制		

竞技擂台

1. 填空题 A级（1-10） B级（11-15） C级（16-20）

1）信号是____的表示形式，它分为____信号和____信号。

2）在网络中通常使用____、____、____3种交换技术。

3）有两种基本的差错控制编码，即____和____。

4）脉冲编码调制的过程简单地说可分为3个过程，它们是________、________、________。

5）模拟信号是一种____信号，而数字信号是一种____信号。

6）在分组交换方式中，通信子网向端系统提供虚电路和______两类不同性质的网络服务，其中____是无连接的网络服务。

7）采用存储转发技术的数据交换技术有____、____、____。

8）通信信道按传输信号的类型可划分为____信道和____信道。

9）DTE指____；DCE指____。

10）电路交换的通信包括____、____、____3个阶段。

11）噪声是指信号在传输过程中受到的干扰，其中由导体中电子的热扰动引起的噪声属于____，而由太阳黑子引起的干扰属于____。

12）数据通信的传输方式可分为_____和_____，鼠标采用前者进行通信，打印机采用后者进行通信。

13）数字数据的基本调制技术包括____、____、____。

14）数据通信的方向性结构可分为：____、____和____3种，后者可以同时进行双向的数据传输。

15）差错纠正有____和____两种方法，绝大多数的通信系统采用的都是____。

16）在数据通信中，表征一个信道传输数字信号最大能力的指标是______衡量数据通信系统在正常情况下传输可靠性的指标是____。

17）在数字通信信道上，直接传送基带信号的方法称为____。

18）在数据通信中，为了保证数据被正确接收，必须采用一些同一收发动作的措施，这就是所谓的____技术。

19）在计算机网络中，差错有两种类型：由随机噪声引起的差错称为_____，此类错误在计算机网络中是个别的；由冲击噪声引起的差错称为_____，此类错误在计算机网络中是主要的。

20）电话系统的工作原理与_____交换技术相似，而邮政系统的工作流程与_____交换技术相似。

2．选择题 A级（1-10）B级（11-20）C级（21-28）

1） 数据报和虚电路属于（　）。

A．电路交换　　B．报文交换　　C．分组交换　　D．信元交换

2） 在数据报操作方式下（　）。

A．不必建立虚电路，也不必为每个数据报作路由选择

B．要建立虚电路，但不必为每个数据报作路由选择

C．不必建立虚电路，但要为每个数据报作路由选择

D．要建立虚电路，且要为每个数据报作路由选择

3） 下面交换技术中，不采用“存储—转发”的是（　）。

A．线路交换　　B．报文交换

C．虚电路分组交换　　D．数据报分组交换

4） 在下列传输介质中，不受电磁干扰或噪声影响的是（　）。

A．双绞线　　B．通信卫星　　C．同轴电缆　　D．光纤

5） 在下列传输介质中，通信成本与距离无关的是（　）。

A．双绞线　　B．通信卫星　　C．同轴电缆　　D．光纤

6）（　）是无线传输技术。

A．光纤传输技术　　B．微波传输技术

C．双绞线传输技术　　D．同轴电缆传输技术

7）（　）是有线传输技术。

A．光纤传输技术　　B．微波传输技术

C．红外线传输技术　　D．激光传输技术

8） 国际电器工业协会（EIA）为双绞线定义了1到5类不同的质量级别。计算机网络中常用的是3类和（　）类。

A．1　　B．2　　C．4　　D．5

9） 数据传输中的“噪声”指的是（　）。

A．在传输过程中受到的干扰　　B．传输过程中信号的衰减

C．音频信号在传输过程中的失真　　D．以上都是

10）100BaseT中的“Base”的意义是（　）。

A．基础传输　　B．基带传输　　C．宽带传输　　D．频带传输

11）数据传输速率在数值上，等于每秒钟传输构成数据代码的二进制比特数，它的单位为比特/秒，通常记做（　　）。

A．/S　　B．bps　　C．bpers　　D．baud

12）数据只能沿一个固定方向传输的的通信方式是（　　）。

A．单工　　B．半双工　　C．全双工　　D．混合

13）在异步传输模式ATM的一个信元单位中，信头占据的字节数是（　　）。

A．48B　　B．53B　　C．5B　　D．58B

14）电话交换系统采用的是（　　）交换技术。

A．电路交换　　B．报文交换　　C．分组交换　　D．信号交换

15）通过改变载波信号的相位值来表示数字信号1、0的编码方式是（　　）。

A．ASK　　B．FSK　　C．PSK　　D．ATM

16）电缆屏蔽的好处是（　　）。

A．减少信号衰减　　B．减少电磁干扰辐射

C．减少物理损坏　　D．减少电缆的阻抗

17）在下列多路复用技术中，（　　）具有动态分配时隙的功能。

A．同步时分多路复用　　B．统计时分多路复用

C．频分多路复用　　D．波分多路复用

18）将物理信道的总频带宽分割成若干个子信道，每个子信道传输一路信号，这就是（　　）。

A．同步时分多路复用　　B．波分多路复用

C．异步时分多路复用　　D．频分多路复用

19）常说的ATM指的是（　　）。

A．光纤分布式数据接口　　B．钢芯分布式数据接口

C．异步传输模式　　D．同步传输模式

20）就交换技术而言，局域网中的以太网采用的是（　　）。

A．分组交换技术　　B．电路交换技术

C．报文交换技术　　D．码元交换技术

21）传递需进行调制编码是（　　）。

A．数字数据在数字信道上　　B．数字数据在模拟信道上

C．模拟数据在数字信道上　　D．模拟数据在模拟信道上

22）在同一信道上的同一时刻，能够进行双向数据传送的通信方式为（　　）。

A．单工　　B．半双工

C．全双工　　D．以上三种均不是

23）串行传输与并行传输相比（　　）。

A．速度快、费用高　　B．速度快、费用低

C．速度慢、费用高　　D．速度慢、费用低

24）下列数据交换方式中，线路利用率最高的是（　　）。

A．电路交换　　B．报文交换　　C．分组交换　　D．延迟交换

25）计算机网络通信系统是（　　）。

A．数据通信系统　　B．模拟信号系统

C．信号传输系统　　D．电信号传输系统

26）电路交换的缺点是（　　）。

A．传输率高　　B．容易丢失数据

C．对网络的依赖性较大　　D．传输延迟短

27）下面各种数据中，（　　）是模拟数据。

A．学号　　B．年龄　　C．汉字　　D．声音

28）一个优秀的老师，他的课堂模式与（　　）的思想相似。

A．单工通信　　B．半双工通信　　C．全双工通信　　D．并行通信

3．比较题 A级（1-2） B级C级（3-4）

1）比特率和波特率。

2）单工、半双工、全双工。

3）基带传输和频带传输。

4）同步传输和异步传输。

4．简答题 A级（1-4） B级（5-6） C级（7）

1）比较说明双绞线、同轴电缆与光纤等3种常用传输介质的特点。

2）双绞线的制作可分为T568A和568B标准，请问使用568B标准，线的排列顺序是如何排列的？

3）分组交换的主要优缺点是什么？

4）双绞线制作根据标准不同可分为直连线和交叉线。直连线和交叉线两端是如何分布的？请问计算机与计算机之间连接，计算机与交换机连接，交换机与交换机连接（不考虑级联口），分别采用直连线还是交叉线？

5）简答数字数据的模拟信号调制。

6）试从多个方面比较电路交换、报文交换和分组交换的主要优缺点。

7）简答PCM过程。

5．计算题 C级

1）试机算100Base-T以太网中，每比特的传输时间。

2）试计算在100Mbps的网络，传输1MB需要多少时间。

第3章

重在规划——网络体系结构

3.1 无规矩不成方圆——网络体系结构概述

3.1.1 协议（Protocol）

现实生活中人们一直自觉地遵守着某些规则或者约定。例如人与人打电话，先要拿起听筒，然后拨对方的电话号码并等待对方接电话，在对方接电话后，要互相确认对方身份，然后才开始正式谈话，使用对方明白的语言和适宜的语音语速，谈话完毕，相互致意并挂断电话，本次通话结束。

网络通信也必须使用某些规则或者约定。人们将为进行网络中的数据交换而建立的规则、约定称为网络协议。

任何一种通信协议都包括3个部分。

（1）语法（Syntax） 规定双方“如何讲”，是将若干协议元素和数据组合起来表达一个更完整的内容时所应遵循的格式，即数据与控制信息的结构、编码及信号电平等。

（2）语义（Semantics） 规定通信双方准备“讲什么”，亦即确定协议元素的含义，如控制信息、执行的动作和返回的应答等。

（3）语序（Timing） 语序又称为时序或定时，规定通信双方“讲的顺序”或“应答关系”，即对事件实现顺序的说明，解决何时进行通信的问题。

语法、语义和语序被称为协议的3要素。

3.1.2 层次（Layer）

层次是人们对复杂问题处理的基本方法。人们对于一些难以处理的复杂问题，通常是分解为若干较容易处理的小问题。比如一套复杂的广播体操，我们必须对分每一节和每一个动作进行学习。这样一个庞大的、复杂的问题划分成若干较小的、简单的问题，即“分而治之”。网络体系通常采用层次化结构，每一层都建立在其下层之上，每一层的目的是向其上一层提供一定的服务，并把服务的具体实现细节对上层屏蔽，如图3-1所示。

网络采用层次化结构的优点：

1）各层之间相互独立，高层不必关心低层的实现细节，只要知道低层所提供的服务，及本层向上层所提供的服务即可，能真正做到各司其职。

2）网络中的每一层都起到隔离作用，使得低层功能具体实现方法的变更不会影响到高一层所执行的功能。

3）易于实现标准化。

计算机网络中的分层思想：

1）当需要有一个不同等级的抽象时就应当有一个相应的层次。

2）每一层的功能应当非常明确。

3）层与层的边界应选择得使通过这些边界的信息量尽量少，否则不方便。

4）层数太少会使每一层的协议太复杂。

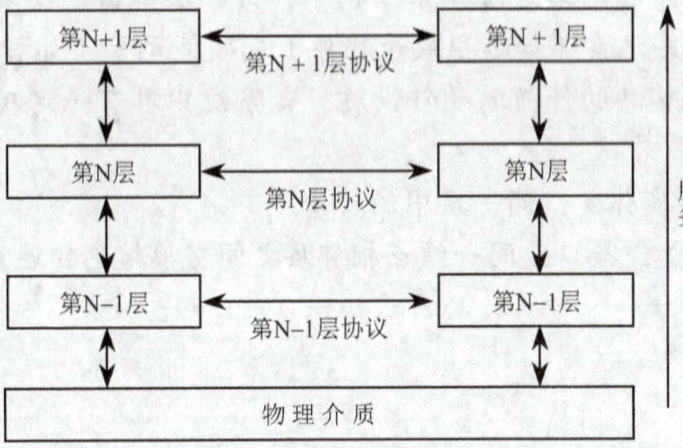

图3-1　网络的层次化结构

3.1.3　网络体系结构（Network Architecture）

网络体系结构是为了完成网络中计算机间的通信合作，把计算机互联的功能划分成有明确定义的层次，规定了层次通信的协议。我们将计算机网络的各层以及其协议的结合，称为网络的体系结构。

网络的体系结构是一组设计原则，是一个抽象的概念，只解决“做什么”的问题，而不涉及“怎么做”。因此，网络实现的具体工作，如协议如何制定与实现，不属于网络体系结构的内容。不同的网络体系结构，层的数量、名称、协议和接口可能不一样，但是都遵守层次划分的原则，即“各层相对独立，某一层的内部变化不能影响另一层，低层对高层提供的服务与低层如何完成无关。”这说明网络体系结构与具体的物理实现无关。即使在同一网络体系结构中，主机的型号和功能也可以各不相同，只要共同遵守相同的协议就可以实现互连和通信。

20世纪70年代中期，网络应用已初具规模，许多公司竞相进行网络产品的开发。但由于采用的网络结构和通信规则不同，不同厂商生产的产品、开发的网络系统不能互相兼容，增加了用户的使用难度。无规矩不成方圆，为了规范网络结构和通信规则，国际标准化组织ISO于1984年提出开放系统互联参考模型OSI/RM（Open System Interconnection/ Reference Model）参考模型，该模型只是对层次划分和各层协议内容作了一些原则性的说明，而不是指一个具体的网络，这样各设计者可根据这一标准，设计出符合各自特点的网络。

OSI参考模型是标准化、开放式的计算机网络层次模型。“开放”的的含义是：任何遵守OSI参考模型和有关标准的系统都可以进行互连。这里“系统”指的是计算机、终端或其他外部设备等。

目前用的比较普遍的是两个著名的网络体系结构，一个是国际标准化组织推出的OSI参考模型，一个是即成事实的工业标准TCP/IP参考模型。

知识拓展

1）实体（Entity）：在网络分层体系结构中，每一层都由一些实体组成，这些实体抽象地表示了通信时的软件元素（如进程或子程序）或硬件元素（如智能I/O芯片等）。实体是通信时能发送和接收信息的任何软硬件设施。是系统中具有一定功能、能发送或接收信息的、活跃的元素。

2）等同实体（对等实体）：同一层中的实体。

3）接口（Interface）：接口是同一结点相邻层之间交换信息的连接点。

智能表格

OSI/RM中层次和功能是个难点，试一试把表格的空白处填满见表3-1。

表3-1　OSI/RM中层次和功能比较表

层　次	功　能
应用层	为应用进程提供网络应用的接口服务，如电子邮件服务、文件传输服务等
表示层	
会话层	
传输层	
网络层	
数据链路层	
物理层	为数据比特流的传输提供机械特性、电子特性、规程特性和功能特性

网络论坛

网络协议3要素历来有两种争议：一种是语法、语义和交换规则；另一种是语法、语义和时序。你同意哪一个观点，为什么？

疑难问题

有人认为，网络采用层次化结构会使一个复杂的问题更加复杂了。你同意这个观点吗？说出你的理由。

实践天地

课外搜索OSI参考模型和TCP/IP参考模型的相关信息，看看彼此之间的竞争和最终是如何战胜对方的。

网络故事

马 化 腾

马化腾是腾讯公司创始人，被誉为OICQ（也就是后来改名的“QQ”）之父。1993年毕业于深圳大学计算机专业，进入润迅通信，做到开发部主管。一次偶然的机会，马化腾接触到了即时聊天工具ICQ，并仿照ICQ制作了一个中国的ICQ。刚开始，OICQ的日子非常艰难，然而另一方面它的传播速度却像火山爆发一般，随着中国网民的飞速增长而喷发。1998年开始，他考虑独立创业，其后自主开发了基于Internet的网上中文ICQ服务——OICQ（WWW.OICQ.COM），并成为全国在线人数最多的中文ICQ服务商；1999年10月得到美国数据集团（IDG）和李嘉诚旗下的香港盈科数码各110万美元的风险投资。腾讯在香港上市了。而QQ当时是没有现金资本的——所有的资本就是数以亿计的QQ用户。而从上市那一刻起，腾讯进入一个全新的时代——资本时代。UC、网易泡泡之类即时通信软件在QQ面前溃不成军。上市后，马化腾的个人身价迅速飚升，很快就达到17亿港币，如今2007中国IT富豪榜上，赫然记着他的120亿港币。腾讯在香港的市值，已经达到了1100亿以上。谁也没有预料到，马化腾那不经意的模仿，数年后竟然改变了我们的生活，成了大部分中国网民必备的工具。

知识链接

世界上第一个网络体系结构是美国IBM 公司于1974年提出的，它取名为系统网络体系结构SNA（System Network Architecture）。凡是遵循SNA 的设备就称为SNA设备。这些SNA设备可以很方便地进行互连。

3.2 完美的模型——OSI参考模型

3.2.1 OSI/RM的结构

OSI定义了一个7层模型，用以进行进程间的通信，并作为一个框架来协调各层标准的制定。OSI模型分为7层，最高层为第7层，最底层为第1层，各层分别是物理层（Physical）、数据链路层（Data Link Layer）、网络层（Network Layer）、传输层（Transport Layer）、会话层（Session Layer）、表示层（Presentation Layer）和应用层（Application Layer），如图3-2所示。

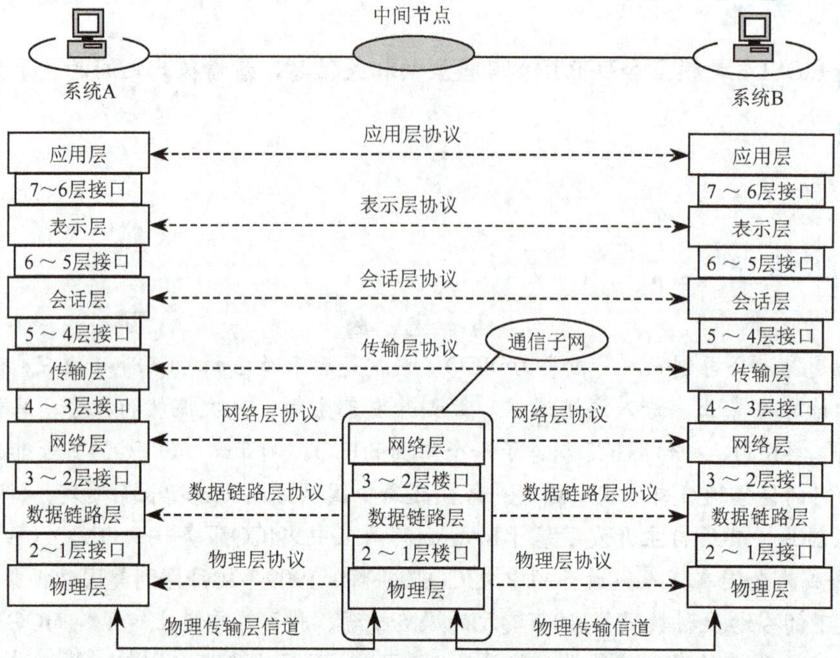

图3-2　开放系统互联参考模型

OSI参考模型的第1层～第3层负责网络中数据的物理传送，相当于实现通信子网的功能，因此这3层也被称为介质层（Media Layer）。OSI参考模型的第4层～第7层（称为高层或主机层）在下3层进行数据传输的基础上，保证数据传输的可靠性。

3.2.2　OSI参考模型各层的功能简介

OSI参考模型并非指一个现实的网络，它仅仅规定了每一层的功能，为网络的设计规划出一张蓝图。各个网络设备或软件生产厂家都可以按照这张蓝图来设计和生产自己的网络或软件。尽管设计和生产出的网络和软件产品不尽相同，但它们应该具有相同的功能，并且彼此间可以相互兼容。下面先介绍一下各层的功能。

1．物理层

物理层是OSI的第一层，也是最底层，指在物理媒体之上为数据链路层提供一个原始比特流的物理连接。物理层的传输单位为比特，直接面向实际承担数据传输的物理媒体（即信道）。物理层的基本作用是在发送端接收数据链路层传输的数据，然后通过物理层接口，将数据按比特流的顺序传送到接收端的物理层。物理层传输数据有基本单位是比特，也称为位。

（1）物理层的主要功能　物理层虽然处于最底层，却是整个开放系统的基础。物理层为设备之间的数据通信提供传输媒体及互连设备，为数据传输提供可靠的环境。物理层的主要功能包括如下几个方面。

1）为数据端设备提供传送数据的通道：数据通道可以是一个物理媒体，也可以是多个物理媒体连接而成的。一次完整的数据传输包括激活物理连接、传送数据、终止物理连接。

所谓激活，就是不管有多少物理媒体参与，都要在通信的两个数据终端设备间连接起来，形成一条通路。

2）在数据通道上传输数据：物理层要形成适合数据传输需要的实体，为数据传送服务。具体表现在两个方面：一是要保证数据能在其上正确通过；二是要提供足够的带宽，以减少信道上的拥塞。传输数据的方式能满足点到点、一点到多点、串行或并行、半双工或全双工、同步或异步传输的需要。

（2）物理层特性　机械特性：指明接口所用接线器的形状和尺寸、引线数目和排列、固定和锁定装置。

电气特性：指明接口电缆各条线上的电压范围。

功能特性：指明某条线上出现的某一电平的电压含义。

规程特性：指明对于不同功能的各种可能事件的出现顺序。

（3）物理层媒体　物理层媒体包括同轴电缆、双绞线、光纤等传输介质和各种插头、插座、T型接头、接收器、发送器、中继器等。

2. 数据链路层

数据链路层最基本的服务是将源计算机网络层来的数据可靠地传输到相邻节点的目标计算机的网络层。为达到这一目的，数据链路层必须具备一系列相应的功能，主要有：如何将数据组合成数据块（在数据链路层中将这种数据块称为帧，帧是数据链路层的传送单位）；如何控制帧在物理信道上的传输，包括如何处理传输差错，如何调节发送速率以使之与接收方相匹配；在两个网路实体之间提供数据链路通路的建立、维持和释放管理。

（1）数据链路层功能

1）帧同步：为了向网络层提供服务，数据链路层必须使用物理层提供的服务。而物理层是以比特流进行传输的，这种比特流并不能保证在数据传输过程中没有错误，接收到的位数量可能少于、等于或者多于发送的位数量，而且它们还可能有不同的值。这时，数据链路层为了能实现数据有效的差错控制，就采用了一种“帧”的数据块进行传输。要用帧格式传输，就必须有相应的帧同步技术，这就是数据链路层的“成帧”（也称为“帧同步”）功能。

2）差错控制：在数据通信过程可能会因物理链路性能和网络通信环境等因素，难免会出现一些传送错误，但为了确保数据通信的准确，又必须使得这些错误发生的机率尽可能低。这一功能也是在数据链路层实现的，就是它的“差错控制”功能。在数字或数据通信系统中，通常利用抗干扰编码进行差错控制。一般分为4类：前向纠错（FEC）、反馈检测（ARQ）、混合纠错（HEC）和信息反馈（IRQ）。

3）流量控制：在双方的数据通信中，如何控制数据通信的流量同样非常重要。它既可以确保数据通信的有序进行，还可避免通信过程中不会出现因为接收方来不及接收而造成的数据丢失。这就是数据链路层的“流量控制”功能。数据的发送与接收必须遵循一定的传送速率规则，可以使得接收方能及时地接收发送方发送的数据。当接收方来不及接收时，就必须及时控制发送方数据的发送速率，使两方面的速率基本匹配。

4）链路管理：数据链路层的“链路管理”功能包括数据链路的建立、链路的维持和释放3个主要方面。当网络中的两个结点要进行通信时，数据的发送方必须确知接收方是否已处在准备接受的状态。为此通信双方必须先要交换一些必要的信息，以建立一条基本的数据链路。在传输数据时要维持数据链路，而在通信完毕时要释放数据链路。

5）MAC寻址：这是数据链路层中的MAC子层的主要功能。这里所说的“寻址”与下一章将要介绍的“IP地址寻址”是完全不一样的，因为此处所寻找地址是计算机网卡的MAC地址，也称“物理地址”、“硬件地址”，而不是IP地址。在以太网中，采用媒体访问控制（Media Access Control，MAC）地址进行寻址，MAC地址被烧入每个以太网网卡中。这在多点连接的情况下非常必需，因为在这种多点连接的网络通信中，必须保证每一帧都能准确地送到正确的地址，接收方也应当知道发送方是哪一个站。

6）区分数据与控制信息：由于数据和控制信息都是在同一信道中传输，在许多情况下，数据和控制信息处于同一帧中，因此一定要有相应的措施使接收方能够将它们区分开来，以便向上传送真正需要的数据信息。

7）透明传输：这里所说的“透明传输”是指可以让无论是哪种比特组合的数据，都可以在数据链路上进行有效传输。这就需要在所传数据中的比特组合恰巧与某一个控制信息完全一样时，能采取相应的技术措施，使接收方不会将这样的数据误认为是某种控制信息。只有这样，才能保证数据链路层的传输是透明的。

数据链路层是为网络层提供服务的，解决两个相邻结点之间的通信问题。在物理层提供比特流传输服务的基础上，数据链路层通过在通信的实体之间建立数据链路连接，传送以“帧”为单位的数据，使有差错的物理线路变成无差错的数据链路，保证点到点可靠的数据传输。因此，数据链路层关心的主要问题是物理地址、网络拓扑、线路规划、错误报告、数据帧的有序传输和流量互连等。

（2）数据链路层协议　数据链路层的协议主要分为两类：面向字符型和面向比特型。

面向字符是指在链路上所传送的数据及控制信息必须是由规定的字符集中的字符所组成。面向字符型的数据链路控制协议传输效率比较低。随着通信量的增加及计算机网络应用范围的不断扩大，面向字符的链路控制协议使用率越来越低，在20世纪60年代末人们提出了面向比特的数据链路控制协议，代表协议为HDLC。

（3）链路层的网络连接设备　独立的链路产品中最常见的当属网卡、交换机、调制解调器等。

3. 网络层

网络层是OSI参考模型中的第三层，是通信子网的最高层。网络层关系到通信子网的运行控制，体现了网络应用环境中资源子网访问通信子网的方式。

网络层的主要任务是设法将源结点出的数据包传送到目的结点，从而向运输层提供最基本的端到端的数据传送服务。概括地说，网络层应该具有以下功能。

（1）为传输层提供服务　网络层提供的服务有两类：面向连接的网络服务和无连接的网络服务。

虚电路服务是网络层向运输层提供的一种使所有数据包按顺序到达目的结点的可靠的数据传送方式，进行数据交换的两个结点之间存在着一条为它们服务的虚电路。而数据报服务是不可靠的数据传送方式，源结点发送的每个数据包都要附加地址、序号等信息。目的结点收到的数据包不一定按序到达，还可能出现数据包的丢失现象。

典型的网络层协议是X.25，它是由ITU-T（国际电信联盟电信标准部）提出的一种面向连接的分组交换协议。

（2）组包和拆包　在网络层，数据传输的基本单位是数据包（也称为分组）。在发送方，传输层的报文到达网络层时被分为多个数据块，在这些数据块的头部和尾部加上一些相关控制信息后，即组成了数据包（组包）。数据包的头部包含源结点和目标结点的网络地址（逻辑地址）。在接收方，数据从低层到达网络层时，要将各数据包原来加上的包头和包尾等控制信息去掉（拆包），然后组合成报文，送给传输层。

（3）路由选择　路由选择也叫做路径选择，是根据一定的原则和路由选择算法在多结点的通信子网中选择一条最佳路径。确定路由选择的策略称为路由算法。

在数据报方式中，网络结点要为每个数据包做出路由选择；而在虚电路方式中，只需在建立连接时确定路由。

（4）流量控制　流量控制的作用是控制阻塞，避免死锁。

网络的吞吐量（数据包数量/秒）与通信子网负荷（即通信子网中正在传输的数据包数量）有着密切的关系。

对防止出现阻塞和死锁，需进行流量控制，通常可采用滑动窗口、预约缓冲区、许可证和分组丢弃4种方法。

（1）路由选择算法简介　路由算法很多，大致可分为静态路由算法和动态路由算法两类。

（2）静态路由算法　静态路由算法又称为非自适应算法，是按某种固定规则进行的路由选择。其特点是算法简单、容易实现，但效率和性能较差。

（3）动态路由算法　动态路由算法又称为自适应算法，是一种依靠网络的当前状态信息来决定路由的策略。这种策略能较好地适应网络流量、拓扑结构的变化，有利于改善网络的性能，但算法复杂，实现开销大。

（4）网络层的网络连接设备

1）路由器（Router）：在互联网中，两台主机之间传送数据的通路会有很多条，数据包从一台主机出发，中途要经过多个站点才能到达另一台主机。这些中间站点通常由称为路由器的设备担当，其作用就是为数据包选择一条合适的传送路径。

2）第三层交换机：随着技术的发展，有些交换机也具备了路由的功能。这些具有路由功能的交换机要在网络层对数据包进行操作，因此被称为第三层交换机。

4．传输层

传输层是用户的资源子网与通信子网的界面和桥梁，下面三层属于通信子网，面向数据通信，上面三层属于资源子网，面向数据处理，传输层是OSI协议中最重要的一层。

传输层的主要任务是向用户提供可靠的端到端服务，透明地传送报文。它向高层屏蔽了下层数据通信的细节，使高层用户看到的只是在两个传输实体间的一条主机到主机的、可由用户控制和设定的、可靠的数据通路，因而是计算机通信体系结构中最关键的一层。该层关心的主要问题是建立、维护和中断虚电路，传输差错校验与恢复，信息流量控制等。

传输层是OSI模型中最重要的一层，其涉及从源主机到目的主机的可靠数据传输。

传输层利用了网络层所提供的源到目标分组传输服务向会话层提供可靠的源主机到目标主机的数据传输，并使之与当前使用的网络无关。为了实现上述功能必须提供如下机制。

1）能够为高层数据的传输建立、维护与拆除传输连接，以实现透明的、可靠的端到端的传输。

2）要提供端到端的错误恢复与流量控制，以能对网络层出现的丢包、乱序或重复等问题作出反应。

3）当上层的协议数据包的长度超过网络层所能承载的最大数据传输单元时，要提供必要的分段功能，从而在接收方的对等层还要提供合并分段的功能。

4）有时候还要提供多路复用机制，即如果网络层提供的是面向连接的服务，则传输层应该既能够将一个高层应用复用到多个网络层连接上，又能够将多个高层应用复用到一个网络层连接上。

总之，传输层通过扩展网络层服务功能，并通过传输层与高层之间的服务接口向高层提供了端到端节点之间的可靠数据传输，从而使系统之间实现高层资源的共享时不必再考虑数据通信方面的问题。传输层中完成相应功能的硬件与（或）软件被称为传输实体，其可能位于在操作系统内核中、用户进程内、网络应用程序库中或网络接口卡上。在一个系统中，传输实体通过网络服务与其他对等的传输实体通信，进而向传输层用户（可以是应用进程，也可以是会话层协议）提供传输服务。

5．会话层

会话层也称为对话层或会晤层，该层利用传输层提供的服务，组织和同步进程间的通信，提供会话服务、会话管理和会话同步等功能。

会话层不参与具体的数据传输，仅提供包括访问验证和会话管理在内的建立和维护应用程序间通信的机制，如服务器验证用户登录便是由会话层完成的。用通俗的语言说，会话层就是会话开始、结束以及达成一致会话规则的地方。

会话层是面向信息处理的OSI高层和面向数据通信的OSI低层的接口。它利用传输层提供的端到端数据传输服务，具体实施服务请求者与服务者之间的通信。会话层还给合作的用户间的对话和活动提供组织和同步所必需的手段，对数据传送提供控制和管理，具体功能如下。

1）提供会话双方之间的会话连接的建立、释放以及进行数据传送的功能。

2）管理会话双方的对话活动，主要是对在数据传送、同步控制、会话连接释放时所必需的令牌管理及单工、半双工或全双工数据传送方式的设定。

3）在数据传送流中插入适当的同步点，当发生差错时，会话用户可以从双方同意的开始点重新开始。

4）在适当的时候中断一个对话，并在经过一段时间后在其已预先定义好的同步点上重新开始对话。

会话层把所有的会话服务划分为逻辑分组，每个逻辑分组作为基本交换单位。共有12个会话功能单位，不同的系统可根据各自系统的要求，选用不同的功能单位，合理地组织成不同的会话服务子集。

6．表示层

这一层主要处理流经端口的数据代码的表示方式问题，主要包括如下服务。

（1）数据表示　解决数据的语法表示问题，如文本、声音、图形图像表示，即确定数据传输时的数据结构，例如，用TIFF（Tagged Image File Format）或JPEG（Joint Photographic Exterts Group）格式表示图像，用MPEG（Motion Picture Experts Group）格式表示视频等。

（2）语法转换　为使各个系统间交换的数据具有相同的语义，应用层采用的是对数据进行一般结构描述的抽象语法，如使用OSI提出的抽象语法标记ASN.1。表示层为抽象语法指定一种编码规则，便构成一种传输语法。

由于不同的系统都有各自的数据表示方法。如IBM大型机广泛使用EBCDIC码，而大多数个人计算机则使用ASCII码。如果直接通信，数据表示方法的不同将导致接收的数据含义不同。为了使通信双方都能彼此理解对方数据的含义，表示层要提供语法转换功能，即对数据表示方式进行转换：在发送端对抽象语法的数据进行编码，使之形成一种标准表示形式的比特流，传输到目的端点后再进行解码。

语法转换的内容除了代码转换、字符转换、数据格式修改之外，还涉及数据的压缩和解压缩，加密和解密等。例如，表示层通过对数据进行加密与解密，即使窃取了通信信道，也无法得到机密信息、更改传输的信息或者在信息流中插入假消息。

（3）语法选择　传输语法与抽象语法之间是多对多的关系，即一种传输语法可对应于多种抽象语法，而一种抽象语法也可对应于多种传输语法。所以传输层应能根据应用层的要求，选择合适的传输语法传送数据。

（4）连接管理　利用会话层提供的服务建立表示连接，并管理在这个连接之上的数据传输和同步控制，以及正常或异常地释放这个连接。

7. 应用层

应用层是OSI参考模型的最高层，是用户与网络的接口。应用层通过支持不同应用协议的程序来解决用户的应用需求，如文件传输、远程操作和电子邮件服务等。

应用层的内容取决于用户的需求，即用户可自行决定运行哪些程序、使用哪些协议。例如下载文件，既可以登录到使用文件传输协议的文件服务器上下载，也可以访问使用超文件传输协议的Web服务器，通过“目标另存为”的方式下载。

但是，由于目前OSI七层模型只是起到参考模型的作用，所以并没有实际的网络应用是按照上述协议实现的。而TCP/IP的应用层却相反，拥用许多主流的应用层协议和基于这些协议实现的TCP/IP应用。

3.2.3　OSI环境中的数据传输过程

在OSI参考模型中，不同主机对等层之间按相应协议进行通信，同一主机不同层之间通过接口进行通信。除了最底层的物理层是通过传输介质进行物理数据传输外，其他对等层之间的通信均为逻辑通信。在这个模型中，每一层将上层传递过来的通信数据加上若干控制位后再传递给下一层，最终由物理层传递到对方物理层，再逐级上传，从而实现对等层之间的逻辑通信。

在OSI参考模型中，如图3-4所示，假设计算机A上的某个应用程序要发送数据给计算机B，则该应用程序把数据交给了应用层，应用层在数据前面加上应用层的报头即H7，从而得到一个应用层的数据包。报头（header）及报尾（tailer）是指对等层之间相互通信所需的控制信息，增加报头和报尾的过程称为封装。封装后得到的应用层数据包被称为应用层协议数据单元（APDU）。封装完成后应用层将该APDU交给表示层。

表示层接收应用层传下来的APDU，它并不关心APDU中哪一部分是用户数据，哪一部分是报头，它只在收到的APDU前面加上包含本层控制信息的报头H6，构成表示层的协议数据单元PPDU，再交给会话层。这一过程重复进行直到数据抵达物理层。在源主机的发送程序从上到下逐层传递数据的过程中，每经过一层都要对上一层的数据附加一个特定的协议头部（H7、H6、…、H2），即封装。在物理层上转换成能在物理介质上传输的由“0”和“1”组成的比特流。通过物理介质传输到目的主机时，再经过从下到上各层的传递，依次去掉发送方相应层上加上的头部，即拆装，最后到达接收进程。因此，发送方和接收方各层次的对等实体看到的信息是相同的，感觉上是直接通信（虚通信），如图3-3所示。

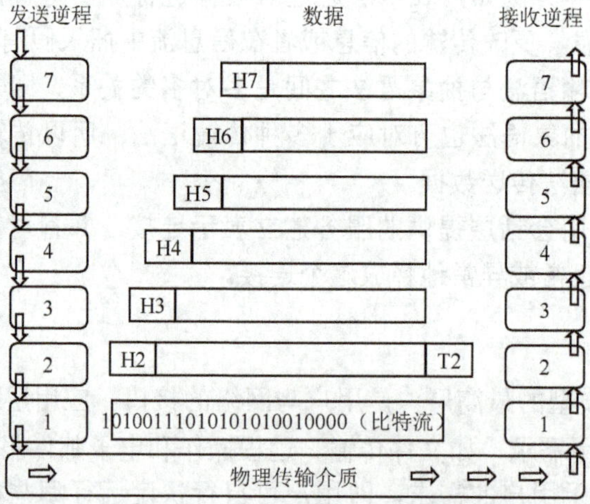

图3-3　数据的实际传递过程

知识拓展

HDLC协议（高级数据链路控制协议）中的帧结构如图3-4所示。

比特	8	8	8	可变	16	8
	标志 F	地址 A	控制 C	信息 Info	帧校验序列 FCS	标志 F

图3-4　帧结构

HDLC帧的内容见表3-2。

标志字段：帧的首尾均有一个由固定比特序列组成的帧标志字段，用来标志一帧的开始和结束。

地址字段：在非平衡结构中，帧地址字段总是写入次站地址；在平衡结构中，帧地址字段填入应答站地址。

控制字段：是HDLC帧的关键字段，用以标识帧的类型和功能，使对方站能够执行特定的操作。

信息字段：可以是任意比特序列的组合，用于存放要传输的数据信息。

帧校验字段：FCS字段为帧校验序列，HDLC采用CRC循环冗余编码进行校验。

表3-2　HDLC帧的内容

符　号	定　义	长　度	内　容
F	标志	8	帧首、帧尾填充序列
A	地址字段	8	通信站地址码
C	控制字段	8	控制信息
I	信息字段	任意	数据
FCS	帧校验	16	CRC差错校验序列

疑难问题

想一想差错控制在OSI参考模型不同层次进行，各层次差错控制功能有无差别？

知识总结

OSI/RM各层功能归纳

应用层：与用户应用进程的接口，即相当于做什么。

表示层：数据格式的转换，即相当于对方看起来像什么。

会话层：会话的管理和数据传输的同步，即相当于轮到谁发言和从何处讲起。

传输层：从端到端经网络透明地传送报文，即相当于对方在何处。

网络层：分组传送，路由选择和流量控制，即相当于走哪条路可以到达目的地。

数据链路层：在链路上无差错地传送帧，即相当于如何走好每一步。

物理层：将比特流送到物理媒体上传送，相当于对上一层的每一步应怎样利用物理媒体。

网络论坛

调制解调器是物理层还是数据链路层设备历来争议很大。仔细思考，说说你的观点。

学以致用

为什么要设立一层表示层，试举例说明其必要性？

3.3　短平快的冠军——TCP/IP参考模型

网络互连是目前网络技术研究的热点之一，并且已经取得了很大的进展。在诸多网络互连协议中，传输控制协议/互联网协议TCP/IP（Transmission Control Protocol/Internet Protocol）是一个使用非常普遍的网络互连标准协议。TCP/IP协议是美国的国防部高级计划研究局DARPA为实现ARPANET（后来发展为Internet）而开发的，也是很多大学及研究所多年的研究及商业化的结果。目前，众多的网络产品厂家都支持TCP/IP协议，TCP/IP已成为一个事实上的工业标准。

3.3.1　TCP/IP参考模型结构

TCP/IP是传输控制协议/网际协议的英文简称，是由许多协议组成的一套网络通信标准协议，其中的TCP和IP是两个最重要的协议。其显著特点是它是可路由的，使得用户可以将多个相同或相异LAN连成一个大型互连网络，而且许多基于TCP/IP的应用软件（如FTP、Telnet）都是不依赖系统的，更重要的是TCP/IP是Internet的标准协议，所以实际上已成为网络通信的通用语言。

TCP/IP协议将整个网络协议分为4个层次：它们分别是网络接口层、IP层、传输层和应用层，如图3-5所示。

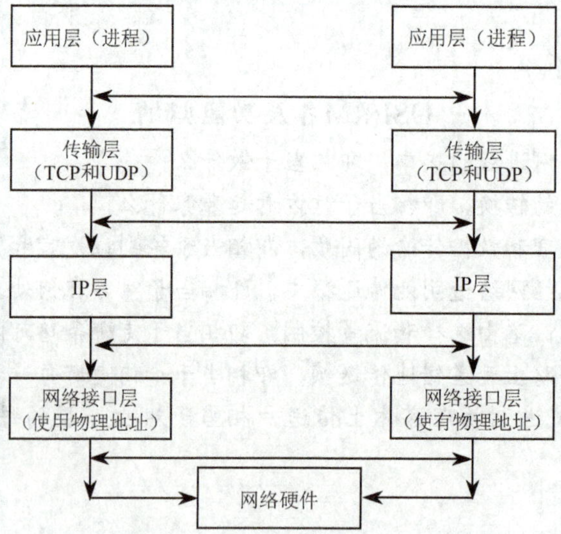

图3-5　TCP/IP协议4个层次

TCP/IP协议的特点：

1）开放的协议标准，独立于特定的计算机硬件和操作系统。

2）统一的网络地址分配方案，采用与硬件无关的软件编址方法，使得网络中的所有设备具有唯一的地址。

3）独立于特定的网络硬件，可以运行于局域网、广域网中。

4）标准化的高层协议，可以提供多种可靠的用户服务。

3.3.2 OSI与TCP/IP模型比较

1. OSI和TCP/IP的共同点

1）采用了协议分层方法，将庞大且复杂的问题划分为若干个较容易处理的范围较小的问题。

2）各协议层次的功能大体上相似，都存在网络层、传输层和应用层。两者都可以解决异构网的互连，实现世界上不同厂家生产的计算机之间的通信。

3）都是计算机通信的国际性标准，虽然OSI是国际通用的，但TCP/IP是当前工业界使用最多的。

4）都能够提供面向连接和无连接两种通信服务机制。

5）都基于一种协议集的概念，协议集是一簇完成特定功能的相互独立的协议。

2. OSI和TCP/IP的差异

（1）模型设计不同　OSI参考模型是在具体协议制定之前设计的，对具体协议的制定进行约束。因此，造成在模型设计时考虑不很全面，有时不能完全指导协议某些功能的实现，从而反过来导致对模型的修修补补。例如，数据链路层最初只用来处理点到点的通信网络，当广播网出现后，存在一点对多点的问题，OSI不得不在模型中插入新的子层来处理这种通信模式。当人们开始使用OSI模型及其协议集建立实际网络时，才发现它们与需求的服务规范存在不匹配，最终只能用增加子层的方法来掩饰其缺陷。TCP/IP正好相反，协议在先，模型在后。模型实际上只不过是对已有协议的抽象描述。TCP/IP不存在与协议的匹配问题。

（2）层数和层间调用关系不同　OSI协议分为7层，而TCP/IP协议只有4层，除网络层、传输层外，其他各层都不相同。另外，TCP/IP虽然也分层次，但层次之间的调用关系不像OSI那么严格。在OSI中，两个实体通信必须涉及到下一层实体，下层向上层提供服务，上层通过接口调用下层的服务，层间不能有越级调用关系。OSI这种严格分层确实是必要的。但是，严格按照分层模型编写的软件效率极低。为了克服以上缺点，提高效率，TCP/IP协议在保持基本层次结构的前提下，允许越过紧挨着的下一级而直接使用更低层次提供的服务。

（3）对可靠性的强调不同　OSI认为数据传输的可靠性应该由点到点的数据链路层和端到端的传输层来共同保证，而TCP/IP分层思想认为，可靠性是端到端的问题，应该由传输层解决。因此，它允许单个的链路或机器丢失或损坏数据，网络本身不进行数据恢复。对丢失或被损坏数据的恢复是在源节点设备与目的节点设备之间进行的。在TCP/IP网络中，可靠性的工作是由主机完成。

（4）标准的效率和性能上存在差别　由于OSI是作为国际标准由多个国家共同努力而制定的，不得不照顾到各个国家的利益，有时不得不走一些折衷路线，造成标准大而全，效率却低（OSI的各项标准已超过200多）。TCP/IP参考模型并不是作为国际标准开发的，它只是对一种已有标准的概念性描述。所以，它的设计目的单一，影响因素少，不存在照顾和折衷，结果是协议简单高效，可操作性强。

（5）市场应用和支持上不同　OSI参考模型制定之初，人们普遍希望网络标准化，对OSI寄予厚望，然而，OSI迟迟无成熟产品推出，妨碍了第三方厂家开发相应的软、硬件，进而影响了OSI的市场占有率和未来发展。另外，在OSI出台之前TCP/IP就代表着市场主流，OSI出台后很长时间不具有可操作性，因此，在信息爆炸，网络迅速发展的近10多年里，性能差异、市场需求的优势客观上促使众多的用户选择了TCP/IP，并使其成为"既成事实"的国际标准。

仔细观察

仔细观察身边的网络计算机，看看上网需要安装哪些协议？没有协议就不能上网吗？为什么？

网络论坛

网卡已经有了实际的MAC地址，又出现一个虚拟的IP地址。有必要吗？为什么？

智慧城堡

在TCP/IP协议中有很多协议是有安全隐患的，试任举一例说明。

举一反三

调查了解邮政系统工作流程，结合下图讲讲信件的投递过程。体会这与计算机网络的层次化的体系结构相似之处，如图3-6所示。

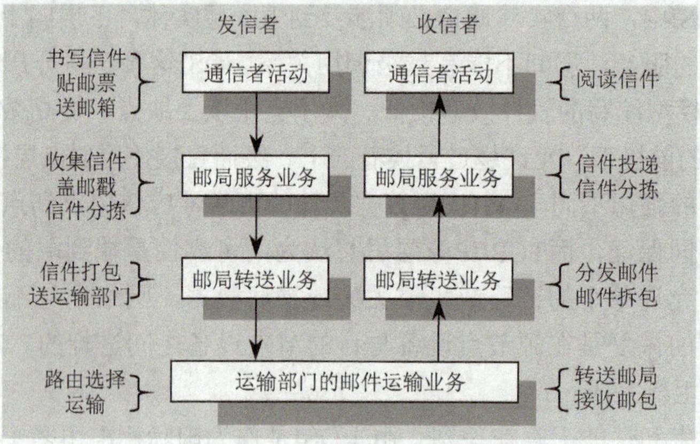

图3-6　邮政系统工作流程

知识拓展

点到点与端到端

端到端与点到点是针对网络中传输的两端设备间的关系而言的。端到端传输指的是在数据传输前，经过各种各样的交换设备，在两端设备间建立一条链路。链路建立后，发送端就可以发送数据，直至数据发送完毕，接收端确认接收成功。点到点传输指的是发送端把数据传给与它直接相连的设备，这台设备在合适的时候又把数据传给与之直接相连的下一台设备，通过一台一台直接相连的设备，把数据传到接收端。

端到端传输的优点是链路建立后，发送端知道接收设备一定能收到，而且经过中间交换设备时不需要进行存储转发，因此传输延迟小。端到端传输的缺点是直到接收端收到数据为止，发送端的设备一直要参与传输。如果整个传输的延迟很长，那么对发送端的设备造成很大的浪费。端到端传输的另一个缺点是如果接收设备关机或故障，那么端到端传输不可能实现。

点到点传输的优点是发送端设备送出数据后，它的任务已经完成，不需要参与整个传输过程，这样不会浪费发送端设备的资源。另外，即使接收端设备关机或故障，点到点传输也可以采用存储转发技术进行缓冲。点到点传输的缺点是发送端发出数据后，不知道接收端能否收到或何时能收到数据。

在一个网络系统的不同分层中，可能用到端到端传输，也可能用到点到点传输。如网络互连层以下采用点到点传输，传输层以上采用端到端传输。

网络故事

Bram Cohen生于1975年，他的职业是计算机程序员，使他声名远洋的是他编写的软件 BitTorrent，他同时也是CodeCon的创立者之一，Bay Area p2p-hackers 会议的组织者，Codeville的编写者。Cohen于1993年毕业于Stuyvesant中学。在20世纪90年代的中期到后期，他曾在几家网络公司工作过，其中最后一个项目是MojoNation，由他和Jim McCoy共同参与。MojoNation允许把机密文件分解成加密的块，并传给也运行MojoNation的计算机。如果有人想下载一个文件，那么他必定要同时从许多计算机上下载。Cohen认为，这个想法非常适合点对点（peer-to-peer）传输程序，因为类似KaZaA的程序——从一台计算机上下载整个文件——花费的时间很长。这个项目很有前景，可惜运气不太好，最后没有成功。2001年4月，Cohen退出了MojoNation项目，开始专心设计BitTorrent，终于成功。Cohen设计的BitTorrent能够从不同计算机快速地下载文件，特别是对宽带的使用者。一个文件越受欢迎时，下载的速度也就越快。BitTorrent受到了想共享音乐和电影的人们的欢迎。

3.4 比武规则——常用网络通信协议简介

3.4.1 网络接口层

相当于OSI的物理层（物理信号/编码）+数据链路层（帧传送）。该层不是TCP/IP的一部分，但它允许各主机通过使用多种协议连接到网络，是各种通信网络和TCP/IP之间的接口，这些通信网包括多种WAN（如Internet、X.25公用数据网）和各种LAN（如Ethernet、

IEEE各种标准局域网等）。

（1）串行线路接口协议（SLIP Serial Line Internet Protocol） 该协议是Windows远程访问的一种旧工业标准，主要在Unix远程访问服务器中使用，现今仍然用于连接某些ISP。因为SLIP协议是面向低速串行线路的，可以用于专用线路，也可以用于拨号线路，Modem的传输速率在1200bps到19200bps。

（2）点对点协议（PPP Point to Point Protocal） 为在点对点连接上传输多协议数据包提供了一个标准方法。PPP最初设计是为两个对等节点之间的IP流量传输提供一种封装协议。在TCP/IP协议集中它是一种用来同步调制连接的数据链路层协议（OSI模式中的第二层），替代了原来非标准的第二层协议，即SLIP。

3.4.2 网络互连层

也叫IP层。相当于OSI的网络层。该层提供了数据分组和重组功能，并在互相独立的LAN上建立互联网络，包含以下协议。

1）网际协议（Internet Protocol，IP）是一个路由协议，负责IP寻址、路由选择、分段及包重组。IP协议的任务是对数据包进行相应的寻址和路由，并从一个网络转发到另一个网络。IP协议在每个发送的数据包前加入一个控制信息，其中包含了源主机的IP地址、目的主机的IP地址和其他一些信息。IP协议的另一项工作是分割和重编在传输层被分割的数据包。由于数据包要从一个网络到另一个网络，当两个网络所支持传输的数据包的大小不相同时，IP协议就要在发送端将数据包分割，然后在分割的每一段前再加入控制信息进行传输。当接收端接收到数据包后，IP协议将所有的片段重新组合形成原始的数据。

2）地址解析协议（Address Resolution Protocol，ARP）地址解析协议，计算机网络中各主机之间要进行通信时，必须要知道彼此的物理地址（OSI模型中数据链路层的地址）。用于查找与给定IP地址相对应的物理地址。

3）逆向地址解析协议（Reverse Address Resolution Protocol，RARP）反向地址解析协议，用于解决物理地址到IP地址的转换问题。

4）网际控制报文协议（Internet Control Message Protocol，ICMP）负责提供诊断功能，报告由于IP包投递失败而导致的错误。由于IP是无连接的，且不进行差错检验，当网络上发生错误时它不能检测错误。向发送IP数据包的主机汇报错误就是ICMP的责任。

5）互联网组管理协议（Internet Group Management Protocol，IGMP）是用于管理互联网协议多播组成员的一种通信协议。IP协议只是负责网络中点到点的数据包传输，而点到多点的数据包传输则要依靠网际主机组管理协议IGMP完成。它主要负责报告主机组之间的关系，以便相关的设备（路由器）支持多播发送。

3.4.3 传输层

传输层主要负责端到端的对等实体之间进行通信，它与OSI参考模型的传输层功能类似。主要使用两种TCP协议和UDP来支持数据的传送。

（1）传输控制协议（Transmission Control Protocol，TCP）是可靠的、面向连接的协议。

它用于包交换的计算机通信网络、互连系统及类似的网络上，保证通信主机之间有可靠的字节流传输。

（2）用户数据报协议（User Datagram Protocol，UDP）是一种不可靠的、无连接协议。它最大的优点是协议简单、效率较高，额外开销小；缺点是不保证正确的传输，也不排除重复信息的发生。

面向连接服务和无连接服务的不同：

面向连接服务的数据传输过程必须经过连接建立、连接维护与释放连接的3个过程；面向连接服务的在数据传输过程中，各分组可以不携带目的结点的地址；面向连接服务的传输连接类似一个通信管道，发送者在一端放入数据，接收者从另一端取出数据；面向连接数据传输的收发数据顺序不变，传输可靠性好，但是协议复杂，信效率不高。

无连接服务的每个分组都携带完整的目的结点地址，各分组在系统中是独立传送的；无连接服务中的数据传输过程不需要经过连接建立、连接维护与释放连接的3个过程；数据分组传输过程中，目的结点接收的数据分组可能出现乱序、重复与丢失的现象；无连接服务的可靠性不好，但是协议相对简单，通信效率较高。

3.4.4 应用层

应用层与OSI模型中的高3层任务相同，主要用于提供网络服务。

互联网上常用的应用层协议主要有以下几种：

（1）简单邮件传输协议（Simple Mail Transfer Protocol，SMTP）主要负责互联网中电子邮件的传递。

（2）超文本传输协议（Hypertext Transfer Protocol，HTTP）提供Web服务。

（3）远程登录协议（Telnet）实现对主机的远程登录功能，常用的电子公告牌系统，BBS使用的就是这个协议。

（4）文件传输协议（File Transfer Protocol，FTP）用于交互式文件传输。

（5）域名解析（Domain Name Service，DNS）实现逻辑地址到域名地址的转换。

（6）路由选择信息协议（Routing Information Protocol，RIP）是一种路由选择协议，路由器用它在IP网络上交换路由选择信息。

（7）简单网络管理协议（Simple Network Management Protocol，SNMP）用于在网络管理控制台和网络设备（路由器、网桥、智能集线器）之间选择和交换网络管理信息。

（8）动态主机配置协议（Dynamic Host Configuration Protocol，DHCP）是一种使网络管理员能够集中管理和自动分配IP网络地址的通信协议。在IP网络中，每个连接Internet的设备都需要分配唯一的IP地址。DHCP使网络管理员能从中心结点监控和分配IP地址。当某台计算机移到网络中的其他位置时，能自动收到新的IP地址。

网络论坛

UDP既然是一种不可靠的、无连接协议，那么就没有存在的价值了。这句话对吗？为什么？

知识拓展

IP数据报（IP Datagram）

TCP/IP协议定义了一个在互联网上传输的包，称为IP数据报（IP Datagram）。这是一个与硬件无关的虚拟包，由首部和数据两部分组成，其格式如图3-7所示。首部的前一部分是固定长度，共20字节，是所有IP数据报必须具有的。在首部的固定部分的后面是一些可选字段，其长度是可变的。首部中的源地址和目的地址都是IP协议地址。

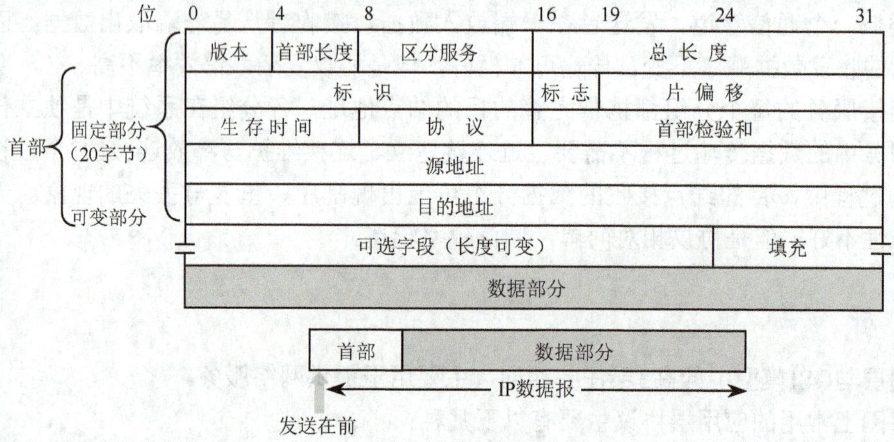

图3-7 IP数据报结构

疑难问题

我们上网的时候都用了什么协议？这些协议属于TCP还是UDP的？

网络前瞻

VoIP（Voice over Internet Protocol）简而言之就是将模拟声音讯号数字化，以数据封包（Data Packet）的型式在 IP 数据网络（IP Network）上做实时传递。VoIP最大的优势是能广泛地采用Internet和全球IP互连的环境，提供比传统业务更多、更好的服务。VoIP可以在IP网络上便宜的传送语音、传真、视频、和数据等业务，如统一消息、虚拟电话、虚拟语音/传真邮箱、查号业务、Internet呼叫中心、Internet呼叫管理、电视会议、电子商务、传真存储转发和各种信息的存储转发等。预计2009年的中国VoIP市场流量将达到9950亿分钟，而具有更强大实力的新VoIP服务供应商也会涌入市场。无线VoIP在不久的将来会与传统无线通信实现并存和竞争的关系。

学以致用

网上搜索当地网络运营商DNS各是什么？看看DNS与行政区划分有关系吗？

智能表格

OSI模型结构和TCP/IP模型结构比较见表3-3。

表3-3 OSI模型结构和TCP/IP模型结构比较表

OSI模型结构	TCP/IP模型结构	TCP/IP协议
应用层	应用层	TELNET、FTP、HTTP、SMTP、DNS等
表示层		
会话层		
传输层	传输层	TCP、UDP
网络层	网络层	IP、ICMP、ARP、RARP
数据链路层	网络接口层	SLIP、PPP
物理层		

智慧城堡

试一试，能不能独立找到家里上网的IP地址？如果计算机重新启动后，IP地址还是原来的数值吗？为什么？

3.5 网络上第一次的排兵布阵——获得和设置IP地址等信息（实训）

【实训目的】

1）掌握正确显示和配置了IP地址、子网掩码、DNS和网关。

2）掌握网络命令Ping测试连接。

【实训环境】

连机上网环境的实训室。

【实训内容及步骤】

1．正确设置了IP地址、子网掩码、DNS和网关

（1）菜单方式

第一步，鼠标右击桌面上的“网上邻居”选择“属性”菜单，如图3-8所示。

第二步，在“网络和拨号连接”窗口中选中“本地连接”，然后点击鼠标右键，选择“属性”菜单，如图3-9所示。

第三步，选中“Internet 协议（TCP/IP）”，点击“属性”，如图3-10所示。

第四步，选择“使用下面IP地址”，在填入正确的IP地址、子网掩码、默认网关和DNS服务器之后，点击“确定”按钮即可，如图3-11所示。

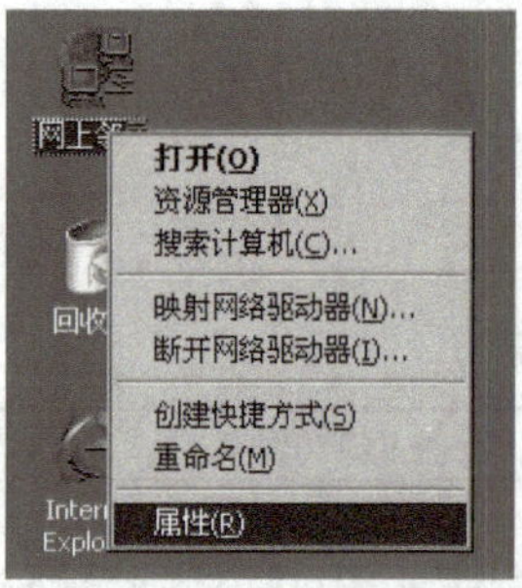

图3-8　选择“属性”菜单

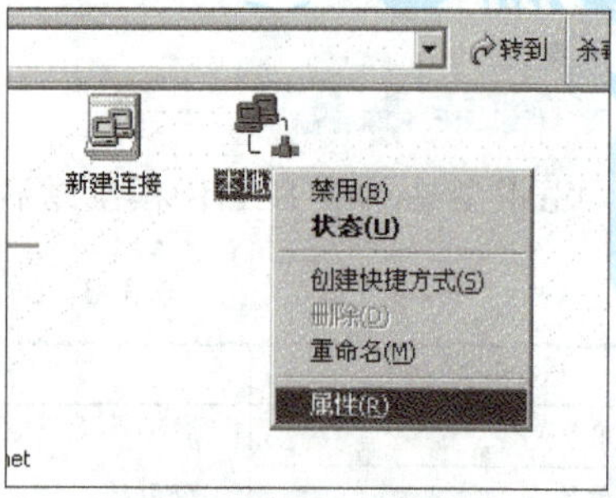

图3-9　右击“本地连接”

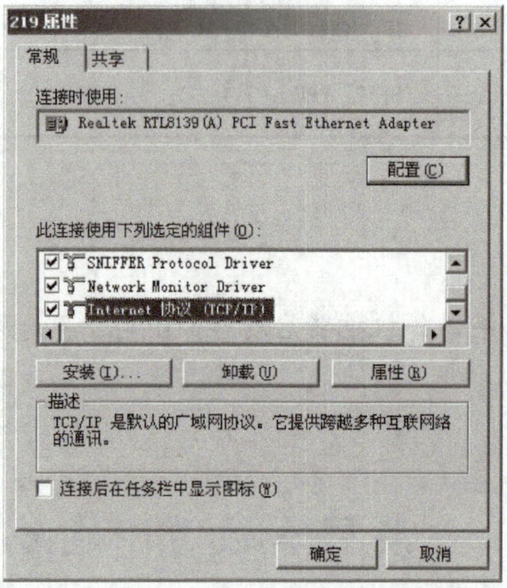

图3-10　选择“Internet协议（TCP/IP）”

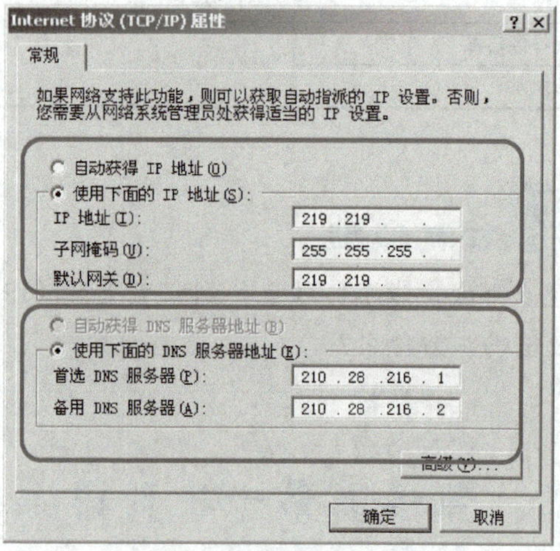

图3-11　设置IP地址

（2）网络命令方式　通过DHCP方式自动获取IP地址的，依靠菜单方式不能显示出了IP地址、子网掩码、DNS和网关的信息。必须采用网络命令方式。点击“开始”按钮，选择“程序”→“附件”→“命令行提示符”，然后在命令行提示符窗口中输入“cmd”，进入DOS状态后输入“ipconfig /all”，即显示当前的IP地址、子网掩码等信息，如图3-12所示。

2. 网络测试命令——Ping 测试连接

Ping 命令有助于验证IP 级的连通性。发现和解决问题时，可以使用 Ping 向目标主机名或IP地址发送ICMP回应请求。从而验证主机能否连接到TCP/IP网络和网络资源时。

1）Ping回环地址（127.0.0.1），验证是否在本地计算机上安装TCP/IP以及配置是否正确。

2）Ping本地计算机的 IP 地址，验证是否正确地添加到网络。

3）Ping默认网关的 IP 地址，验证默认网关是否运行以及能否与本地网络上的本地主机通信。

4）Ping远程主机的 IP 地址，验证能否通过路由器通信。

3. IP地址、子网掩码、DNS和网关的相关实验

（1）IP地址和子网掩码实验

1）观察IP地址格式，改变最后部分和改变其他部分的有什么不同影响。

2）观察子网掩码特点，有什么规律，试着改变数值，看有什么影响。

（2）DNS和网关实验

1）搜索并正确选择当地DNS的地址。

2）调查网关地址和含义。

3）如果不访问外网，DNS和网关可以省略吗？

4）试着改变DNS和网关的值，看有什么影响。

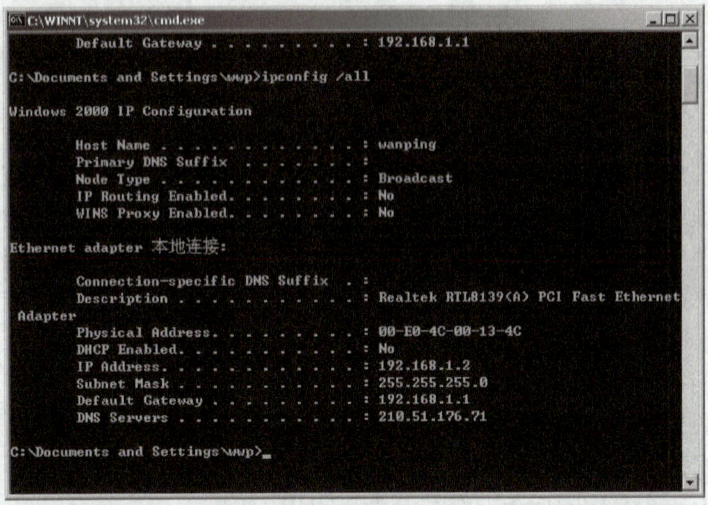

图3-12　显示信息

知识总结

本 章 小 结

本章系统学习计算机网络体系结构。从在计算机网络的设计中要解决的问题出发，介绍了一种解决方案的思想——按分层的结构来组织。在这种思想的引导下引出了两种在计算机网络界流行的两种参考模型：OSI七层体系结构和TCP/IP四层体系结构。OSI七层体系结构是由国际标准化组织ISO所推荐的标准，但在实际应用中一般都采用TCP/IP的体系结构，因为TCP/IP结构更为简单易用，成为了事实上的工业标准。学习TCP/IP体系结构知识，包括TCP/IP结构的分层标准以及TCP/IP体系结构中的关键协议TCP协议、IP协议和UDP协议，简要学习了TCP/IP协议中所涉及的其他几个重要的协议。

竞技擂台

1. 选择题 A级（1-10） B级（11-18） C级（19-26）

1）在TCP/IP体系结构中，与OSI参考模型的网络层对应的是（　　）。

A. 网络接口层　　B. 互连层　　C. 传输层　　D. 应用层

2） SMTP是（　　）。

A. 简单邮件传递协议　　B. 简单网络管理协议

C. 分组话音通信协议　　D. 地址解析协议

3） 为数据链路层提供服务，以透明的方式传送比特流的是（　　）。

A. 网络层　　B. 表示层　　C. 物理层　　D. 传输层

4） OSI参考模型中，数据链路层的数据服务单元是（　　）。

A. 报文　　B. 帧　　C. 分组　　D. 信元

5） 在下列名称中，（　　）是网络层的协议数据单元。

A. 比特　　B. 报文分组　　C. 段　　D. 帧

6） 下述哪一个选择顺序正确地描述了OSI模型的各层（　　）。

A. 物理层　数据链路层　网络层　传输层　系统层　表示层　应用层

B. 物理层　数据链路层　网络层　传输层　表示层　会话层　应用层

C. 物理层　数据链路层　网络层　传输层　会话层　表示层　应用层

D. 表示层　数据链路层　网络层　传输层　系统层　表示层　应用层

7） 两个不同的计算机类型能够进行通信，就要求：（　　）。

A. 它们符合OSI模型

B. 它们都使用TCP/IP协议

C. 它们都用兼容的协议簇

D. 它们一个是Windows工作站一个是UNIX工作站

8） 从通信协议的角度看，在局域网之间存储转发数据帧是在哪个层以上实现网络互连的？（　　）

A. 物理层　　B. 数据链路层　　C. 网络层　　D. 传输层

9） 在数据链路层互连的设备是（　　）。

A. 网关　　B. 中继器　　C. 路由器　　D. 交换机

10）在下列的（　　）层中使用比特流来传输信息。

A. 物理层　　B. 数据链路层　　C. 网络层　　D. 传输层

11）校园网架设设计中，作为校园网与外界的连接器应采用（　　）。

A. 中继器　　B. 网桥　　C. 网关　　D. 路由器

12）Internet是一个以（　　）协议将各个国家，各个部门和各种机构的内部网络起来的数据通信网。

A. OSI/RM　　B. SNMP　　C. TCP/IP　　D. SMTP

13）网络适配器（网卡）是运行在OSI模型的（　　）上的。

A. 物理层　　B. 数据链路层　　C. 网络层　　D. 传输层

14）对等层实体之间采用（　　）进行通信。

A. 服务　　B. 服务访问点　　C. 协议　　D. 上述三者

15）网络互连层上包含5个协议，其中ARP的作用是（　　）

A. 用于传输IP数据报

B. 实现物理地址到IP地址的转换

C．实现IP地址到物理地址的转换

D．用于网络互连层上控制信息的产生和接受分析

16）完成路径选择功能是在OSI模型的（　　）。

A．物理层　　B．数据链路层　　C．网络层　　D．传输层

17）在TCP/IP协议簇的层次中，保证端到端的可靠性是在哪层上完成的？（　　）

A．网络接口层　　B．互连层　　C．传输层　　D．应用层

18）在OSI参考模型中，在网络层之上的是（　　）。

A．物理层　　B．应用层　　C．数据链路层　　D．传输层

19）在TCP/IP参考模型中，与OSI参考模型的网络层对应的是（　　）。

A．网络接口层　　B．网络互连层　　C．传输层　　D．应用层

20）在TCP/IP协议中，UDP协议是一种（　　）协议。

A．网络接口层　　B．网络互连层　　C．传输层　　D．应用层

21）关于OSI/RM（OSI参考模型），下列说法不正确的是（　　）。

A．七个层次就是七个不同的子系统

B．接口是指同一系统内相邻层之间交换信息的连接点

C．传输层协议的执行只需使用网络层提供的服务，与数据链路层和网络层没有关系

D．某一协议的执行通过接口向更高层提供服务

22）在OSI模型中，一个层n与它之上的层（第n＋1层）的关系是（　　）。

A．第n层为第n＋1提供服务

B．第n层把从第n＋1层接收的信息添加一个报头

C．第n层使用第n＋1层提供的服务

D．第n层与第n＋1层互相没有影响

23）下列关于TCP和UDP的说法正确的是（　　）

A．两者都是面向无连接的

B．两者都是面向连接的

C．TCP是面向连接而UDP是面向无连接的

D．TCP是无连接而UDP是面向连接的

24）下列网络设备中只有（　　）是简单地再生进入的信号。

A．中继器　　B．网卡　　C．网桥　　D．网关

2．填空题　A级　B级

1）网络协议3要素包括__________、__________、__________。

2）OSI/RM将网络分为________层，从低到高依次是________、________、__________、__________、__________、__________和__________。

3）TCP/IP将网络分为________层，从低到高依次是________、__________、__________、__________。

4）__________和__________的集合称为网络体系结构。

3. 指出下面的中文含义 A级 B级（1-10） C级（11-15）

1）TCP

2）UDP

3）ICMP

4）FTP

5）ARP

6）RARP

7）IP

8）SMTP

9）HTTP

10）DNS

11）RIP

12）TELNET

13）IGMP

14）PPP

15）SLIP

4. 比较题 B级 C级

1）TCP和UDP。

2）OSI/RM和TCP/IP。

5. 名词解释 A级 B级

1）协议

2）网络体系结构

3）等同实体

4）OSI

6. 判断对错 A级

1）网络协议的3要素是语义、语法与层次结构。 （ ）

2）如果一台计算机可以和其他地理位置的另一台计算机进行通信，这台计算机就是一个遵循OSI标准的开放系统。（ ）

3）传输控制协议TCP属于传输层协议，而用户数据报协议UDP属于网络层协议。（ ）

4）ISO划分网络层次的基本原则是：不同的节点都有相同的层次；不同节点的相同层次可以有不同的功能。（ ）

5）在TCP/IP协议中，TCP提供可靠的面相连接服务，UDP提供简单的无连接服务。（ ）

7. 简答题 A级（1-5） B级（6-7） C级（8-10）

1）网络协议的3要素。

2）是比较面向连接服务和无连接服务的异同点。

3）TCP/IP协议的主要特点什是么？

4）TCP/IP上三层包括哪些协议？

5）OSI/RM各层的数据传输单位是什么？

6）ISO在制定OSI参考模型对层次划分的主要原则什是么？

7）请描述在OSI参考模型中数据传输的基本过程。

8）详细论述OSI和TCP/IP的共同点和区别。

9）面向连接服务与无连接服务各自的特点是什么？

10）举出TCP/IP各层涉及协议的中文名称与英文缩写。

第4章

做好小网——局域网基础

局域网LAN（Local Area Network），是一种在有限的地理范围内将大量PC机及各种设备互连在一起实现数据传输和资源共享的计算机网络。社会对信息资源的广泛需求及计算机技术的普及，促进了局域网技术的迅猛发展。在当今的计算机网络技术中，局域网技术已经占据了十分重要的地位。

4.1 小网不小看——局域网的概述

4.1.1 局域网的参考模型和IEEE 802标准

1. 局域网参考模型

20世纪80年代初期，美国电气和电子工程师学会IEEE 802委员会结合局域网自身的特点，参考OSI/RM，提出了局域网的参考模型（LAN/RM），制定出局域网体系结构，IEEE 802标准诞生于1980年2月，故称为802标准。

由于计算机网络的体系结构和国际标准化组织（ISO）提出的开放的系统互连参考模型（OSI）已得到广泛认同，并提供了一个便于理解、易于开发和加强标准化的统一的计算机网络体系结构，因此局域网参考模型参考了OSI参考模型。根据局域网的特征，局域网的体系结构一般仅包含OSI参考模型的最低两层：物理层和数据链路层。

（1）物理层　物理层的主要作用是处理机械、电气、功能和规程等方面的特性，确保在通信信道上二进制位信号的正确传输。其主要功能包括信号的编码与解码，同步前导码的生成与去除，二进制位信号的发送与接收，错误校验（CRC校验），提供建立、维护和断开物理连接的物理设施等功能。局域网物理层制定标准规范的主要内容如下。

① 局域网支持的传输介质及相应的传输距离。

② 传输速率。

③ 物理接口的机械特性、电气特性、性能和规程特性。

④ 传输信号的编码方案。局域网的编码方案有曼彻斯特、差分曼彻斯特、4B/5B、8B/6T和8B/10B等。

⑤ 错误校验码及同步信号的产生与删除。

⑥ 拓扑结构。

⑦ 物理信令（PLS），物理层向介质访问控制子层提供的服务原语，包括请求、证实、

指示原语。

（2）数据链路层　在ISO/OSI参考模型中，数据链路层的功能简单，它只负责把数据从一个节点可靠地传输到相邻的节点。在局域网中，多个站点共享传输介质，在节点间传输数据之前必须首先解决由哪个设备使用传输介质，因此数据链路层要有介质访问控制功能。由于介质的多样性，所以必须提供多种介质访问控制方法。为此IEEE 802标准把数据链路层划分为两个子层：逻辑链路控制（Logical Link Control，LLC）子层和介质访问控制（Media Access Control，MAC）子层。LLC子层负责向网际层提供服务，它提供的主要功能是寻址、差错控制和流量控制等；MAC子层的主要功能是控制对传输介质的访问，不同类型的LAN，需要采用不同的控制法，并且在发送数据时负责把数据组装成带有地址和差错校验段的帧，在接收数据时负责把帧拆封，执行地址识别和差错校验，如图4-1所示。

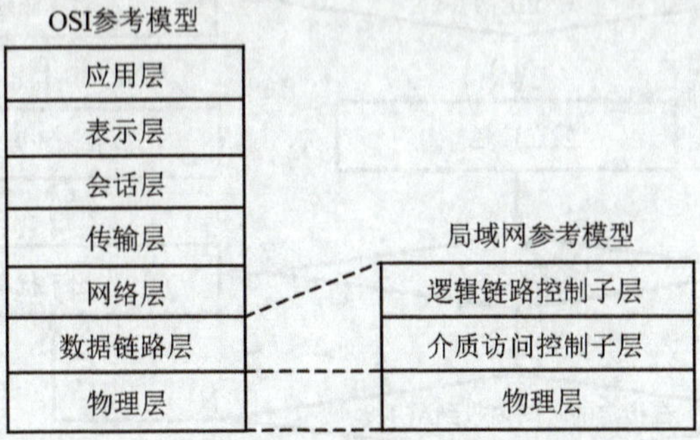

图4-1　OSI参考模型

① MAC子层。介质访问控制子层构成数据链路层的下半部，它直接与物理层相邻。MAC子层的一个功能是支持LLC子层完成介质访问控制功能，MAC子层为不同的物理介质定义了介质访问控制标准。MAC子层的另一个主要的功能是在发送数据时，将从上一层接收的数据组装成带MAC地址和差错检测字段的数据帧。在接收数据时拆帧，并完成地址识别和差错检测。

② LLC子层。逻辑链路控制子层构成数据链路层的上半部，与网络层和MAC子层相邻。LLC子层在MAC子层的支持下向网络层提供服务。LLC子层与传输介质无关，隐藏了各种局域网技术之间的差别，向网络层提供一个统一的信号格式与接口。LLC子层的作用是在MAC子层提供的介质访问控制和物理层提供的比特服务的基础上，将不可靠的信道处理为可靠的信道，确保数据帧的正确传输。

LLC子层的功能主要是建立、维持和释放数据链路，提供一个或多个服务访问点，为网络层提供面向连接的或无连接的服务。另外，LLC子层还提供差错控制、流量控制和发送顺序控制等功能。

尽管将局域网的数据链路层分成了LLC和MAC两个子层，但这两个子层是都要参与数据的封装和拆封过程的，而不是只由其中某一个子层来完成数据链路层帧的封装及拆封。在发送方，网络层下来的数据分组首先要加上DSAP（Destination Service AccessPoint）和SSAP（Source Service Access Point）等控制信息，在LLC子层被封装成LLC帧，然后由LLC子层将其交给MAC子层，加上MAC子层相关的控制信息后被封装成MAC帧，最后由MAC子层交局域网的物理层完成物理传输。在接收方，则首先将物理的原始比特流还原成MAC帧，在MAC子层完成帧检测和拆封后变成LLC帧交给LLC子层，LLC子层完成相应的帧检验和拆封工作，将其还原成网络层的分组上交给网络层。

2．IEEE 802标准

对于不同传输介质的不同局域网，IEEE局域网标准委员会定制了不同的标准，适用于不同的网络环境，IEEE 802各标准之间的关系如图4-2所示。IEEE 802标准主要包括几项（这些标准在物理层和MAC子层有区别，但在逻辑链路子层是兼容的）：

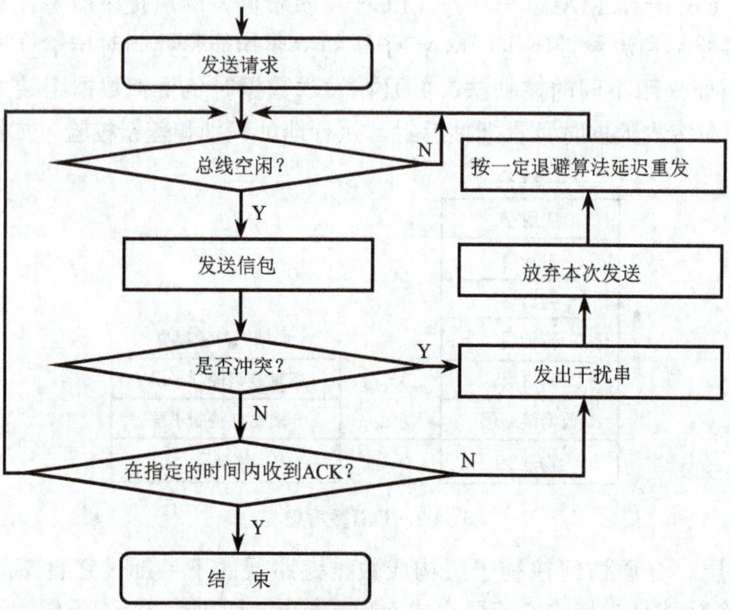

图4-2　CSMA/CD的工作过程

①IEEE 802.1标准，定义了局域网体系结构、网络互连，以及网络管理与性能测试。

②IEEE 802.2标准，定义了逻辑链路控制（LLC）子层的功能与服务。

③IEEE 802.3标准，定义了CSMA/CD总线介质访问控制子层和物理层规范。在物理层定义了4种不同介质的10Mbps的以太网规范，包括10Base-5（粗同轴电缆）、10Base-2（细同轴电缆）、10Base-F（多模光纤）和10Base-T（无屏蔽双绞线UTP）。另外，到目前为止IEEE 802.3工作组还开发了如下一系列标准。

- IEEE 802.3u标准，百兆快速以太网标准，现已合并到IEEE 802.3中。
- IEEE 802.3z标准，光纤介质千兆以太网标准规范。
- IEEE 802.3ab标准，传输距离为100m的5类无屏蔽双绞线千兆以太网标准规范。
- IEEE 802.3ae标准，万兆以太网标准规范。

④IEEE 802.4标准，定义了令牌总线（Token Bus）介质访问控制子层与物理层规范。

⑤IEEE 802.5标准，定义了令牌环（Token Ring）介质访问控制子层与物理层规范。

⑥IEEE 802.6标准，定义了城域网（MAN）介质访问控制子层与物理层规范。

⑦IEEE 802.7标准，定义了宽带网络技术。

⑧IEEE 802.8标准，定义了光纤传输技术。

⑨IEEE 802.9标准，定义了综合语音与数据局域网（IVD LAN）技术。

⑩IEEE 802.10标准，定义了可互操作的局域网安全性规范（SILS）。

⑪ IEEE 802.11标准，定义了无线局域网介质访问控制方法和物理层规范，主要包括以下几项。

- IEEE 802.11a，工作在5GHz频段，传输速率为54Mbps的无线局域网标准。
- IEEE 802.11b，工作在2.4GHz频段，传输速率为11Mbps的无线局域网标准。
- IEEE 802.11g，工作在2.4GHz频段，传输速率为54Mbps的无线局域网标准。

⑫ IEEE 802.12标准，定义了100VG-AnyLAN快速局域网访问方法和物理层规范。

⑬ IEEE 802.14标准，定义了交互式电视网（Cable Modem）技术。

⑭ IEEE 802.15标准，定义了无线个人局域网（WPAN）技术。

⑮ IEEE 802.16标准，定义了宽带无线局域网技术。

⑯ IEEE 802.17标准，正在制定的弹性分组环（RPR）标准。

⑰ IEEE 802.18标准，正在制定的宽带无线局域网标准规范。

4.1.2 局域网的媒体访问控制方法

环形或总线拓扑中，由于只有一条物理传输通道连接所有的设备，因此，连到网络上的所有设备必须遵循一定的规则，才能确保传输媒体的正常访问和使用。常用的媒体访问控制方法有：具有冲突检测的载波监听多路访问CSMA/CD（Carrier Sense Multiple Access/Collision Detection）、控制令牌（Control Token）及时槽环（Time-Slot Ring）3种技术。

1. CSMA/CD介质访问控制协议

总线型LAN中，所有的节点都直接连到同一条物理信道上，并在该信道中发送和接收数据，因此对信道的访问是以多路访问方式进行的。任一节点都可以将数据帧发送到总线上，而所有连接在信道上的节点都能检测到该帧。当目的节点检测到该数据帧的目的地址（MAC地址）为本节点地址时，就继续接收该帧中包含的数据，同时给源节点返回一个响应。当有两个或更多的节点在同一时间都发送了数据，在信道上就造成了帧的重叠，导致冲突出现。为了克服这种冲突，在总线LAN中常采用CSMA/CD协议，即带有冲突检测的载波侦听多路访问协议，它是一种随机争用型的介质访问控制方法，简要解释如下。

CSMA/CD协议的工作过程为：由于整个系统不是采用集中式控制，且总线上每个节点发送信息要自行控制，所以各节点在发送信息之前，首先要侦听总线上是否有信息在传送，若有，则其他各节点不发送信息，以免破坏传送；若侦听到总线上没有信息传送，则可以发送信息到总线上。当个节点占用总线发送信息时，要一边发送一边检测总线. 看是否有冲突产生。发送节点检测到冲突产生后，就立即停止发送信息，并发送强化冲突信号，然后采用某种算法等待一段时间后再重新侦听线路，准备重新发送该信息。CSMA/CD协议的工作流程如图4-2所示。对CSMA/CD协议的工作过程通常可以概括为“先听后发、边听边发、冲突停发、随机重发”。

冲突产生的原因可能是在同一时刻两个节点同时侦听到线路“空闲”，又同时发送信息而产生冲突，使数据传送失效；也可能是一个节点刚刚发送信息，还没有传送到目的节点，而另一个节点此时检测到线路“空闲”，将数据发送到总线上，导致了冲突。

2．控制令牌

令牌是我国古代军事所用的一种工具，谁拿到了令牌就可以发号施令。在令牌环中，谁拿到了令牌就可以发送数据！这个令牌是一个个传下去的，这样就避免了数据冲突。控制令牌是无冲突的介质访问控制，所有站点连接成一个环，一个特定的称为令牌的帧在环中的各站点之间传递，只有得到令牌的站点才能发送数据，持有令牌的站点发送完数据后，就把令牌传递给下一个站点，依次类推，如图4-3所示。

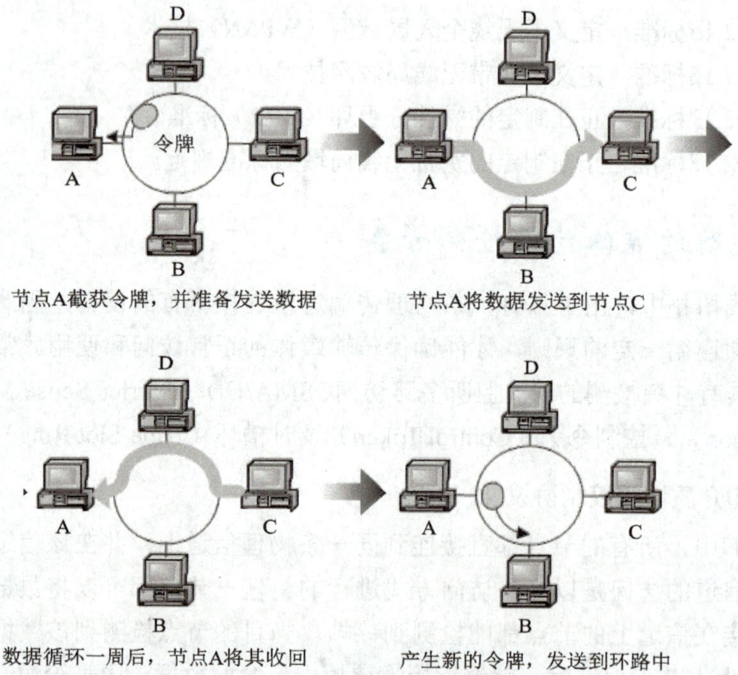

图4-3　控制令牌的工作过程

控制令牌的工作过程为：

1）首先建立一个逻辑环，将所有站点同物理媒体相连，然后产生一个控制令牌。

2）控制令牌由一个站点沿着逻辑环顺序向下一个站点传递。

3）等待发送帧的站点接收到控制令牌后，把要发送的帧利用物理媒体发送出去，然后再将控制令牌沿逻辑环传递给下一站点。

控制令牌方法除了用于环形网拓扑结构（即令牌环）之外，也可以用于总线网拓扑结构（即令牌总线）。

3．时槽环

时槽环（Time-Slot Ring）又称为开槽环（Sloted Ring），时槽环只用于环形网的控制访问。时槽环只用于环形网的媒体控制访问，这种方法对每个节点预先安排一个特定的时间内段（即时槽段），每个节点只能在时槽内传输数据。若数据较长，可用多个时槽来传输，如图4-4所示。

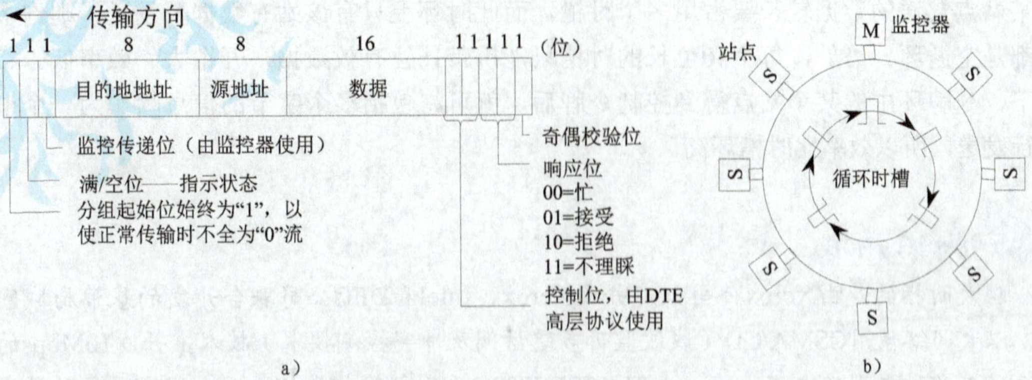

图4-4 时槽环结构

a）每个时槽的比特定义 b）拓扑结构

时槽环采用集中控制方式，这种方法首先由环中被称为监控的站的特定节点起动环，并产生若干个固定长度的比特串，这种比特串即称为时槽。时槽不停地绕环从一个站点传递到另一个站点。当一个站点收到时槽时，由该站点的接口阅读后再将其转发到下一个站点，如此一直循环下去。监控站确保总有一个固定数目的时槽绕环传送，而不考虑组成环的站点数目。每个时槽能携带一个固定尺寸的停息帧。

时槽环初始化时，由监控站将每个时槽开头的满/空位置为空状态。某个站点要发送数据前，首先要得到一个空时槽，然后将该时槽的满/空位置为空状态，将数据的内容插入时槽中，同时在帧的头部未填入目的地地址和源地址，并将帧尾部的两个响应位全置为1，然后发送该时槽，使它绕物理环从一个站点至另一个站点传送。

环中每个站对任何置满的时槽头部的目的地址进行检测，如果检测到是自己的地址，便从时槽中阅读所携带的数据内容，并修改时槽尾部的一对响应位，然后通过环再将它转发出去。如果目的地站点忙或者拒收，则响应位做相应的标记或保留不做改变。

源站点在起动一个帧发送之后，要等到该帧绕环一周。由于每个站均知道环上时槽的总数，由环接口对时槽转发计数可知道所发时槽的到来。此后，源站点将所用时槽重新标记为空状态，并阅读时槽尾部的响应位，以确定是否应舍弃已被发送的该帧备份，或者重发该帧。由于采用了响应位，就不需要设置独立的响应帧。

监控站传递位由监控站用于监测各个站点发送的帧是否有差错或站点有无故障，该位由源站点在发送帧时置“0”。当满时槽在环接口上转发时，由监控站对每一个满时槽的该位置“1”。如果监控站在其转发某个满时槽时，测得监控站传递位已被置为“1”，就认为源站点有故障，便可将该帧的满/空位置为空，并释放空时槽。时槽尾部的两个控制位是提供给DTE高层协议使用的，在媒体访问控制层中没有意义。

需要特别指出的是，在时槽环媒体访问控制方法中，每个站点每次只能传送一个帧，若想要传送另一个帧，则首先必须释放传输前一帧所用的时槽。这种对环的访问方法体现了公平性，并被各个互连的站点所共享。

时槽环的优点是结构简单，节点间相互干扰少、可靠性高。但是，时槽环为保持基本环结构需要一个特定的监控站节点。由于绕环一周时间内，每个站点只能占用一个时槽，若某站点发送的数据较长要占用多个时槽，而此时环上只有该站有数据要发送，则许多时槽都是空循环。另外，每个40位长的时槽只能携带16位有效数据，开销大、效率低。相比之下，令牌环中的某个站点得到控制令牌后，就可将包括多个字节的信息帧作为一个整体进行发送，所以效率比时槽环高。

知识拓展

以太网指的是由Xerox公司创建并由Xerox、Intel和DEC公司联合开发的基带局域网规范。以太网络使用CSMA/CD（载波监听多路访问及冲突检测技术）技术，并以10Mbps的速率运行在多种类型的电缆上。以太网与IEEE802.3系列标准相类似。以太网不是一种具体的网络，是一种技术规范。以太网是当今现有局域网采用的最通用的通信协议标准。

仔细观察

调查3种局域网的媒体访问控制方法在实践中的应用情况，有关的新技术还有哪些？

疑难问题

为什么局域网的体系结构仅包含OSI参考模型的物理层和数据链路层？

网络前瞻

以太网技术的四大应用

1．企业中的吉位以太网

复杂的应用程序以及更强大的PC持续推动网络流量达到新高，并造成关键连接带宽不足。为了提高性能，服务器已配备吉位以太网。在桌面领域，不断下降的价格也在加快吉位以太网的采用，特别是在工作环境需要共享大量文件以及有集中应用和多任务的地方更是如此。

2．无线网络

无线以太网连接是以太网的逻辑扩展，有助于实现大范围的“虚拟”企业。以前，无线局域网只受到IT产业本身的关注。但在最近几年，无线网络的效益得到了广泛认可，在更大范围内被公认为移动用户的理想解决方案，成为广大企业用户的“即时基础设施”。分析家认为，随着市场的快速发展，它将进入“全盛时期”。

3．网络存储

快速增长的电子邮件和电子商务导致IP网络数据传输量剧增，这促使数据存储脱离传统的DAS（直接连接存储）模式，演变为网络的一种基础设施，即所谓的SAN（存储区域网络）和NAS（网络连接存储）。根据IDC预计，SAN和NAS在今后几年有望出现快速增长，并占领全球存储系统市场26%的份额。

4．城域网中的以太网

吉位以太网向桌面的移植助长了服务器和企业干线对10吉位以太网的需求。10吉位以太网拥有多种高速网络需求的关键特征，如更低的成本、灵活性以及与现有以太网的互操作性，所以成为了城域网的最佳选择。在城域网中实施以太网，可以将以太网的速度和成本优势与光网络的传输距离和可靠性完美结合起来，凭借成本优势、互操作性和向更高性能水平轻松移植的能力，10吉位以太网融入城域网是很自然而然的。

网络论坛

有人把控制令牌、时槽环的工作过程比喻成“击鼓传花”、“摩天转轮”。你同意这个观点吗？为什么？

4.2 小网的家族——局域网的分类

局域网中常见的有：以太网（Ethernet）、令牌网（Token Ring）、FDDI网、异步传输模式网（ATM）等几类，下面分别作一些简要介绍。

1．以太网（Ethernet）

以太网最早是由Xerox（施乐）公司创建的，在1980年由DEC、Intel和Xerox 3家公司联合开发为一个标准。以太网是应用最为广泛的局域网，包括标准以太网（10Mbps）、快速以太网（100Mbps）、千兆以太网（1000 Mbps）和10G以太网，它们都符合IEEE 802.3系列标准规范。

（1）标准以太网　最开始以太网只有10Mbps的吞吐量，它所使用的是CSMA/CD（带有冲突检测的载波侦听多路访问）的访问控制方法，通常把这种最早期的10Mbps以太网称之为标准以太网。以太网主要有两种传输介质，那就是双绞线和同轴电缆。所有的以太网都遵循IEEE 802.3标准，下面列出是IEEE 802.3的一些以太网络标准，在这些标准中前面的数字表示传输速度，单位是“Mbps”，最后的一个数字表示单段网线长度（基准单位是100m），Base表示“基带”的意思，Broad代表“带宽”。

- 10Base—5　使用粗同轴电缆，最大网段长度为500m，基带传输方法。
- 10Base—2　使用细同轴电缆，最大网段长度为185m，基带传输方法。
- 10Base—T　使用双绞线电缆，最大网段长度为100m。
- 1Base—5　使用双绞线电缆，最大网段长度为500m，传输速度为1Mbps。
- 10Broad—36　使用同轴电缆（RG—59/U CATV），最大网段长度为3600m，是一种宽带传输方式。
- 10Base—F　使用光纤传输介质，传输速率为10Mbps。

（2）快速以太网（Fast Ethernet） 随着网络的发展，传统标准的以太网技术已难以满足日益增长的网络数据流量需求。在1993年10月以前，对于要求10Mbps以上数据流量的LAN应用，只有光纤分布式数据接口（FDDI）可供选择，但它是一种价格非常昂贵的、基于100Mpbs光缆的LAN。1993年10月，Grand Junction公司推出了世界上第一台快速以太网集线器FastSwitch10/100和网络接口卡FastNIC100，快速以太网技术正式得以应用。随后Intel、SynOptics、3COM、BayNetworks等公司亦相继推出自己的快速以太网装置。与此同时，IEEE 802工程组亦对100Mbps以太网的各种标准，如100BASE—TX、100BASE—T4、MII、中继器、全双工等标准进行了研究。1995年3月IEEE宣布了IEEE 802.3u 100BASE—T快速以太网标准（Fast Ethernet），就这样开始了快速以太网的时代。

100Mbps快速以太网标准又分为：100BASE—TX、100BASE—FX、100BASE—T4 3个子类。

- 100BASE—TX：是一种使用5类数据级无屏蔽双绞线或屏蔽双绞线的快速以太网技术。它使用两对双绞线，一对用于发送，一对用于接收数据。在传输中使用4B/5B编码方式，信号频率为125MHz。符合EIA586的5类布线标准和IBM的SPT 1类布线标准。使用同10BASE—T相同的RJ-45连接器。它的最大网段长度为100m，它支持全双工的数据传输。
- 100BASE—FX：是一种使用光缆的快速以太网技术，可使用单模和多模光纤（62.5μm和125μm）多模光纤连接的最大距离为550m。单模光纤连接的最大距离为3000m。在传输中使用4B/5B编码方式，信号频率为125MHz。它使用MIC/FDDI连接器、ST连接器或SC连接器。它的最大网段长度为150m、412m、2000m或更长至10km，这与所使用的光纤类型和工作模式有关，它支持全双工的数据传输。100BASE—FX特别适合于有电气干扰的环境、较大距离连接、或高保密环境等情况下。
- 100BASE—T4：是一种可使用3、4、5类无屏蔽双绞线或屏蔽双绞线的快速以太网技术。它使用4对双绞线，3对用于传送数据，1对用于检测冲突信号。在传输中使用8B/6T编码方式，信号频率为25MHz，符合EIA586结构化布线标准。它使用与10BASE—T相同的RJ—45连接器，最大网段长度为100m。

（3）千兆以太网（GB Ethernet） 随着以太网技术的深入应用和发展，企业用户对网络连接速度的要求越来越高，1995年11月，IEEE 802.3工作组委任了一个高速研究组（HigherSpeedStudy Group），研究将快速以太网速度增至更高。该研究组研究了将快速以太网速度增至1000Mbps的可行性和方法。1996年6月，IEEE标准委员会批准了千兆位以太网方案授权申请（Gigabit Ethernet Project Authorization Request）。随后IEEE 802.3工作组成立了802.3z工作委员会。IEEE 802.3z委员会的目的是建立千兆位以太网标准：包括在1000Mbps通信速率的情况下的全双工和半双工操作、802.3以太网帧格式、载波侦听多路访问和冲突检测（CSMA/CD）技术、在一个冲突域中支持一个中继器（Repeater）、10BASE—T和100BASE—T向下兼容技术千兆位以太网具有以太网的易移植、易管理特性。千兆以太网在处理新应用和新数据类型方面具有灵活性，它是在赢得了巨大成功的10Mbps和100Mbps IEEE 802.3以太网标准的基础上的延伸，提供了1000Mbps的数据带宽。这使得千兆位以太网成为高速、宽带网络应用的战略性选择。

1000Mbps千兆位以太网目前主要有以下3种技术版本：1000BASE—SX、—LX和

—CX版本。1000BASE—SX系列采用低成本短波的CD（compact disc，光盘激光器）或者VCSEL（Vertical Cavity Surface Emitting Laser，垂直腔体表面发光激光器）发送器；而1000BASE—LX系列则使用相对昂贵的长波激光器；1000BASE—CX系列则打算在配线间使用短跳线电缆把高性能服务器和高速外围设备连接起来。

（4）10G以太网　现在10Gbps的以太网标准已经由IEEE 802.3工作组于2000年正式制定，10G以太网仍使用与以往10Mbps和100Mbps以太网相同的形式，它允许直接升级到高速网络。同样使用IEEE 802.3标准的帧格式、全双工业务和流量控制方式。在半双工方式下，10G以太网使用基本的CSMA/CD访问方式来解决共享介质的冲突问题。此外，10G以太网使用由IEEE 802.3小组定义了和以太网相同的管理对象。总之，10G以太网仍然是以太网，只不过更快。但由于10G以太网技术的复杂性及原来传输介质的兼容性问题（目前只能在光纤上传输，与原来企业常用的双绞线不兼容了），还有这类设备造价太高，所以这类以太网技术目前还处于研发的初级阶段，还没有得到实质应用。

2．令牌环网

令牌环网是IBM公司于20世纪70年代发展的，现在这种网络比较少见。在老式的令牌环网中，数据传输速度为4Mbps或16Mbps，新型的快速令牌环网速度可达100Mbps。令牌环网的传输方法在物理上采用了星形拓扑结构，但逻辑上仍是环形拓扑结构。结点间采用多站访问部件（Multistation Access Unit，MAU）连接在一起。MAU是一种专业化集线器，它是用来围绕工作站计算机的环路进行传输。由于数据包看起来像在环中传输，所以在工作站和MAU中没有终结器。

在这种网络中，有一种专门的帧称为“令牌”，在环路上持续地传输来确定一个结点何时可以发送包。令牌为24位长，有3个8位的域，分别是首定界符（Start Delimiter，SD）、访问控制（Access Control，AC）和终定界符（End Delimiter，ED）。首定界符是一种与众不同的信号模式，作为一种非数据信号表现出来，用途是防止它被解释成其他东西。这种独特的8位组合只能被识别为帧首标识符（SOF）。由于目前以太网技术发展迅速，令牌网存在固有缺点，令牌在整个计算机局域网已不多见，原来提供令牌网设备的厂商多数也退出了市场，所以在目前局域网市场中令牌网可以说是“昨日黄花”了。

3．FDDI网（Fiber Distributed Data Interface）

FDDI的英文全称为“Fiber Distributed Data Interface”，中文名为“光纤分布式数据接口”，它是于80年代中期发展起来一项局域网技术，它提供的高速数据通信能力要高于当时的以太网（10Mbps）和令牌网（4或16Mbps）的能力。FDDI标准由ANSI X3T9.5标准委员会制订，为繁忙网络上的高容量输入输出提供了一种访问方法。FDDI技术同IBM的Tokenring技术相似，并具有LAN和Tokenring所缺乏的管理、控制和可靠性措施，FDDI支持长达2km的多模光纤。FDDI网络的主要缺点是价格同前面所介绍的“快速以太网”相比贵许多，且因为它只支持光缆和5类电缆，所以使用环境受到限制、从以太网升级更是面临大量移植问题。

当数据以100Mbps的速度输入输出时，在当时FDDI与10Mbps的以太网和令牌环网相比性能有相当大的改进。但是随着快速以太网和千兆以太网技术的发展，用FDDI的人就越来越少了。因为FDDI使用的通信介质是光纤，这一点它比快速以太网及现在的100Mbps令牌网传输介质要贵许多，然而FDDI最常见的应用只是提供对网络服务器的快速访问，所以在目前FDDI技术并没有得到充分的认可和广泛的应用。

FDDI的访问方法与令牌环网的访问方法类似，在网络通信中均采用“令牌”传递。它与标准的令牌环又有所不同，主要在于FDDI使用定时的令牌访问方法。FDDI令牌沿网络环路从一个结点向另一个结点移动，如果某结点不需要传输数据，FDDI将获取令牌并将其发送到下一个结点中。如果处理令牌的结点需要传输，那么在指定的称为“目标令牌循环时间”的时间内，它可以按照用户的需求来发送尽可能多的帧。因为FDDI采用的是定时的令牌方法，所以在给定时间中，来自多个结点的多个帧可能都在网络上，以为用户提供高容量的通信。

FDDI可以发送两种类型的包：同步的和异步的。同步通信用于要求连续进行且对时间敏感的传输（如音频、视频和多媒体通信）。异步通信用于不要求连续脉冲串的普通的数据传输。在给定的网络中，TTRT等于某结点同步传输需要的总时间加上最大的帧在网络上沿环路进行传输的时间。FDDI使用两条环路，所以当其中一条出现故障时，数据可以从另一条环路上到达目的地。连接到FDDI的结点主要有两类，即A类和B类。A类结点与两个环路都有连接，由网络设备如集线器等组成，并具备重新配置环路结构以在网络崩溃时使用单个环路的能力。B类结点通过A类结点的设备连接在FDDI网络上，B类结点包括服务器或工作站等。

4. ATM网

ATM的英文全称为“Asynchronous Transfer Mode”，中文名为“异步传输模式”，它的开发始于20世纪70年代后期。ATM是一种较新型的单元交换技术，同以太网、令牌环网、FDDI网络等使用可变长度包技术不同，ATM使用53字节固定长度的单元进行交换。它是一种交换技术，它没有共享介质或包传递带来的延时，非常适合音频和视频数据的传输。ATM主要具有以下优点。

1）ATM使用相同的数据单元，可实现广域网和局域网的无缝连接。

2）ATM支持VLAN（虚拟局域岗）功能，可以对网络进行灵活的管理和配置。

3）ATM具有不同的速率，分别为25、51、155、622Mbps，从而为不同的应用提供不同的速率。

ATM是采用“信元交换”来替代“包交换”进行实验，发现信元交换的速度是非常快的。信元交换将一个简短的指示器称为虚拟通道标识符，并将其放在TDM时间片的开始。这使得设备能够将它的比特流异步地放在一个ATM通信通道上，使得通信变得能够预知且持续的，这样就为时间敏感的通信提供了一个预QoS，这种方式主要用在视频和音频上。通信可以预知的另一个原因是ATM采用的是固定的信元尺寸。ATM通道是虚拟的电路，并且MAN传输速度能够达到10Gbps。

5. 无线局域网（Wireless Local Area Network，WLAN）

无线局域网是目前最新，也是最为热门的一种局域网。正因为它摆脱了有形传输介质的束缚，所以这种局域网的最大特点就是自由，只要在网络的覆盖范围内，可以在任何一个地方与服务器及其他工作站连接，而不需要重新铺设电缆。这一特点非常适合那些移动办公一族，有时在机场、宾馆、酒店等场所（通常把这些地方称为“热点”），只要无线网络能够覆盖到，它都可以随时随地连接上无线网络，甚至Internet。

无线局域网所采用的是802.11系列标准，它也是由IEEE 802标准委员会制定的。目前主要有4个标准，分别为：802.11b、802.11a、802.11g和802.11z，前3个标准都是针对传输速度进行的改进，最开始推出的是802.11b，它的传输速度为11Mbps，因为它的连接速度比较低，随后推出了802.11a标准，它的连接速度可达54Mbps。但由于两者不互相兼容，致使一些早已购买802.11b标准的无线网络设备在新的802.11a网络中不能用，所以后来又推出了兼容802.11b与802.11a两种标准的802.11g，这样原有的802.11b和802.11a两种标准的设备都可以在同一网络中使用。802.11z是一种专门为了加强无线局域网安全的标准。因为无线局域网的“无线”特点，致使任何进入此网络覆盖区的用户都可以轻松以临时用户身份进入网络，给网络带来了极大的不安全因素，为此802.11z标准专门就无线网络的安全性方面作了明确规定，加强了用户身份论证制度，并对传输的数据进行加密。

知识拓展

“蓝牙”（Bluetooth）原是一位在10世纪统一丹麦的国王，他将当时的瑞典、芬兰与丹麦统一起来。用他的名字来命名这种新的技术标准，含有将四分五裂的局面统一起来的意思。蓝牙（Bluetooth）是由东芝、爱立信、IBM、Intel和诺基亚于1998年5月共同提出的近距离无线数字通信的技术标准。支持设备短距离通信的无线电技术。能在包括移动电话、PDA、无线耳机、笔记本电脑、相关外设等众多设备之间进行无线信息交换。蓝牙的标准是IEEE 802.15，工作在2.4GHz频带，带宽为1Mbps（有效传输速度为721kbps）、最大传输距离为10m。

仔细观察

社会调查：当地对本节讲述的局域网各个类型的具体领域和市场占有率情况。

网络论坛

有人说，局域网就是以太网。这句话有道理吗？为什么？

知识链接

网上搜索共享式以太网和交换式以太网，找出代表设备，体会为什么以太网发展30多年依然没有被淘汰。

4.3　小网的重武器——局域网的关键设备

4.3.1　网卡

网络接口卡（NIC-Network Interface Card）又称网络适配器（NIA-Network Interface Adapter），简称网卡。用于实现连网计算机和网络电缆之间的物理连接，为计算机之间相互通信提供一条物理通道，并通过这条通道进行高速数据传输。在局域网中，每一台连网计算机都需要安装一块或多块网卡，通过介质连接器将计算机接入网络电缆系统。网卡完成物理层和数据链路层的大部分功能，包括网卡与网络电缆的物理连接、介质访问控制（如：CSMA/CD）、数据帧的拆装、帧的发送与接收、错误校验、数据信号的编/解码（如：曼彻斯特代码的转换）、数据的串、并行转换等功能。每块网卡都有一个唯一的48位二进制（经常表示为12位的16进制数）的网络节点地址，它是网卡生产厂家在生产时烧入ROM（只读存储芯片）中的，人们把它叫做MAC地址（物理地址）。

1．网卡的分类

网卡种类繁多，可以从其总线类型、网络接口、网络类型、支持的带宽等不同的角度进行划分。

（1）按总线接口类型分　按网卡的总线接口类型来分一般可分为已经淘汰的ISA接口网卡、普遍使用的PCI接口网卡以及在服务器上使用的PCI-X总线接口类型的网卡，笔记本电脑所使用的网卡是PCMCIA接口类型的，现在流行的USB总线接口网卡。

1）ISA总线网卡，如图4-5所示。

2）PCI总线网卡，如图4-6所示。

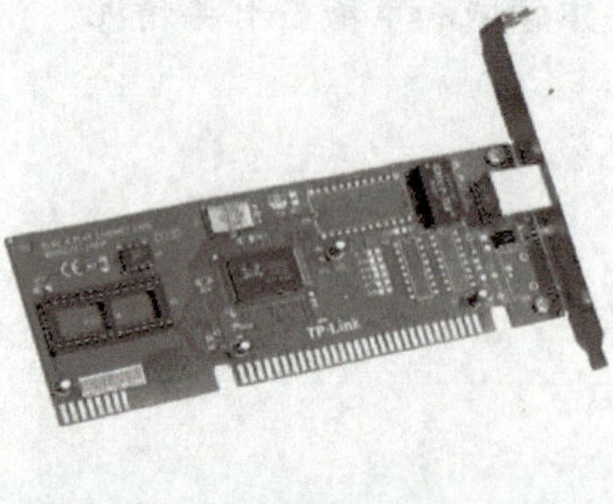

图4-5　ISA总线网卡

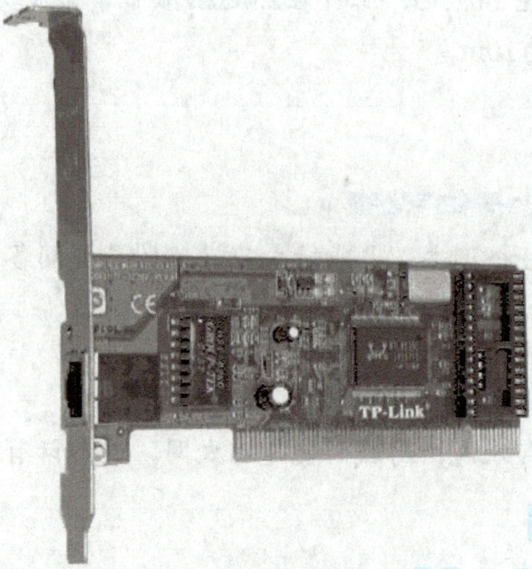

图4-6　PCI总线网卡

3）PCI-X总线网卡，如图4-7所示。

4）PCMCIA总线网卡，如图4-8所示。

5）USB总线接口网卡，如图4-9所示。

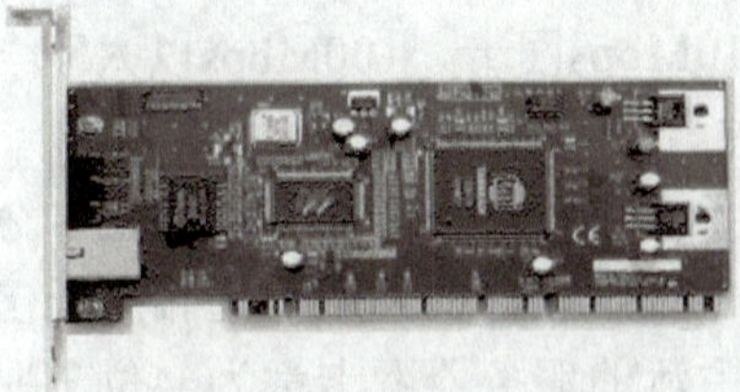

图4-7　PCI-X总线网卡

图4-8　PCMCIA总线网卡

图4-9　USB总线接口网卡

（2）按网络接口划分　除了可以按网卡的总线接口类型划分外，还可以按网卡的网络接口类型来划分。网卡最终是要与网络进行连接，所以也就必须有一个接口使网线通过它与其他计算机网络设备连接起来。不同的网络接口适用于不同的网络类型，目前常见的接口主要有双绞线的RJ-45接口、光纤接口网卡和无线网卡。细同轴电缆的BNC接口的网卡很少见了，粗同轴电缆AUI接口网卡淘汰了。而且有的网卡为了适用于更广泛的应用环境，提供了两种或多种类型的接口，如TP口（BNC＋AUI）、IPC口（RJ-5＋BNC）、Combo口（RJ-5＋AUI＋BNC）等。

1）RJ-45接口网卡，图4-10所示。

2）BNC接口网卡，图4-11所示。

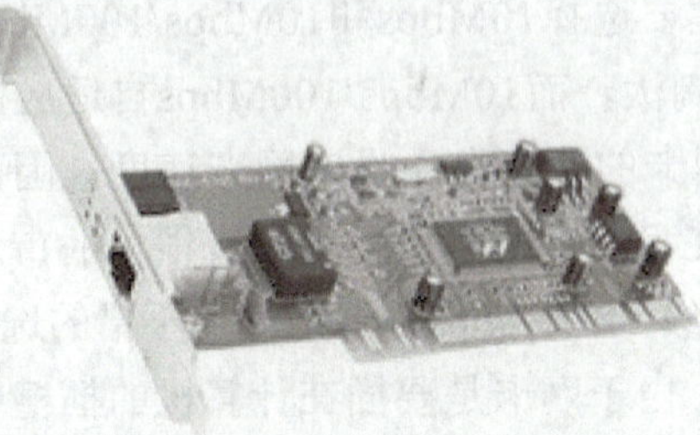

图4-10　RJ-45接口网卡

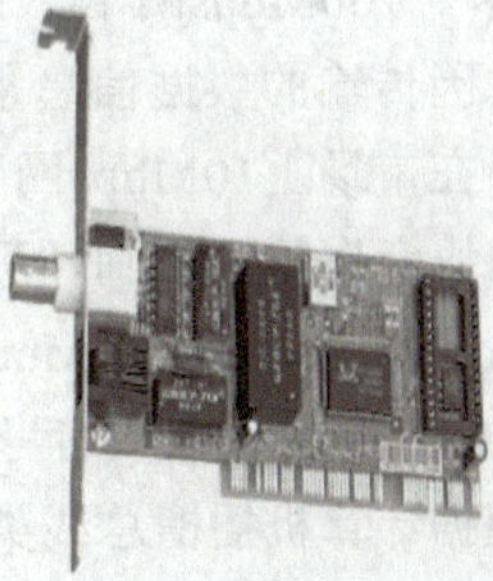

图4-11　BNC接口网卡

3）AUI接口网卡。

4）光纤接口网卡，如图4-12所示。

5）无线网卡，如图4-13所示。

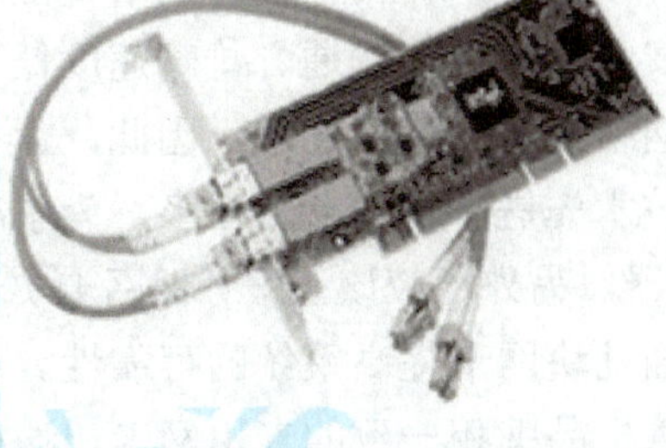

图4-12　光纤接口网卡

图4-13　无线网卡

（3）按带宽划分　随着网络技术的发展，网络带宽也在不断提高，但是不同带宽的网卡所应用的环境也有所不同，目前主流的网卡主要有10Mbps网卡、100Mbps以太网卡、10Mbps/100Mbps自适应网卡、1000Mbps千兆以太网卡4种。

（4）按网卡应用领域来分　如果根据网卡所应用的计算机类型来分，可以将网卡分为应用于工作站的网卡和应用于服务器的网卡。服务器通常采用专门的网卡。它相对于工作站所用的普通网卡来说在带宽（通常在100Mbps以上，主流的服务器网卡都为64位千兆网卡）、接口数量、稳定性、纠错等方面都有比较明显的提高。还有的服务器网卡支持冗余备份、热插拔等服务器专用功能。

2. 网卡的选购

（1）选择性价比高的网卡　网卡属于技术含量较低的产品，名牌网卡和普通网卡在性能方面并不会相差太多，只不过体现在制作工艺上。大家没有必要非去买类似Intel、3Com、D-Link、Accton等名牌网卡，相反，选择性价比高的网卡，会让您有一种“物有超值”的享受！

（2）根据组网类型来选择网卡　由于网卡种类繁多，不同类型的网卡它的使用条件可能是不一样的。大家在选购网卡之前，最好应明确传输介质，从而选择相应的网卡。此外，局域网如果对数据传输的速度要求很高时，还必须选择合适带宽的网卡，相互连网的各网卡速度参数必须一致，否则是不能正确进行通信。现在网卡按所支持的带宽可以分为10Mbps网卡、100Mbps网卡、10/100Mbps自适应网卡和1000Mbps网卡。一般个人用户和家庭组网时因传输的数据信息量不是很大，主要选择10Mbps和10Mbps/100Mbps自适应网卡，不过现在市场上10Mbps网卡开始逐步被淘汰，而10Mbps/100Mbps自适应网卡由于采用了“自动协商”管理机制，可以根据相连网卡的速率自动设定网卡速度，因而可升级性较强，因此这种10Mbps/100Mbps自适应网卡在目前的网卡市场中占有很大的市场分额。如果局域网传输信息量很大或者考虑到以后的升级，100Mbps网卡是一个不错的选择。

（3）根据计算机插槽总线类型选购网卡　由于网卡是要插在计算机的插槽中的，这就要求所购买的网卡总线类型必须与装入机器的总线相符。总线的性能直接决定从服务器内存和硬盘向网卡传递信息的效率。和CPU一样，影响硬件总线性能的因素也有两个：数据总线的宽度和时钟速度。选择网卡时应该选择PCI总线类型的网卡。

（4）根据使用环境来选择网卡　为了能使选择的网卡与计算机协同高效地工作，还必须根据使用环境来选择合适的网卡。例如，如果购买了一块价格昂贵、功能强大、速度快捷的网卡，安装到一台普通的工作站中，可能就发挥不了多大作用，这样就给资源造成了很大的浪费和闲置。相反，如果在一台服务器中，安装一只性能普通、传输速度低下的网卡，这样很容易会产生瓶颈现象，从而会抑制整个网络系统的性能发挥。因此，大家在选用时一定要注意应用环境，比如服务器端网卡由于技术先进，价钱会贵很多，为了减少主CPU占有率，服务器网卡应选择带有自动功能的处理器，另外还应该让服务器网卡实现高级容错、带宽汇聚等功能，这样服务器就可以通过增插几块网卡提高系统的可靠性。此外，如果要在笔记本中安装网卡的话，最好要购买与计算机品牌相一致的专用网卡，这样才能确保所购买的网卡能发挥更大作用。

（5）根据特殊要求来选择网卡　不同的服务器实现的功能和要求也是不一样的，我们应该根据局域网实现的功能和要求来选择网卡。例如，要组建的局域网需要实现远程控制功能的话，就应该选择带有远程唤醒功能的网卡，这样局域网网络连接中的计算机在关机状态下，只要在安装了一定软件（如MagicPacketUtility软件）的微机或服务器上运行启动命令就可以启动指定的远方微机。如果组建一个规模较大的局域网时，大家就应该选择具有热插拔功能的网卡，这种功能的网卡不需要大家一个一个地对网卡进行安装设置，直接插在计算机中就能工作了，从而方便网络维护；这种类型的网卡最好还有简单网络管理功能，通过网管站可对此网卡进行管理。如果网卡是用于笔记本的，还应该注意选择带有低功耗功能的，以便节省笔记本电池的电量。另外，如果大家组建的网络还有一些其他特殊要求的话，应首先向厂商问清自己要购买的网卡是否符合组网的要求，例如不同操作系统的网络，对网卡要求也是不一样的，网卡在支持的网络操作系统上有很大差别。

4.3.2 中继器

中继器（RP repeater）又称为“转发器”，是连接网络线路的一种装置，常用于两个网络节点之间物理信号的双向转发工作。中继器是最简单的网络互连设备，主要完成物理层的功能，负责在两个节点的物理层上按位传递信息，完成信号的复制、调整和放大功能，以此来延长网络的长度。由于存在损耗，在线路上传输的信号功率会逐渐衰减，衰减到一定程度时将造成信号失真，因此会导致接收错误。中继器就是为解决这一问题而设计的。它完成物理线路的连接，对衰减的信号进行放大，使衰减的信号得以再生，并沿着原来的方向继续传播，在实际使用中主要用于延伸网络长度和连接不同网络。

1. 中继器分类

根据连接传输介质不同，中继器可以分为粗缆中继器、细缆中继器、双绞线中继器、光纤中继器、无线中继器（见图4-14）、混合型中继器（见图4-15）。

图4-14　无线中继器

图4-15　混合型中继器

2. 中继器的特点

中继器工作在物理层，它不解释也不改变接收的信号，只是增强信号，起着延长传输距离的作用，对高层协议是透明的，用中继器连接的网络在物理上和逻辑上是同一个网络，相当于用同一条电缆组成的一个更大的网络。中继器只是物理层设备，它既不关心帧的起点，也不关心帧的格式，不具有过滤作用。

从理论上讲中继器的使用是无限的，网络也因此可以无限延长。事实上这是不可能的，因为网络标准中都对信号的延迟范围作了具体的规定，中继器只能在此规定范围内进行有效的工作，否则会引起网络故障。以太网络标准中约定一个以太网上只允许出现5个网段，最多使用4个中继器，而且其中只有3个网段可以挂接计算机终端。

4.3.3 集线器

集线器的英文称为"Hub"。"Hub"是"中心"的意思，集线器的主要功能是对接收到的信号进行再生整形放大，以扩大网络的传输距离，同时把所有节点集中在以它为中心的节点上。它工作于OSI（开放系统互连参考模型）参考模型第一层，即"物理层"。集线器与网卡、网线等传输介质一样，属于局域网中的基础设备，采用CSMA/CD（一种检测协议）访问方式集线器。集线器是中继器的一种，其区别仅在于集线器能够提供更多的端口服务，所以集线器又叫多口中继器。集线器主要以优化网络布线结构，简化网络管理为目标而设计的，如图4-16所示。

图4-16　集线器

1．集线器的分类

（1）依据带宽分类　可以将集线器分为10Mbps、100Mbs、1000Mbps、自适应型双速集线器（10/100Mbps、100/1000 Mbps）。

（2）依据管理方式分类　集线器可以分为哑集线器和智能集线器。

1）哑集线器也叫不可网管集线器：这类集线器只起到简单的信号放大和再生作用，无法对网络性能进行优化。无需进行配置，也不能进行网络管理和监测的集线器。该类集线器属于低端产品，通常只被用于小型网络，这类产品比较常见，就是集线器只要插上电，连上网线就可以正常工作。这类集线器虽然安装使用方便，但功能较弱，不能满足特定的网络需求。

2）智能集线器也叫可网管集线器：这类集线器可通过SNMP协议（Simple Network Management Protocol，简单网络管理协议）对集线器进行简单管理的集线器，这种管理大多是通过增加网管模块来实现的。实现网管的最大用途是用于网络分段，从而缩小广播域，减少冲突提高数据传输效率。另外，通过网络管理可以在远程监测集线器的工作状态，并根据需要对网络传输进行必要的控制。可网管集线器在外观上都有一个共同的特点，即在集线器前面板或后面板都提供一个Console端口。虽然Console端口的接口类型因不同品牌或型号的集线器的可能不同，有的为DB—9串行口，有的为RJ-45端口。

（3）依据配置形式分类　独立集线器、模块化集线器和可堆叠式集线器

1）独立型集线器：独立型集线器是最早使用于LAN的设备，它具有低价格、容易查找故障、网络管理方便等优点，在小型LAN中广泛使用。

2）模块化集线器：模块化集线器一般带有机架和多个卡槽，每个卡槽中可安装一块卡，每块卡的功能相当于一个独立型集线器，多块卡通过安装在机架上的通信底板进行互连并进行相互间的通信。现在常使用的模块化集线器一般具有4～14个槽，模块化集线器在较大的网络中便于实施对用户的集中管理，在大型网络中得到了广泛应用。

3）可堆叠式集线器：可堆叠式集线器是利用高速总线将单个独立型集线器“堆叠”或短距离连接的设备，其功能相当于一个模块化集线器。一般情况下，当有多个集线器堆叠时，其中存在一个可管理集线器，利用可管理集线器可对此可堆叠式集线器中的其他“独立型集线器”进行管理。可堆叠式集线器可非常方便地实现对网络的扩充，是新建网络时最为理想的选择。

（4）根据端口数目分类　每一个单独的Hub根据端口数目的多少一般可分为5口、8口、12口、16口、24口和48口几种。

2. 集线器的连接

为了使集线器满足大型网络对端口的数量要求，一般在较大型网络中都采用集线器的堆叠或级联方式来解决。

（1）堆叠方式　堆叠方式是指将若干集线器的以电缆通过堆栈端口连接起来，以实现单台集线器端口数的扩充，要注意的是只有可堆叠集线器才具备这种端口，一个可堆叠集线器中一般同时具有“UP”和“DOWN”堆叠端口。

集线器堆叠是通过厂家提供的一条专用连接电缆，从一台的“UP”端口直接连接到另一台集线器的“DOWN”端口。堆叠的所有集线器可视为一个整体的集线器来进行管理，也就是说，堆叠中所有的集线器从拓扑结构上可视为一个集线器。

集线器间的连接通常不会占用集线器上原有的普通端口，而且在这种堆栈端口中具有智能识别性能，所以堆栈在一起的集线器可以当作一台集线器来统一管理。集线器堆叠技术采用了专门的管理模块和堆叠连接电缆，能够在集线器之间建立一条较宽的宽带链路，这样每个实际使用的用户带宽就有可能更宽。

采用堆叠的集线器端口扩展方式要受到集线器的种类和间隔距离的限制，首要条件是实现堆叠的集线器必须是可堆的；另一个集线器之间的连接连接电缆一般是1m，所以这种集线器端口扩展连接方式受距离限制太大，如图4-17、图4-18所示。

（2）级联　级联是另一种集线器端口扩展方式，它是指使用集线器普通的或特定的端口来进行集线器间的连接的。所谓普通端口就是通过集线器的某一个常用端口（如RJ-45端口）进行连接，而所谓特殊端口就是集线器为级联专门设计的一种“级联端口”，一般都标有“UpLink”字样，如图4-19所示。

1）使用Uplink端口级联：“Uplink”级联端口大多数集线器都会带有，当使用集线器提供的专门用于上行连接的“Uplink端口”时，通常可利用直通跳线的双绞线将该端

口连接至其他集线器上除“Uplink端口”外的任意端口。这时连接要用直连线，如图4-20所示。

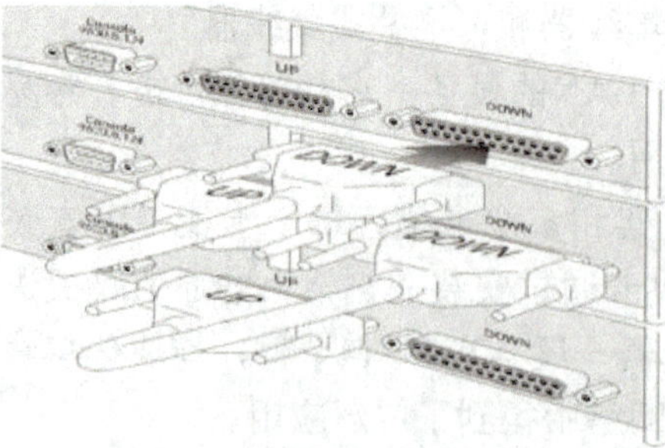

图4-17　集线器堆叠的示意图

图4-18　堆叠的集线器

图4-19　集线器的级联端口

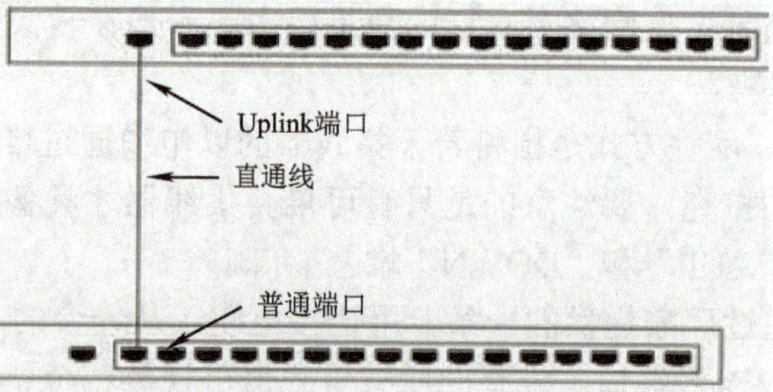

图4-20　使用Uplink端口级联示意图

2）使用普通端口级联：集线器间除了可以使用上面介绍的专用级联端口（Uplink端口）进行级联外，还可以通过集线器的普通端口进行级联，这时连接要用交叉线，如图4-21所示。

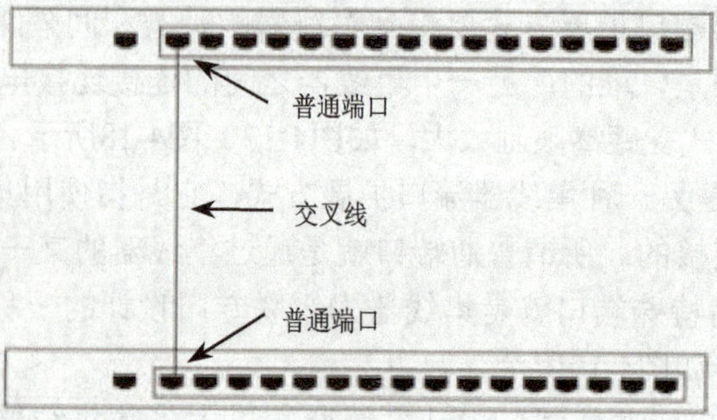

图4-21　使用普通端口级联示意图

两种集线器端口扩展方式（“堆栈”与“级联”）可以看出堆栈方式实现起来比较困难，投资较大，而且集线器间的距离也受到很大限制。而级联方式相对来说实现起来比较容易，投资也较便宜（带有级联端口的集线器随处都是，而且也不是很贵，况且还可以通过普通端口来实现级联），在距离上也是有很大余地的，可以达到单段双绞线网段的最大距离100m，实现起来比较灵活。但是不得不说明的一点就是堆栈方式在性能方面远比级联方式更具有优势，而且堆栈方式可以实现多台集线器统一管理。

堆叠和级联的区别如下。

1）级联是通过集线器的某个端口和其他集线器相连的，而堆叠是通过集线器的背板连接起来的。

2）级联相对容易，级联可通过一根双绞线在任何网络设备厂家的集线器之间或交换机和集线器之间完成，而堆叠只有在自己厂家的设备之间完成。堆叠需要专用的堆叠模块和堆叠线缆才可实现。

3）级联后每台集线器或交换机在逻辑上仍是多个被网管的设备，而堆叠后的数台集线器或交换机在逻辑上是一个被网管的设备。只要连接到堆叠集线器任何一台设备上就可以网络管理所有堆叠的集线器。而级联集线器，假如想要网络管理这些设备，必须依次连接到每个设备。

4）级联的连接线缆会产生级联瓶颈。堆叠线缆能提供高于1Gbps的背板带宽，极大地减低了瓶颈。

5）级联可以增加连接距离几百米甚至上千米。堆叠线缆最长也只有几米。

3．集线器的特点

集线器的优点是相对于传统的总线网络提出的。集线器提供了多通道通信，大大提高了网络通信速度，当网络系统中某条线路或某节点出现故障时，不会影响网上其他节点的正常工作。

然而随着网络技术的发展，集线器的缺点越来越突出，后来发起来的一种技术更先进的数据交换设备——交换机逐渐取代了部分集线器的高端应用。集线器的主要不足体现在如下几个方面。

（1）用户带宽共享，带宽受限　集线器的每个端口并没有独立的带宽，而是所有端口共享总的背板带宽，用户端口带宽较窄，且随着集线器所接用户的增多，用户的平均带宽不断减少，不能满足当今许多对网络带宽有严格要求的网络应用，如多媒体、流媒体应用等环境。

（2）广播方式，易造成网络风暴　集线器是一个共享设备，它的主要功能只是一个信号放大和中转的设备，不具备自动寻址能力，即不具备交换作用，所有传到集线器的数据均被广播到与之相连的各个端口，容易形成网络风暴，造成网络堵塞。

（3）非双工传输，网络通信效率低　集线器的同一时刻每一个端口只能进行一个方向的数据通信，而不能像交换机那样进行双向双工传输，网络执行效率低，不能满足较大型网络通信需求。

4．集线器的选择

（1）以速度为标准选择　根据上联设备传输速率是100Mbps还是10Mbps选择相应的

集线器；提供集线器的连接端口数选择，连接的端口数目越多，就越容易造成冲突。同时，发往集线器任一端口的数据将被发送至与集线器相连的所有端口上，端口数过多将降低设备有效利用率。依据实践经验，一个10Mbit/s集线器所管理的计算机数不宜超过15个，100Mbit/s的不宜超过25个，否则，应使用交换机来代替集线器。

（2）以能否满足拓展为标准当一个集线器提供的端口不够时，一般有以下两种拓展用户数目的方法。

1）堆叠：堆叠是解决单个集线器端口不足时的一种方法，但是因为堆叠在一起的多个集线器还是工作在同一个环境下，所以堆叠的层数也不能太多。然而，市面上许多集线器以其堆叠层数比其他品牌的多而作为卖点，如果遇到这种情况，要区别对待：一方面可堆叠层数越多一般说明集线器的稳定性越高；另一方面可堆叠层数越多每个用户实际可享有的带宽则越小。

2）级联：级联是在网络中增加用户数的另一种方法，但是此项功能的使用一般是有条件的，即Hub必须提供可级联的端口，此端口上常标为“Uplink”或“MDI”的字样，用此端口与其他的Hub进行级联。如果没有提供专门的端口而必须要进行级联时，连接两个集线器的双绞线在制作时必须要进行错线。

（3）以是否提供网管功能为标准　早期的Hub属于一种低端的产品，且不可管理。近年来，随着技术的发展，部分集线器在技术上引进了交换机的功能，可通过增加网管模块实现对集线器的简单管理（SNMP），以方便使用。但需要指出的是，尽管同是对SNMP提供支持，不同厂商的模块是不能混用的，同时同一厂商的不同产品的模块也不同。

（4）以外形尺寸为标准　对多个Hub进行集中管理，在购买Hub之前已经购置了机柜，这时在选购Hub时必须要考虑它的外形尺寸，否则Hub无法安装在机架上。现在的机柜在设计时一般都遵循19in的工业规范，在选购时一定注意它是否符合19in工作规范，以便在机柜中安全、集中地进行管理。

（5）以性价比为标准

4.3.4　交换机

交换机的英文名为“Switch”，它是集线器的升级换代产品，它是一种基于MAC地址（网卡的硬件标志）识别，能够在通信系统中完成信息交换功能的设备。

1．交换机的交换方式

目前交换机在传送源和目的端口的数据包时通常采用直通交换方式、存储转发方式和碎片隔离方式3种数据包交换方式。

（1）直通交换方式　采用直通交换方式的以太网交换机可以理解为在各端口间是纵横交叉的线路矩阵电话交换机。它在输入端口检测到一个数据包时，检查该包的包头，获取包的目的地址，启动内部的动态查找表转换成相应的输出端口，在输入与输出交叉处接通，把数据包直通到相应的端口，实现交换功能。由于它只检查数据包的包头（通常只检查14个字节），不需要存储，所以切入方式具有延迟小，交换速度快的优点。但数据包内容并没有被以太网交换机保存下来，所以无法检查所传送的数据包是否有误，不能提供错误检测能力；如果要连到高速网络上，由于没有缓存，不能将具有不同速率的输入/输出端口直接接通，而且容易丢包。当以太网交换机的端口增加时，交换矩阵变得越来越复杂，实现起来就越困难。

（2）存储转发方式　存储转发（Store and Forward）是计算机网络领域使用得最为广泛的技术之一，以太网交换机的控制器先将输入端口到来的数据包缓存起来，先检查数据包是否正确，并过滤掉冲突包错误。确定包正确后，取出目的地址，通过查找表找到想要发送的输出端口地址，然后将该包发送出去。正因如此，存储转发方式在数据处理时延时大，这是它的不足，但是它可以对进入交换机的数据包进行错误检测，并且能支持不同速度的输入/输出端口间的交换，可有效地改善网络性能。它的另一优点就是这种交换方式支持不同速度端口间的转换，保持高速端口和低速端口间协同工作。

（3）碎片隔离方式　碎片隔离（Fragment Free）这是介于直通式和存储转发式之间的一种解决方案。它在转发前先检查数据包的长度是否够64B（512 bit），如果小于64B，说明是假包（或称残帧），则丢弃该包；如果大于64B，则发送该包。该方式的数据处理速度比存储转发方式快，但比直通式慢，但由于能够避免残帧的转发，所以被广泛应用于低档交换机中。

2．交换机功能

地址学习：以太网交换机了解每一端口相连设备的MAC地址，并将地址同相应的端口映射起来存放在交换机缓存中的MAC地址表中。

转发/过滤：当一个数据帧的目的地址在MAC地址表中有映射时，它被转发到连接目的节点的端口而不是所有端口（如该数据帧为广播/组播帧则转发至所有端口）。

消除回路：当交换机包括一个冗余回路时，以太网交换机通过生成树协议避免回路的产生，同时允许存在后备路径

3．交换机的分类

（1）按应用规模划分

1）工作组交换机：工作组交换机是最常见的一种交换机，其特征是端口数量少，为信息点小于100台的计算机连网提供交换环境，对带宽的要求不高，网络的扩展性不高，一般为固定配置而非模块化配置，如图4-22所示。

图4-22　工作组交换机

2）部门级交换机：部门级交换机可以是固定配置，也可以是模块配置，一般有光纤接口。部门级交换机一般具有较为突出的智能型特点，支持基于端口的VLAN（虚拟局域网），可实现端口管理，可任意采用全双工或半双工传输模式，可对流量进行控制，有网络管理的功能，可通过PC机的串口或经过网络对交换机进行配置、监控和测试。部门级交换机支持300个信息点以下，如图4-23所示。

3）企业级交换机：企业级交换机属于高端交换机，它采用模块化的结构，可作为网络

骨干构建高速局域网，企业级交换机的信息点在500个以上。企业级交换机仅用于大型网络，且一般作为网络的骨干交换机，如图4-24所示。

图4-23　部门级交换机

图4-24　企业级交换机

（2）按交换机的结构划分

1）固定端口交换机：固定端口顾名思义就是它所带有的端口是固定的，不能再扩展。目前这种固定端口的交换机比较常见，一般的端口标准是8端口、16端口和24端口。固定端口交换机相对来说价格便宜一些，但由于它只能提供有限的端口和固定类型的接口，无论从可连接的用户数量上，还是从可使用的传输介质上来讲都具有一定的局限性。固定端口交换机因其安装架构又分为桌面式交换机和机架式交换机。与集线器相同，机架式交换机更易于管理，更适用于较大规模的网络，它的结构尺寸要符合19in国际标准，安装在一个机柜中。而桌面式交换机，由于只能提供少量端口且不能安装于机柜内，如图4-25所示。

2）模块化交换机：模块化交换机也叫插槽式交换机，虽然在价格上要贵很多，但拥有更大的灵活性和可扩充性，用户可任意选择不同数量、不同速率和不同接口类型的模块，以适应千变万化的网络需求。而且，机箱式交换机大都有很强的容错能力，支持交换模块的冗余备份，并且往往拥有可热插拔的双电源，以保证交换机的电力供应，如图4-26所示。

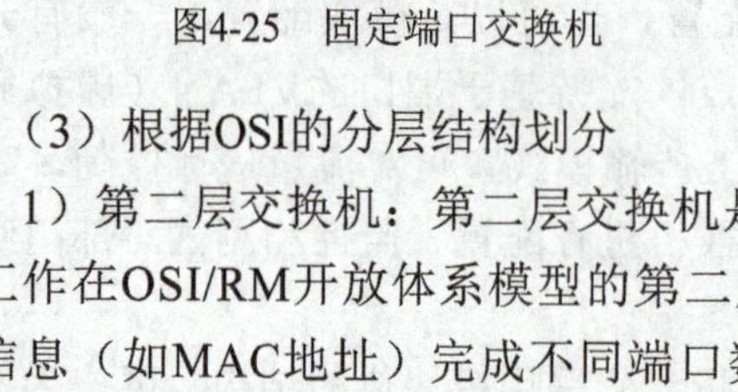

图4-25　固定端口交换机

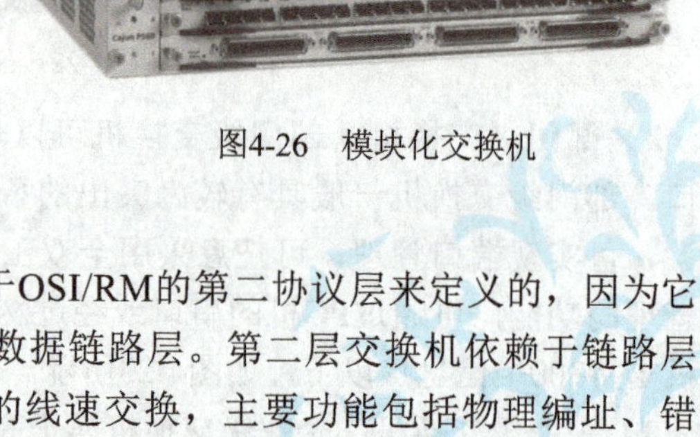

图4-26　模块化交换机

（3）根据OSI的分层结构划分

1）第二层交换机：第二层交换机是对应于OSI/RM的第二协议层来定义的，因为它只能工作在OSI/RM开放体系模型的第二层——数据链路层。第二层交换机依赖于链路层中的信息（如MAC地址）完成不同端口数据间的线速交换，主要功能包括物理编址、错误校验、帧序列以及数据流控制。这是最原始的交换技术产品，目前目前第二层交换机应用最为普遍。

2）第三层交换机：第三层同样是对应于OSI/RM开放体系模型的第三层——网络层来定义的，也就是说这类交换机可以工作在网络层，它比第二层交换机更加高档，功能更加强。第三层交换机因为工作于OSI/RM模型的网络层，所以它具有路由功能，它是将IP地址信息提供给网络路径选择，并实现不同网段间数据的线速交换。当网络规模较大时，可以根据特殊应用需求划分为小面独立的VLAN网段，以减小广播所造成的影响时。通常这类交换机是采用模块化结构，以适应灵活配置的需要。

（4）根据传输介质和传输速度划分　根据交换机使用的网络传输介质及传输速度的不同，一般可以将局域网交换机分为以太网交换机、快速以太网交换机、千兆（G位）以太网交换机、10千兆（10G位）以太网交换机、FDDI交换机、ATM交换机和令牌环交换机等。

4．交换机与集线器的区别

交换机与集线器的区别主要体现在如下几个方面。

（1）在OSI/RM中的工作层次不同　交换机和集线器在OSI/RM开放体系模型中对应的层次就不一样，集线器是同时工作在第一层（物理层）和而交换机至少是工作在第二层（数据链路层），更高级的交换机可以工作在第三层（网络层）和第四层（传输层）。

（2）交换机的数据传输方式不同　集线器的数据传输方式是广播（broadcast）方式，而交换机的数据传输是有目的的，数据只对目的节点发送，只是在自己的MAC地址表中找不到的情况下第一次使用广播方式发送，然后因为交换机具有MAC地址学习功能，第二次以后就不再是广播发送了，又是有目的的发送。这样的好处是数据传输效率提高，不会出现广播风暴，在安全性方面也不会出现其他节点侦听的现象。具体在前面已作分析，在此不再赘述。

（3）带宽占用方式不同　在带宽占用方面，集线器所有端口是共享集线器的总带宽，而交换机的每个端口都具有自己的带宽，这样就交换机实际上每个端口的带宽比集线器端口可用带宽要高许多，也就决定了交换机的传输速度比集线器要快许多。

（4）传输模式不同　集线器只能采用半双工方式进行传输的，因为集线器是共享传输介质的，这样在上行通道上集线器一次只能传输一个任务，要么是接收数据，要么是发送数据。而交换机则不一样，它是采用全双工方式来传输数据的，因此在同一时刻可以同时进行数据的接收和发送，这不但令数据的传输速度大大加快，而且在整个系统的吞吐量方面交换机比集线器至少要快一倍以上，因为它可以接收和发送同时进行，实际上还远不止一倍，因为端口带宽一般来说交换机比集线器也要宽许多倍。

5．交换机的选择

在交换机的选购方面要注意的事项比较多，不再是像集线器一样那么几个简单的参数就可决定的。下面所列的是在交换机选购时要注意的几个主要方面。

（1）转发方式　低端交换机通常只拥有一种转发模式，或是存储转发模式，或是直通模式，往往只有中高端产品才兼具两种转发模式，并具有智能转换功能，可根据通信状况自动切换转发模式。通常情况下，如果网络对数据的传输速率要求不是太高，可选择存储转发式交换机；如果网络对数据的传输速率要求较高，可选择直通转发式交换机。

（2）延时　交换机的延时（Latency）也称延迟时间，是指从交换机接收到数据包到开始向目的端口发送数据包之间的时间间隔。这主要受所采用的转发技术等因素的影响，延时越小，数据的传输速率越快，网络的效率也就越高。特别是对于多媒体网络而言，较大的数据延迟，往往导致多媒体的短暂中断，所以交换机的延迟时间越小越好，同时要注意的是，延时越小的交换机价格也就越贵。

（3）管理功能　交换机的管理功能（Management）是指交换机如何控制用户访问交换机，以及系统管理人员通过软件对交换机的可管理程度如何。如果需要以上配置和管理，则须选择网管型交换机，否则只需选择非网管型的。目前几乎所有中、高档交换机都是可网管的，一般来说所有的厂商都会随机提供一份本公司开发的交换机管理软件，所有的交换机都能被第三方管理软件所管理。低档的交换机来通常不具有网管功能，属"傻瓜"型的，只需接上电源、插好网线即可正常工作。网管型价格要贵。

（4）MAC地址数　交换机的每个端口，都需要足够的缓存来记忆这些MAC地址，交换机的缓存容量的大小就决定了相应交换机所能记忆的MAC地址数多少。通常交换机只要能够记忆1024个MAC地址基本上就可以。当然越是高档的交换机能记住的MAC地址数就越多，这在选择时要视所连网络的规模而定。

（5）背板带宽　现在越来越多的100Mbps交换到桌面方案是以实现VOD（视频点播）为目的，如果您有同样需求，在选购交换器时应注意交换机背板带宽，当然是越宽越好，它将为您的交换器在高负荷下提供高速交换。由于所有端口间的通信都需要通过背板完成，所以背板所能够提供的带宽就成为端口间并发通讯时的总带宽。带宽越大，能够给各通信端口提供的可用带宽越大，数据交换速度越快；带宽越小，则能够给各通信端口提供的可用带宽越小，数据交换速度也就越慢。因此，在端口带宽、延迟时间相同的情况下，背板带宽越大，交换机的传输速率则越快。

（6）端口　对端口的选择包括两个方面，一个是端口数量，一个是端口类型。在选择端口数量时，应当根据接入计算机的数量确定端口，并为未来接入的用户预留适当数量的端口。由于交换机之间的互连会导致端口的浪费，因此，应当尽量选择24或48端口交换机。交换机的端口有3种类型，即光纤端口、双绞线端口和GBIC或SFP插槽。为了增加连接的灵活性，适应更加复杂的网络环境，光纤端口已经逐渐被GBIC或SFP插槽所取代。工作组交换机用于连接普通计算机，因此可以选用双绞线端口。实现工作组交换机与其他交换机之间的千兆堆叠或连接，则同时应当拥有1～2个GBIC或SFP插槽。骨干交换机主要用于汇聚工作组交换机，并实现与核心交换机的远程连接，因此，必须拥有大量GBIC或SFP插槽。

（7）需求和环境　虽然高性能的中心交换机比比皆是，但并不意味着必须购买最好的设备，而应当购买自己所需要的设备。除了满足现有需求外，还应当在技术、性能和扩展性等方面适当超前，以适应未来的发展。通常情况下，核心交换机的扩展能力和性能应当略大于未来几年内网络应用和扩展的要求。在选购交换机时，不能将它们相互割裂开来，而应当综合考虑。考虑下级交换机是否支持上级交换机的功能与应用，考虑上下级交换机在性能上应有的差别，考虑上下级交换机端口的类型与数量，考虑传输距离、网络带宽和通信线缆，从而使所有交换机相互协调，达到彼此之间的最佳组合。

（8）设备兼容性　尽管不同的可网管交换机大多遵守相同的国际标准，但是每个厂家都有一些特殊的协议，并且使用不同的网络管理软件，因此若欲实现对可网管交换机的统一管理，实现各种复杂的网络应用，达到性能最优化，就应当尽量选择同一厂商的产品。

知识拓展

网关（Gateway）就是一个网络连接到另一个网络的“关口”。网关又称为信关，它是工作在互联网络中OSI传输层上的设施，它不一定是一台设备，有可能是在一台主机中实现网关功能的一个软件。网关是一种充当转换重任的计算机系统或设备。在使用不同的通信协议、数据格式或语言，甚至体系结构完全不同的两种系统之间，网关是一个翻译器。网关对收到的信息要重新打包，以适应目的系统的需求。同时，网关也可以提供过滤和安全功能。

仔细观察

参观一个代表性的局域网，画出局域网拓扑图，标注出局域网的关键设备名称、厂家、型号信息。

网络论坛

如今集线器基本已被交换机取代了，在教材中是否有必要介绍，为什么？

知识链接

PCMCIA（Personal Computer Memory Card International Association，PC机内存卡国际联合会的缩写）是一个成立于1989年的国际性组织，是一个有300多个成员公司的国际标准组织和贸易联合会，其成员有Intel、AMD、IBM和TI等国际知名公司。这个国际性组织主要是建立一个省电、小体积的整合性电子卡片的标准。

疑难问题

有人说，三层交换机就是二层交换机加路由器。你认为这句话对吗？

学以致用

我们学习了局域网的关键设备，那么进行一下市场调查。对设备的主要厂家、产品类型、面板接口和指示灯、价格、售后服务情况、市场前景等进行综合细致的研究。如果你将负责校园网互连设备采购工作，你会选择哪些厂家哪些类型的产品，为什么？

4.4 小网的大视野——结构化布线系统

1. 结构化布线系统简介

随着计算机和通信技术的飞速发展，网络应用成为人们日益增长的一种需求，结构化布线（Premises Distribution System，PDS）是网络实现的基础，它能够支持数据、话音及图形图像等的传输要求，成为现今和未来的计算机网络和通信系统的有力支撑环境。

结构化布线系统与智能大厦的发展紧密相关，是智能大厦的实现基础。智能大厦具有舒适性、安全性、方便性、经济性和先进性等特点，一般包括：中央计算机控制系统、楼宇自动控制系统、办公自动化系统、通信自动化系统、消防自动化系统、保安自动化系统结构化布线系统等，它通过对建筑物的4个基本要素（结构、系统、服务和管理）以及它们内在联系最优化的设计，提供一个投资合理、同时又拥有高效率的优雅舒适、便利快捷、高度安全的环境空间。结构化布线系统正是实现这一目标的基础。

2. 结构化布线系统的发展

1984年，世界上第一座智能大厦产生。人们对美国哈特福特市的一座是旧式大楼进行改造，对空调、电梯、照明、防火防盗系统等采用计算机监控，为客户提供话音通信、文字处理、电子文件以及情报资料等信息服务。同时，多家公司转入布线领域，但各厂家之间产品兼容性差。

1985年初，计算机工业协会（CCIA）提出对大楼布线系统标准化的倡仪，美国电子工业协会（EIA）和美国电信工业协会（TIA）开始标准化制定工作。1991年7月，ANSI/EIA/TIA568即《商业大楼电信布线标准》问世，同时，与布线通道及空间、管理、电缆性能及连接硬件性能等有关的相关标准也同时推出。1995年底，EIA/TIA 568标准正式更新为EIA/TIA/568A，同时，国际标准化组织（ISO）标准出相应标准ISO/IEC/IS11801。

3. 结构化布线系统的概念和特点

结构化布线系统（Premises Distribution System，PDS）是一个能够支持任何用户选择的话音、数据、图形图像应用的电信布线系统。系统应能支持话音、图形、图像、数据多媒体、安全监控、传感等各种信息的传输，支持UTP、光纤、STP、同轴电缆等各种传输载体，支持多用户多类型产品的应用，支持高速网络的应用。

结构化布线系统具有以下特点。

（1）实用性　能支持多种数据通信、多媒体技术及信息管理系统等，能够适应现代和未来技术的发展。

（2）灵活性　任意信息点能够连接不同类型的设备，如微机、打印机、终端、服务器、监视器等。

（3）开放性　能够支持任何厂家的任意网络产品，支持任意网络结构，如总线形、星形、环形等。

（4）模块化　所有的接插件都是积木式的标准件，方便使用、管理和扩充。

（5）扩展性　实施后的结构化布线系统是可扩充的，以便将来有更大需求时，很容易将设备安装接入。

（6）经济性　一次性投资，长期受益，维护费用低，使整体投资达到最少。

4．结构化布线系统的构成

按照一般划分，结构化布线系统包括6个子系统：工作区子系统、水平支干线子系统、管理子系统、垂直主干子系统、设备子系统和建筑群主干子系统，如图4-27所示。

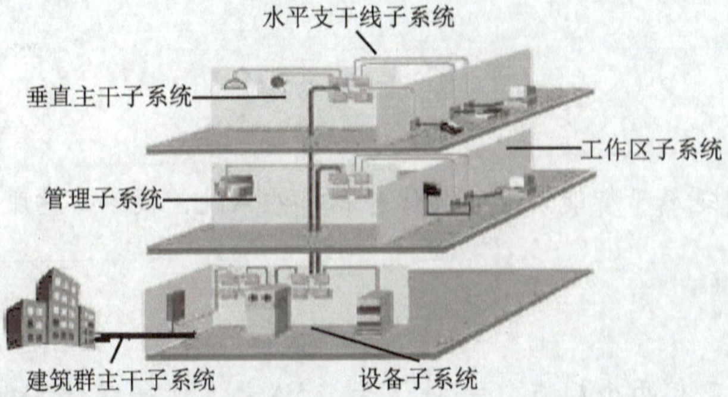

图4-27　结构化布线系统的构成

（1）建筑群主干子系统　提供外部建筑物与大楼内布线的连接点。它采用可架空安装或沿地下电缆管道（或直埋）敷设的铜缆和光缆，以及防止电缆的浪涌电压进入建筑的电气保护装置。

（2）设备子系统　EIA/TIA569标准规定了设备间的设备布线。它是布线系统最主要的管理区域，所有楼层的资料都由电缆或光纤电缆传送至此。通常，此系统安装在计算机系统、网络系统和程控机系统的主机房内。

（3）垂直主干子系统　它连接通信室、设备间和入口设备，包括主干电缆、中间交换和主交接、机械终端和用于主干到主干交换的接插线或插头。主干布线要采用星形拓扑结构，接地应符合EIA/TIA607规定的要求。

（4）管理子系统　此部分放置电信布线系统设备。管理子系统分为管理整个系统的主配线架和管理各层的分配线架。在管理子系统中，根据不同的用途，采用不同的跳线方式可达到任意组网，多网络互不干扰，独立运行，又可相互连结，信息共享。

（5）水平支干线子系统　连接管理子系统至工作区，包括水平布线、信息插座、电缆终端及交换。指定的拓扑结构为星形拓扑。水平布线可选择的介质有三种（100ΩUTP电缆、150ΩSTP电缆及62.5/125μm光缆），最远的延伸距离为90m，除了90m水平电缆外，工作区与管理子系统的接插线和跨接线电缆的总长可达10m。

（6）工作区子系统　工作区由信息插座延伸至站设备。工作区布线要求相对简单，这样就容易移动、添加和变更设备。

知识拓展

智能大厦定义

美国智能型办公楼学会定义智能大厦为：将4个基本要素——结构、系统、服务、运营以及相互间的联系达成最佳组合，确保生产性、效率性及适应性的大楼。

日本智能型大楼专家黑沼清先生定义智能大厦为：可自由高效地利用最新发展的各种信息通信设备、具备更自动化的高度综合性管理功能的大楼。

我国定义智能大厦为：提高楼宇的使用合理性与效率，配置有合适的建筑环境系统与楼宇自动化系统、办公自动化与管理信息系统以及先进的通信系统，并通过结构化综合布线系统集成为智能化系统的大楼。

仔细观察

调查身边哪些建筑属于智能大厦。具体包括哪些系统，提供哪些服务？

网络论坛

5A大厦含义历来有两个观点。一种认为，5A大厦指一座楼宇建筑具有楼宇自动化（BA）、通信自动化（CA）、办公自动化（OA）、消防自动化系统（FA）、信息管理自动化系统（MA）；另一种认为，5A大厦指一座楼宇建筑具有楼宇自动化（BA）、通信自动化（CA）、办公自动化（OA）、防火自动化（FA）和保安自动化（SA）。你同意哪个观点，为什么？

智能表格

智能化系统集成图，如图4-28所示。

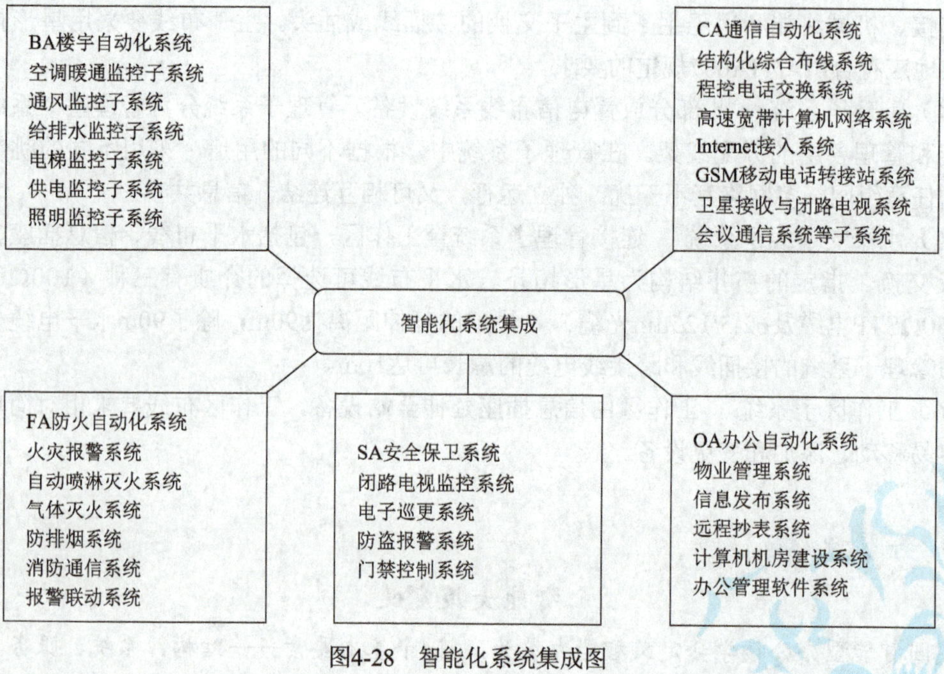

图4-28　智能化系统集成图

知识链接

世界上第一幢“智能大厦”

1984年1月，美国康涅狄格（Connecticut）州哈特福特（Hartford）市，将一幢旧金融大厦进行改建，定名为“都市办公大楼”（City Place Building），这就是公认的世界上第一幢“智能大厦”。该大楼有38层，总建筑面积十万多平米。当初改建时，该大楼的设计与投资者，并未意识到这是形成“智能大厦”的创举，主要功绩应归于该大楼住户之一的联合技术建筑系统公司（United Technologies Building System Co，UTBS）UTBS公司当初承包了该大楼的空调、电梯及防灾设备等工程，并且将计算机与通信设施连接，廉价地向大楼中其他住户提供计算机服务和通信服务。这就是公认的世界上第一幢“智能大厦”。

学以致用

如果由你负责园区监控系统（见图4-29），你如何进行选购设备、结构化布线和后期管理？

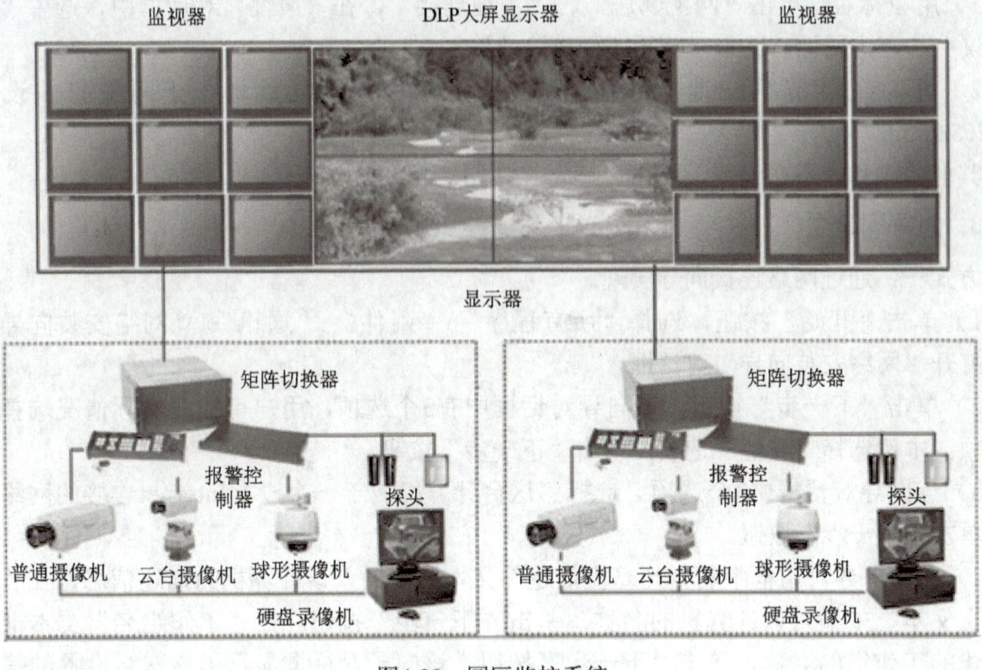

图4-29　园区监控系统

4.5　做个蜘蛛侠先编织好小网——对等局域网的创建（实训）

【实训目的】

1）在实验室的环境下完成对等网的组建。

2）设置共享文件夹和映射网络驱动器。

【实训环境】

一根交叉线、多根直连线、Hub、Windows XP系统计算机。

【实训知识点】

对等网络（Peer to Peer）也称工作组模式，其特点是对等性，即网络中计算机功能相似，地位相同，无专用服务器，每台计算机相对网络中其他的计算机而言，既是服务器又是客户机，相互共享文件资源以及共享网络资源。

【实训内容及步骤】

1．物理连接

1）用一根交叉线连接两个计算机。

2）用多根直连线通过Hub连接多个个计算机。

2．IP地址和子网掩码的设置

1）用鼠标右键单击“网上邻居”、“本地连接”，在“属性”对话框中，选中“TCP/IP协议”，点击属性，选中“使用下面IP地址”。

2）不同的计算机IP地址选择C类同一个网段的不同地址；子网掩码的设置为255.255.255.0。

其他的项目，不必设置，单击“确定”按钮。

3．对等网建立

方式一：通过网络连接向导实现。

1）单击“开始”按钮，选择“所有程序”\“附件”\“通讯”\“网络安装向导”命令，打开“网络安装向导”对话框。

2）单击“下一步”按钮，该向导对话框中有3个选项，用户可根据实际情况选择合适的选项。本例选择“其他”选项，单击“下一步”按钮。

3）该向导对话框中3个选项。选择“这台计算机属于一个没有Internet连接的网络”选项。单击“下一步”按钮。

4）在该向导对话框中的“计算机描述”文本框中输入该计算机的描述信息，在“计算机名”文本框中输入该计算机的名称。单击“下一步”按钮。在“工作组名”文本框中输入组建的工作组的名称，单击“下一步”按钮。该向导对话框显示了该网络设置的信息，单击“下一步”按钮。

5）该向导对话框即开始配置网络，配置完毕后，将弹出对话框，选择完成该向导的信息，单击“下一步”按钮。

6）该向导对话框显示了网络安装向导的完成信息，单击“完成”按钮即可退出“网络安装向导”对话框。

方式二：通过本地连接实现

1）用鼠标右键单击“网上邻居”、“本地连接”，在“属性”对话框中，选中“Microsoft

网络客户端”、“Microsoft网络文件和打印机共享”。

2）重启计算机，双击“网上邻居”。单击“网络任务”下面的“查看工作组计算机”，就看到对等网里所有的计算机。

4．设置共享文件夹

在对等型网络中，实现资源共享是其主要目的，设置共享文件夹是实现资源共享的常用方式，在Windows XP中，设置共享文件夹进行下列操作。

1）双击“我的电脑”图标，选择要设置共享的文件夹，在左边的“文件和文件夹任务”窗格中单击“共享此文件夹”超链接，或右击要设置共享的文件夹，在弹出的快捷菜单中选择“共享和安全”命令。

2）在“网络共享和安全”选项组中选中“在网络上共享这个文件夹”复选框，这时“共享名”文本框和“允许网络用户更改我的文件”复选框均变为可用状态。在“共享名”文本框中输入该共享文件夹在网络上显示的共享名称，用户也可以使用其原来的文件夹名称。若选中“允许网络用户更改我的文件”复选框，则设置该共享文件夹为完全控制属性，任何访问该文件夹的用户都可以对该文件夹进行编辑修改；若清除该复选框，则设置该共享文件夹为只读属性，用户只可访问该共享文件夹，而无法对其进行编辑修改。

3）设置共享文件夹后，在该文件夹的图标中将出现一个“托起的小手”图标，表示该文件夹为共享文件夹。

5．映射网络驱动器

在网络中，用户可能经常需要访问某一个或几个特定的网络共享资源，若每次都通过“网上邻居”依次打开比较麻烦。这时，用户可使用“映射网络驱动器”功能，将该网络共享资源映射为网络驱动器，再次访问时，只需双击该网络驱动器图标即可。将网络共享资源映射为网络驱动器，可执行下列操作。

1）右击“我的电脑”图标，选择“映射网络驱动器”命令，打开“映射网络驱动器”对话框。

2）在“驱动器”下拉列表中选择一个驱动器符号。在“文件夹”文本框中输入要映射为网络驱动器的位置及名称，或单击“浏览”按钮，打开“浏览文件夹”对话框。在该对话框中选择需要的共享文件夹，单击“确定”按钮。

3）这时在“文件夹”文本框中将显示该共享文件夹的位置及名称，单击“完成”按钮即可建立该共享文件夹的网络驱动器。

知识总结

本章小结

本章从局域网的参考模型、网络协议标准IEEE 802协议族、局域网的媒体访问控制方法等出发对局域网进行深层次的理论学习。然后从局域网的分类入手进行以太网（Ethernet）、令牌网（Token Ring）、FDDI网、ATM网以点带面对局域网进行具体直观的展示。特别是局域网的关键设备中，使用了大量篇幅进行重点说明。最后把局域网上升一个高度，介绍了结构化布线系统。最后通过对等局域网创建的实训来消化和吸收。

竞技擂台

1．选择题 A级（1-10） B级（11-20） C级（21-26）

1） 在总线型局域网的介质访问控制方法中，采用“先听后发，边听边发，冲突停止，随机延迟后重发”的是（　　）。

A．CSMA/CD　　B．Token Bus　　C．Token Ring　　D．FDDI

2） 在令牌环中，结点通过令牌帧中的忙/闲位来确定是否能发送数据的介质访问控制方法是（　　）。

A．CSMA/CD　　B．Token Bus　　C．Token Ring　　D．FDDI

3） 以下关于MAC的说法中错误的是（　　）。

A．MAC地址在每次启动后都会改变

B．MAC地址一共有48bit

C．MAC地址也称做物理地址，或通常所说的计算机的硬件地址

D．MAC地址从出厂时就被固化在网卡中

4） 交换机不具有下面（　　）功能。

A．转发过滤　　B．回路避免　　C．路由转发　　D．地址学习

5） 下面那种说法是错误的（　　）

A．中继器可以连接一个以太网UTP线缆上的设备和一个在以太网同轴电缆上的设备

B．中继器可以增加网络的带宽

C．中继器可以扩展网络上两个节点之间的距离

D．中继器能够再生网络上的电信号

6）（　　）不属于局域网的特点。

A．较小的地域范围

B．高传输速率和低误码率

C．一般为一个单位所建

D．一般侧重共享位置准确无误及传输的安全性

7） IEEE系列标准中，局域网安全加密和身份认证协议是在（　　）标准中定义的。

A．IEEE 802.1　　B．IEEE 802.4

C．IEEE 802.7　　D．IEEE 802.10

8） 进行网络互连，当总线网的网段已超过最大距离时，采用（　　）设备来延伸。

A．网关　　B．交换机　　C．中继器　　D．路由器

9） IEEE 802.7标准，定义了（　　）。

A．光纤技术　　B．宽带技术

C．城域网技术　　D．局域网体系结构

10）局域网中，媒体访问控制功能属于（　）

A．MAC子层　　B．LLC子层　　C．物理层　　D．高层

11）在双绞线组网的方式中，（　）是以太网的中心连接设备。

A．集线器　　B．收发器　　C．中继器　　D．网卡

12）下面那种说法是错误的（　）

A．中继器可以连接一个以太网UTP线缆上的设备和一个在以太网同轴电缆上的设备

B．中继器可以增加网络的带宽

C．中继器可以扩展网络上两个节点之间的距离

D．中继器能够再生网络上的电信号

13）10BASE-2单网段最大长度和10BASE-T终端与集线器的最大长度分别为（　）

A．100m和185m　　B．185m和100m

C．500m和100m　　D．500m和185m

14）下列关于CSMA/CD的描述，正确的是（　）。

A．说明站点在发送完帧之后再对冲突进行检测

B．说明在站点发送帧期间，同时再对冲突进行检测

C．说明站点发送帧和检测冲突并不是在同一个站上进行

D．说明在一个站上发送的帧，只有当另一个站没有收到时，才对冲突进行检测

15）下列选项中，（　）是将单个计算机连接到网络上的设备。

A．显示卡　　B．网卡　　C．路由器　　D．网关

16）组建快速网络，（　）是最好的选择。

A．同轴电缆　　B．光缆　　C．无线电　　D．微波

17）常说的ATM指的是（　）。

A．光纤分布式数据接口　　B．钢芯分布式数据接口

C．异步传输模式　　D．同步传输模式

18）IEEE802工程标准中的802.3协议是（　）。

A．局域网的载波侦听多路访问标准　　B．局域网的令牌环网标准

C．局域网的光纤传输技术　　D．局域网的宽带网络技术

19）有关控制令牌操作叙述错误的是（　）。

A．用户自己产生控制令牌

B．令牌沿逻辑环从一个站点传递到另一个站点

C．当等待发送报文的站点接收到令牌后，发送报文

D．将控制令牌传递到下一个站点

20）FDDI是（　）。

A．快速以太网　　B．千兆以太网

C．光纤分布式数据接口　　D．异步传输模式

21）决定局域网特性的几个主要技术中，最重要的是（　）。

A．传输介质　　B．介质访问控制方法

C．拓扑结构　　D．LAN协议

22）下列标准中用于100Mbps快速以太网的标准是（　　）。

A．802.7　　B．802.8　　C．802.9　　D．802.3U

23）IEEE 802.3标准，定义了CSMA/CD总线介质访问控制子层与（　　）。

A．服务器软件　　B．路由器协议

C．物理层规范　　D．通信软件结构

2．填空题 A级（1-5） B级（6-10） C级（11-15）

1）结构化布线系统的6个子系统为__________、__________、__________、__________、__________、__________。

2）多个集线器连接采用__________和__________两种方式。

3）NIC按总线类型可分为__________、__________、__________、__________。

4）根据传输介质的不同，网卡分为__________、__________、__________、__________、__________5种接口类型。

5）Hub按管理方式分为__________和__________。

6）10Base-5含义为__________；10Broad-36含义为__________；100BASE-T4含义为__________。

7）级联方式有__________和__________两种，分别的网线类型是__________和__________。

8）交换机的交换方式有__________________________。

9）局域网的数据链路层分成了__________和__________两个子层。

10）局域网通常可分为__________________________。

11）局域网的媒体访问控制方法有__________________________。

12）交换机按应用规模划为__________________________。

13）交换机的配置端口为__________________________。

14）1984年1月，美国康涅狄格（Connecticut）州哈特福特（Hartford）市，将一幢旧金融大厦进行改建，定名为__________，这就是公认的世界上第一幢“智能大厦”。

3．名词解释 A级（1-4） B级（5-6） C级（7-8）

1）结构化布线系统

2）modem

3）NIC

4）LAN

5）智能大厦

6）IEEE 802标准

7）FDDI

8）蓝牙

4．填图题 A级 B级

1）

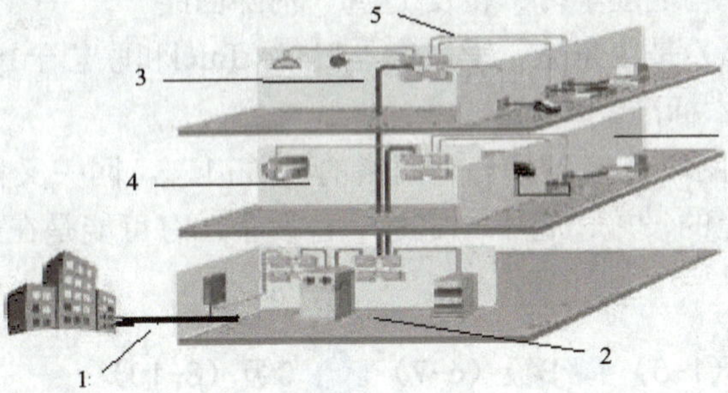

2）

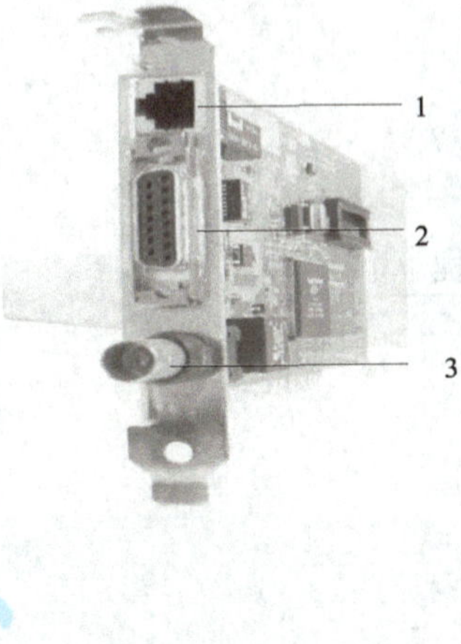

3）

5. 判断对错 A级（1-5） B级（6-7） C级（8-10）

1）局域网LAN（Local Area Network），是一种在有限的地理范围内将大量PC机及各种设备互连在一起实现数据传输和资源共享的计算机网络。（ ）

2）局域网的体系结构一般仅包含OSI参考模型的最低两层：物理层和数据链路层。（ ）

3）ATM的英文全称为“asynchronous transfer mode”，中文名为“异步传输模式”。（ ）

4）无线局域网所采用的是802.11系列标准。（ ）

5）结构化布线系统与智能大厦的发展紧密相关，是智能大厦的实现基础。（ ）

6）网卡目前常见的接口主要有双绞线的RJ-11接口、光纤接口网卡和无线网卡。（ ）

7）集线器的每个端口有独立的带宽，而不是所有端口共享总的背板带宽。（ ）

8）交换机功能主要有地址学习、转发/过滤、消除回路。（ ）

9）蓝牙（Bluetooth）是由东芝、爱立信、IBM、Intel和联想于1998年5月共同提出的近距离无线数字通信的技术标准。（ ）

10）网关就是一个网络连接到另一个网络的“关口”。网关又称为信关，它是工作在互联网络中OSI传输层上的设施，它不一定是一台设备，有可能是在一台主机中实现网关功能的一个软件。（ ）

6. 简答题 A级（1-5） B级（6-7） C级（8-10）

1）如何选择网卡？

2）简述交换机的主要功能。

3）如何选择交换机？

4）交换机与集线器的区别。

5）交换机的交换方式有哪些？

6）局域网中常见的有几类？

7）CSMA/CD协议的工作过程。

8）控制令牌的工作过程。

9）简述IEEE 802主要标准。

10）简述堆叠和级联的区别。

第5章

连上大网——广域网基础

由于局域网的范围有限，当计算机之间的距离较远时，它们之间的通信就需要借助计算机广域网络。广域网在地理上可以跨越很大的距离，连网的计算机之间的距离一般在几万米以上，跨省、跨国甚至跨洲，网络之间也可通过特定方式进行互连，实现了局域资源共享与广域资源共享相结合，形成了地域广大的远程处理和局域处理相结合的网际网系统。

世界上第一个广域网是ARPANET网，它利用电话交换网互连分布在美国各地的不同型号的计算机和网络。ARPANET的建成和运行成功，为接下来许多国家和地区的远程大型网络提供了经验，也使计算机网络的优越性得到证实，最终产生了Internet。Internet是现今世界上最大的广域计算机网络，又称互联网。

5.1 大网的传奇世界——广域网技术概述

构建广域网和构建局部网不同，构建局部网必须由企业或学校完成传输网络的建设，网络的传输速率可以很高，如千兆以太网。但构建广域网由于受各种条件的限制，必须借助公共传输网络。这里就应该了解广域网中的两个重要的设备：路由器和调制解调器。

5.1.1 路由器

所谓“路由”，是指把数据从一个地方传送到另一个地方的行为和动作。路由器（Router）是一种连接多个网络或网段的网络设备，它能将不同网络或网段之间的数据信息进行“翻译”，以使它们能够相互“读”懂对方的数据，从而构成一个更大的网络，如图5-1所示。

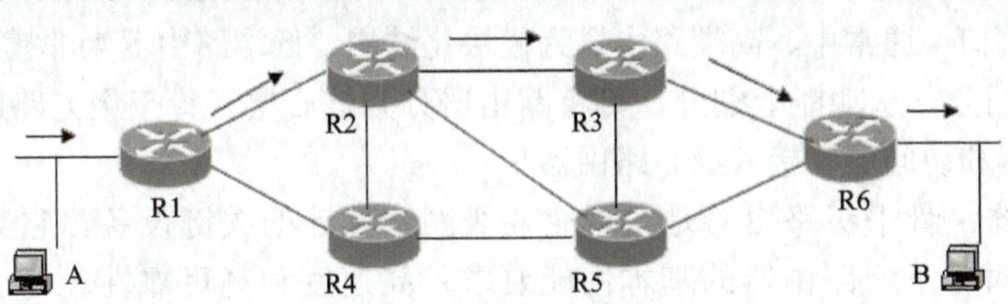

图5-1　路由器工作示意图

1. 路由器的主要功能

1）在网际间接收节点发来的数据包，然后根据数据包中的源地址和目的地址，对照自己缓存中的路由表，把数据包直接转发到目的节点，这正是路由器最主要，也是最基本的作用。

2）为网际间通信选择最合理的路由，这个功能其实是上述路由功能的一个扩展功能。如果有几个网络通过各自的路由器连在一起，一个网络中的用户要向另一个网络的用户发出访问请求的话，路由器就会分析发出请求的源地址和接收请求的目的节点地址中的网络ID号，找出一条最佳的、最经济、最快捷的一条通信路径，就像平时到了一个陌生的地方，不知道到目的地点的最佳走法。这时就得找一个向导，这个向导就会告诉我们这个最佳的捷径，因为他熟悉各条的走法，这里所讲的路由器就相当于这里的“向导”。

3）拆分和包装数据包，这个功能也是路由功能的附属功能。因为有时在数据包转发过程中，由于网络带宽等因素，数据包过大的话，很容易造成网络堵塞，这时路由器就要把大的数据包根据对方网络带宽的状况拆分成小的数据包，到了目的网络的路由器后，目的网络的路由器就会再把拆分的数据包装成一个原来大小的数据包，再根据源网络路由器的转发信息获取目的节点的MAC地址，发给本地网络的节点。

4）不同协议网络之间的连接。目前多数中、高档的路由器往往具有多通信协议支持的功能，这样就可以起到连接两个不同通信协议网络的作用。如常用Windows作平台所使用的通信协议主要是TCP/IP协议，但是如果是NetWare系统，则所采用的通信协议主要是IPX/SPX协议，还有一些特殊协议网段，这些都需要靠支持这些协议的路由器来连接。

5）目前许多路由器都具有防火墙功能（可配置独立IP地址的网管型路由器），它能够起到基本的防火墙功能，也就是它能够屏蔽内部网络的IP地址，自由设定IP地址、通信端口过滤，使网络更加安全。

2. 路由器的分类

（1）按性能档次分　任何商品都好像有一个默认的划分标准，那就大家通常所说的高、中、低档。路由器也一样可分高、中和低档路由器，不过各厂家划分并不完全一致。通常将背板交换能力大于40Gbps的路由器称为高档路由器，背板交换能力在25～40Gbps之间的路由器称为中档路由器，低于25Gbps的当然就是低档路由器了。当然这只是一种宏观上的划分标准，实际上路由器档次的划分不仅是背板带宽为依据的，是有一个综合指标的。

（2）按结构分　从结构上分，路由器可分为模块化结构，如图5-2所示，与非模块化结构。模块化结构可以灵活地配置路由器，以适应企业不断增加的业务需求，非模块化的就只能提供固定的端口。通常中、高端路由器为模块化结构，低端路由器为非模块化结构。

（3）按功能划分　从功能上划分，可将路由器分为核心层（骨干级）路由器，分发层（企业级）路由器和访问层（接入级）路由器。

骨干级路由器：骨干级路由器是实现企业级网络互连的关键设备，它数据吞吐量较大，非常重要。对骨干级路由器的基本性能要求是高速度和高可靠性。为了获得高可靠性，网络系统普遍采用诸如热备份、双电源、双数据通路等传统冗余技术，从而使得骨干路由器的可靠性一般不成问题，如图5-3所示。

企业级路由器：企业或校园级路由器连接许多终端系统，连接对象较多，但系统相对简单，且数据流量较小，对这类路由器的要求是以尽量便宜的方法实现尽可能多的端点互连，同时还要求能够支持不同的服务质量，如图5-4所示。

接入级路由器：接入级路由器主要应用于连接家庭或ISP内的小型企业客户群体，如图5-5所示。

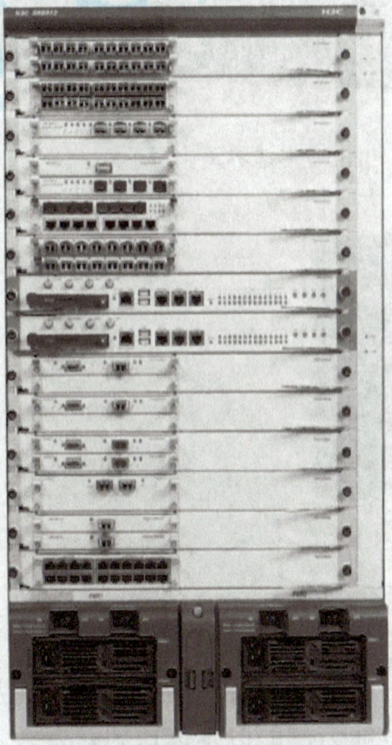

图5-2　模块化路由器

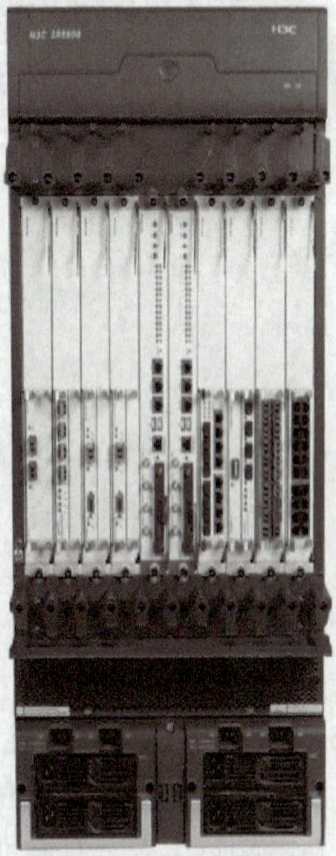

图5-3　骨干级路由器

图5-4　企业级路由器

图5-5　接入级路由器

（4）按应用划分　从功能上划分，路由器可分为通用路由器与专用路由器。一般所说的路由器皆为通用路由器。专用路由器通常为实现某种特定功能对路由器接口、硬件等做专门优化。例如VPN路由器用于为远程VPN访问用户提供路由，它需要在隧道处理能力以及硬件加密等方面具备特定的能力；宽带接入路由器则强调接口带宽及种类，如图5-6所示。

（5）按所处网络位置划分　如果按路由器所处的网络位置划分，则通常把路由器划分为边界路由器，如图5-7所示，和中间节点路由器，如图5-8所示，两类。很明显边界路由器是处于网络边缘，用于不同网络路由器的连接，而“中间节点路由器”则处于网络的中间，通常用于连接不同网络，起到一个数据转发的桥梁作用。由于各自所处的网络位置有所不同，其主要性能也就有相应的侧重，如中间节点路由器要求选择缓存更大，MAC地址记忆能力较强的路由器，边界路由器要求背板带宽要足够宽。

图5-6　多业务宽带路由器

图5-7　边界路由器

图5-8　中间节点路由器

（6）按性能上划分　从性能上分，路由器可分为线速路由器以及非线速路由器。所谓“线速路由器”就是完全可以按传输介质带宽进行通畅传输，基本上没有间断和延时。通常线速路由器是高端路由器，具有非常高的端口带宽和数据转发能力，能以媒体速率转发数据包；中低端路由器是非线速路由器。但是一些新的宽带接入路由器也有线速转发能力。

3．路由器的选购

路由器的选购主要从以下几个方面加以考虑。

（1）路由器的管理方式　路由器管理方式有利用超级终端通过专用配置线“Console”端口（配置端口）直接进行配置；Telnet进行远程访问配置；或者MODEM拨号通过AUX端口来进行远程登录配置；通过Web的方式来实现路由器的远程配置。针对具体使用情况选用相应的带有配置管理方式路由器。

（2）路由器所支持的路由协议　因为路由器所连接的网络可能存在根本不同类型的网络，这些网络所支持的网络通信、路由协议也就有可能不一样，这时对于在网络之间起到连接桥梁作用的路由器来说，如果不支持一方的协议，那就无法实现它在网络之间的路由功能，为此在选购路由器时也就要注意所选路由器所能支持的网络路由协议有哪些，特别是在广域网中的路由器。因为广域网路由协议非常多，网络也是相当复杂，如目前电信局提供的广域网线路主要有X.25、帧中继、DDN等多种。但是作为用于局域网之间的路由器来说相对就较为简单些，因此选购的路由器要考虑路由器目前及将来的企业实际需求，来决定所选路由器要支持何种协议。

（3）路由器的安全性保障　现在网络安全也是越来越受到用户的高度重视了，无论是个人还是单位用户，而路由器作为个人、事业单位内部网和外部进行连接的设备，能否提供高要求的安全保障就极其重要了。目前许多厂家的路由器可以设置访问权限列表，达到控制哪些数据才可以进出路由器，实现防火墙的功能，防止非法用户的入侵。另外一个就是路由器的NAT（网络地址转换）功能，使用路由器的这种功能，就能够屏蔽公司内部局域网的网络地址，利用地址转换功统一转换成电信局提供的广域网地址，这样网络上的外部用户就无法了解到公司内部网的网络地址，进一步防止了非法的用户入侵稳定性。

（4）丢包率　路由器作为数据转发的网络设备就存在一个丢包率的概念。丢包率就是在一定的数据流量下路由器不能正确进行数据转发的数据包在总的数据包中所占的比例。丢包率的大小会影响到路由器线路的实际工作速度，严重时甚至会使线路中断。一般来说网络流量不会很大，所以出现丢包现象的机会也很小，在此方面小型企业不必作太多考虑。

（5）背板能力　背板能力通常是指路由器背板容量或者总线带宽能力，这个性能对于保证整个网络之间的连接速度是非常重要的。如果所连接的两个网络速率都较快，而由于路由器的带宽限制，这将直接影响了整个网络之间的通信速度。所以一般来说如果是连接两个较大的网络，网络流量较大时应格外注意一下路由器的背板容量。

（6）吞吐量　路由器的吞吐量是指路由器对数据包的转发能力，如较高档的路由器可以对较大的数据包进行正确快速转发；而较低档的路由器则只能转发小的数据包，对于较大的数据包需要拆分成许多小的数据包来分开转发，这种路由器的数据包转发能力就差了，其实这与上面所讲的背板容量是有非常紧密的关系的。

（7）转发时延　指需转发的数据包最后一比特进入路由器端口到该数据包第一比特出现在端口链路上的时间间隔，这与上面的背板容量、吞吐量参数也是紧密相关的。

（8）路由表容量　路由表容量是指路由器运行中可以容纳的路由数量。一般来说越是高档的路由器路由表容量越大，因为它可能要面对非常庞大的网络。这一参数是受路由器自身所带的缓存大小有关，一般的路由器也不需太注重这一参数，因为一般来说都能满足网络需求。

（9）可靠性　可靠性是指路由器的可用性、无故障工作时间和故障恢复时间等指标。当然选购信誉较好、技术先进的品牌作保障。

5.1.2　调制解调器

来源于Modulator/Demodulator，即调制器/解调器。调制解调器是由调制器与解调器组合而成的，故称为调制解调器。调制器的基本职能就是把从终端设备和计算机送出的数字信号转变成适合在电话线、有线电视线等模拟信道上传输的模拟信号。解调器的基本职能是将从模拟信道上接收到的模拟信号恢复成数字信号，交给终端计算机处理，如图5-9所示。

图5-9　调制解调器

1．调制解调器的分类

（1）按安装位置分类

1）外置式Modem：放置于机箱外，通过串行通信口与主机连接，这种Modem最大的特点就是方便灵巧、易于安装，Modem上有状态指示灯，便于监视Modem的工作状况，但是价格相对来说要贵一些，如图5-10所示。

2）内置式Modem：体积较小，安装在机箱内部，直接插在扩展槽上，不需要额外的电源和电缆，节省空间，价格便宜如图5-11所示。

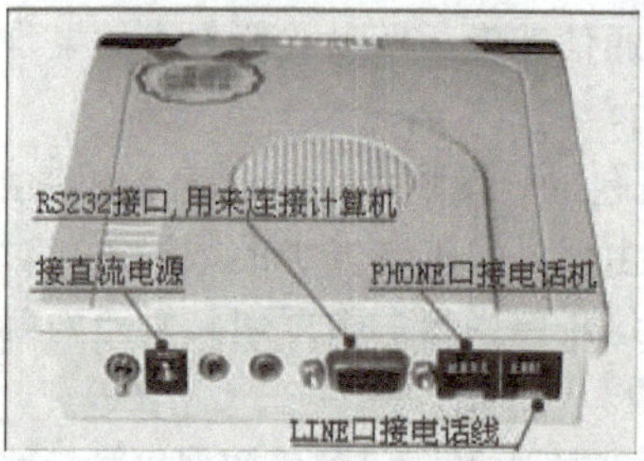

图5-10　外置式Modem

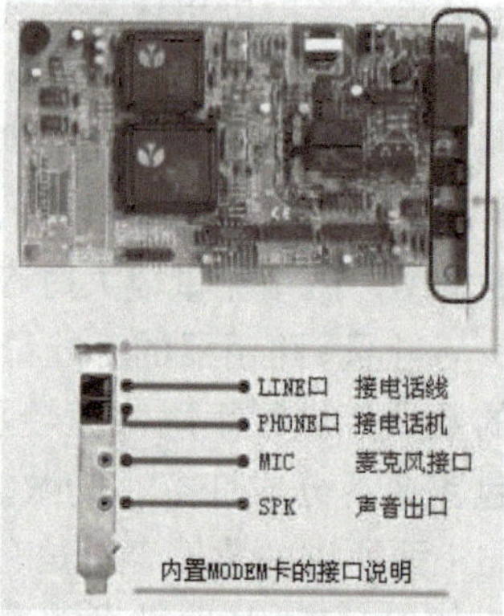

图5-11　内置式Modem

3）PCMCIA插卡式Modem：主要用于笔记本电脑，体积小、省电，插于笔记本电脑的PCMCIA插槽，与移动电话相互配合就可以实现移动办公，如图5-12所示。

4）机架式Modem：一组Modem集中于一个箱体或外壳里，共用一个电源，广泛应用于电信局、校园网、金融机构等网络的中心机房，如图5-13所示。

图5-12　PCMCIA插卡式Modem

图5-13　机架式Modem

（2）按网络运营商提供服务分类

1）ADSL Modem：不对称数字用户线调制解调器。

ADSL Modem利用电话线进行信号传送。ADSL技术是一种不对称数字用户线实现宽带接入互联网的技术，ADSL作为一种传输层的技术，充分利用现有的电话线铜线资源，在一对双绞线上提供上行640kbps下行8Mbps的带宽，从而克服了传统用户在“最后一公里”的“瓶颈”，实现了真正意义上的宽带接入。

2）Cable Modem：Cable Modem（电缆调制解调器）是一种连接于有线电视网，通过有线电视的电缆网络向用户提供高速数据连接的设备。理论传输速度更可达10Mbps

以上。通过Cable Modem上网，每个用户都有独立的IP地址，相当于拥有了一条个人专线。目前，各地有线电视台已推出这种基于有线电视网的Internet接入服务，接入速率为2～10Mbps。

（3）按传输速率分类

1）低速调制解调器，其传输速率在9600bps以下，已经淘汰。

2）中速调制解调器，其传输速率在9.6～19.2kbps之间。

3）高速调制解调器，传输速率达到19.2～56kbps。

2. 调制解调器的安装

1）ADSL Modem连接图，如图5-14所示。

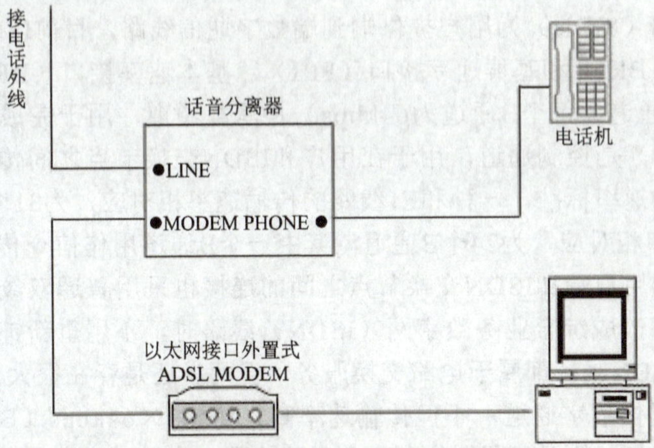

图5-14 ADSL Modem连接图

2）Cable Modem连接图，如图5-15所示。

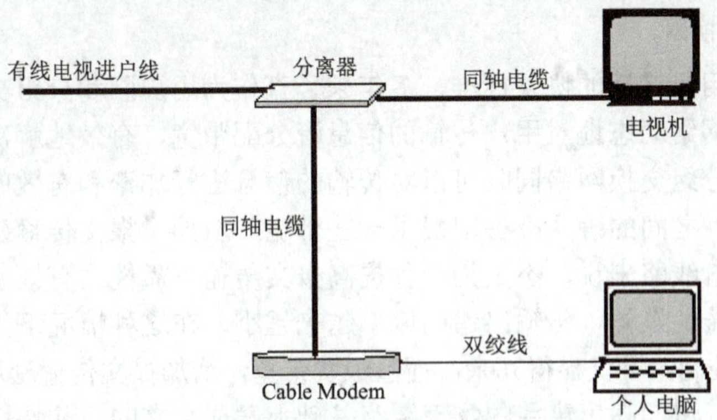

图5-15 Cable Modem连接图

5.1.3 Internet接入

Internet现在无疑是发展最快也是最大的一个网络，不论在哪里，只要有接入Internet

的网络节点，就可以通过该节点访问Internet。接入Internet的方式通常有下面几种方式。

1．公共交换电话网（PSTN）

模拟拨号服务是基于标准电话线路的电路交换服务，这是一种最普遍的传输服务，往往用来作为连接远程端点的连接方法，比较典型的应用有：远程端点和本地LAN之间互连，远程用户拨号上网，用作专用线路的备份线路。由于模拟电话线路是针对话音频率（30 Hz～4000Hz）优化设计的，使得通过模拟线路传输数据的速率被限制在33.4kbps以内，而且模拟电话线路的质量有好有坏，许多地方的模拟电话线路的通信质量无法得到保证，线路噪声的存在也将直接影响数据传输速率。

2．综合业务数字网（ISDN）

综合业务数字网（ISDN）为用户提供端到端数字通信线路，目前ISDN有两类接口标准：基本速率接口（BRI）和基群速率接口（PRI）。基本速率接口（BR）提供2B＋D数字通道，其中2个B通道（每个B通道为64kbps）是承载通道，用于完成两端之间数据传输，D通道（16kbps）是控制通道，用于在用户和ISDN交换节点之间传输呼叫控制协议报文。一次群有两种速率标准，一种和E1线路的传输速率相对应，为31个B通道，另一种和T1线路的传输速率相对应，为24个B通道，其中一个B通道用作信令传输通道，相当于BRI的D通道。ISDN用户端和ISDN交换节点之间的连接也采用普通双绞线，因此当用户要求把模拟电话线路改成综合业务数字网（ISDN）线路时，不用重新铺设用户线路。虽然模拟拨号服务和ISDN服务都属于电路交换服务，但两者还是存在很大差别。由于ISDN直接在端到端之间提供数字通道，不但传输速率高，达到2×64kbps（BRI），而且可以通过数字通道传输语音、数据和图像信息。由于传输数字信号，信号整形和再生不会引入噪声，这将使ISDN线路的传输质量远远高于普通模拟电话线路。ISDN高速、高可靠、快速呼叫连接和模拟拨号服务相同的用户线路等特点，使得ISDN线路越来越多地被用户用来连接远程端点。

3．X.25分组交换网

X.25是目前使用最广泛的协议标准，多年来一直作为用户网和分组交换网络之间的接口标准。分组交换网络动态地对用户传输的信息流分配带宽，有效地解决了突发性、大信息流的传输问题，分组交换网络同时可以对传输的信息进行加密和有效的差错控制。虽然各种错误检测和相互之间的确认应答浪费了一些带宽，增加了报文传输延迟，但对早期可靠性较差的物理传输线路来说，不失为一种提高报文传输可靠性的有效手段。但随着光纤越来越普遍地作为传输媒体，传输出错的概率越来越小，在这种情况下，重复地在链路层和网络层实施差错控制，不仅显得冗余，而且浪费带宽，增加报文传输延迟。由于X.25分组交换网络是在早期低速、高出错率的物理链路基础上发展起来的，其特性已不适应目前高速远程连接的要求，因此一般只用于要求传输费用少，而远程传输速率要求又不高的广域网使用环境。

4．点对点专用线路

N×64kbps带宽的专用线路目前仍然是许多单位用于实现WAN连接的手段，尤其在对速度、安全和控制要求甚高的WAN应用环境更是如此。专用线路为远程端点之间提供点对点固定带宽的数字传输通路，其通信费用由专用线路的带宽和两端之间距离决定。对于要求持续、稳定信息流传输的应用环境，专用线路不失为一种好的选择，但对于突发性信息流传输，专用线路或者处于过载状态，或者带宽利用率只达到20%～30%。而且由于专用线路只能提供点对点连接，若要实现多个端点之间互连，其费用是极其昂贵的。在国内，用户租用专用线路的带宽一般为全部或部份E1线路带宽，因此用N×64kbps≤N≤30来表示，一旦租用完整的E1线路，实际带宽可达到2Mbps。对于同样128kbps带宽，ISDN和专用线路是各有千秋。ISDN通过呼叫控制协议，可以和多个远程端点建立连接，而专用线路只能实现固定两个端点之间连接，ISDN是根据实际连接时间支付通信费用，而专用线路一般按月支付通信费用，但如果ISDN每天建立连接的时间超过某个数值时（肯定远小于24小时），通信费用就会超过专用线路，所以目前用户和ISP互连时，一般较多采用帧中继或专用线路，而不是采用ISDN。

5．帧中继

帧中继和X.25一样，属于分组交换网络，但帧中继比X.25有更高的传输速率，这是因为帧中继网络往往采用高速的DS3线路作为主干物理链路，其交换节点的转发延迟又很小。由于帧中继具有高速分组交换网络这一特性，非常适合于突发性信息流传输，往往被用来作为LAN—LAN之间的远程互连。帧中继的接入速率可以很高，目前能达到E1线路的传输速率，而帧中继网络的通信费用又根据实际传输的信息流量计算，不会浪费带宽。因此在各种WAN连接技术中，帧中继是最有可能被用户选中作为远程LAN之间的互连技术。随着通信技术的发展，提供帧中继服务的城市将越来越多，而且逐渐从大城市向中、小城市发展，帧中继的使用肯定也会随着帧中继服务的普及而普及。

6．交换式多兆比数据服务（SMDS）

SMDS是非连接的。信元交换的数据传输服务。SMDS可以作为主干网，将企业网的多个LAN互连在一起。SMDS的非连接特性消除了两个端点在数据传输之前，必须先呼叫建立连接的限制。SMDS接入设备将固定53字节的数据片送给SMDS交换设备，53字节的数据片中包括了地址信息，SMDS的各个交换设备根据数据片中的地址信息来转发数据片，最终把数据片送到目的接入设备。SMDS各交换节点在转发数据片时，一般选择最不拥挤的路径进行转发。SMDS的接入速率很高，一般采用DS3线路作为SMDS的接入线路，由于采用固定长度数据片进行转发，转发速率很快，而且SMDS的非连接特性，使得SMDS网络中增加或减少接入设备变得十分灵活、方便。

7．数字用户线（xDSL）

数字用户线包括不对称数字用户线（ADSL）、高比特率数字用户线（HDSL）、单线数字用户线（SDSL）和超高速比特率数字用户线（VDSL）。xDSL技术的最大特点是：使用电信部门已经铺设的双绞线作为传输线路，提供高带宽传输速率（从64kbps到52Mbps）。数字用户线也是点对点的专用线路，用户独占线路的带宽。HDSL和SDSL提供对称带宽传输，即双向传输带宽相同，而ADSL和VDSL提供非对称带宽传输，用户向ADSL或VDSL接入设备传输的带宽远远低于ADSL或SDSL接入设备向用户传输的带宽。数字用户线主要用途是作为接入线路，把用户网络连接到公共交换网络，如Internet、帧中继、X.25等，目前人们可以更多的把xDSL作为家庭接入ATM网的接入线路。xDSL的标准正在制订和完善之中，目前已经投入使用的xDSL技术主要有ADSL和HDSL。HDSL虽然是对称传输，但需要两对或三对双绞线，而ADSL只需要一对双绞线就可完成双向输，而且在访问Internet时，用户主要从Internet下载信息，用户传送给Internet的信息并不多，因此不对称传输带宽并没有妨碍ADSL作为用户网和公共交换网的接入线路。

知识拓展

internet和Internet区别

- internet 是普通名词。泛指一般的互联网。
- Internet 是专有名词。特指世界范围的互联网。翻译为“因特网”。

仔细观察

参观网络实训室，记录路由器名称、厂家、型号信息。调查一下路由器的使用和保养时注意的问题。进一步了解路由器在网络安全和访问控制方面的优势。

网络论坛

有人说，宽带线路和窄带线路上比特的传播速率是一样的。你同意这个观点吗？为什么？

实践天地

使用网络测试命令Tracert（跟踪路由，用于确定IP数据报访问目标所走的全部路径、节点的IP以及花费的时间）。看看访问常用的网易、新浪、搜狐需要经过多少路由器。

```
C:\>tracert www.163.com
C:\>tracert www.sina.com
C:\>tracert www.sohu.com
```

疑难问题

有人说，调制解调器仅仅是目前广域网上一个过渡性的产品。你认为这句话对吗？

学以致用

我们学习了广域网的关键设备路由器，那么进行一下市场调查。对设备的主要厂家、产品类型、性价比、兼容性、售后服务情况、市场前景等进行综合细致的研究。如果你将负责网络实训室采购工作，你选择哪个厂家那种类型的路由器产品，为什么？

网络故事

迈克·戴尔（Michael Dell）

迈克·戴尔曾就读于奥斯汀的德克萨斯大学，19岁退学。1984年，迈克·戴尔以1000美元和一个在个人计算机业中前所未有的理念建立了戴尔公司，即避开给产品增值较少的中间商，直接向最终用户销售量身订制的个人计算机。通过这种创新的直线订购方式和在业界率先倡导的服务和支援方案，戴尔公司已成为全球顶尖的个人计算机供应商之一，并且是领先的计算机直线订购公司和全球发展最快的主要计算机系统公司。戴尔公司在互联网上的领导地位带来了最新的全球革命，被公认为是最大的计算机系统的网上供应商，每天在线销售额达三千万美元。迈克·戴尔因此成为其中最年轻的首席执行官，他的个人资产为214.9亿美元。

5.2 一代宗师—— Internet概述

Internet中文名也称“因特网”或“国际互联网”，是20世纪70年代由美国军方的ARPA发展而来的，是一个由各种不同类型和规模的独立运行和管理的计算机网络组成的全球范围的计算机网络。网络间可以畅通无阻地交换信息。组成Internet的计算机网络包括局域网（LAN）、地域网（MAN）、以及大规模的广域网（WAN）等。这些网络通过普通电话线、高速率专用线路、卫星、微波和光缆等通信线路把不同国家的大学、公司、科研机构以及军事和政府等组织的网络连接起来。

Internet为人们提供了巨大的不断增长的信息资源和服务工具宝库，用户可以利用其提供的各种工具去获取其提供的巨大信息资源和先进的服务等。同样可以通过Internet将个人或企业部门的信息发布出去，随时供其他用户访问浏览。

5.2.1 Internet是一个应用平台

Internet实际上是一个应用平台，在它的上面可以开展很多种应用，主要功能包含以下七个方面。

1. 获取和发布信息

Internet是一个信息的海洋，通过它可以得到无穷无尽的信息，其中有各种不同类型的书库和图书馆、杂志期刊和报纸。网络还可以提供政府、学校、公司、企业等机构的详细信息和各种不同的社会信息。这些信息的内容涉及到社会的各个方面，几乎无所不有。我们可以坐在家里，了解全世界正在发生的事情，也可以将自己的信息发布到Internet上。

2. 电子邮件（E-mail）

平常的邮件一般是通过邮局传递，收信人要等几天（甚至更长时间）才能收到信件。电子邮件和平常的邮件有很大的不同，电子邮件的写信、收信、发信都在计算机网络上完成的，从发信到收信的时间以秒来计算，而且电子邮件几乎是免费的。同时，您在世界上只要可以上网的地方，都可以收到别人寄给您的邮件，而不像平常的邮件，必须到收信的地址才能拿到信件。

3. 网上交际

网络可以看成是一个虚拟的社会空间，每个人都可以在这个网络社会中充当一个角色。Internet已经渗透到大家的日常生活中，您可以在网上与别人聊天、交朋友、玩网络游戏。“网友”已经成为一个使用频率越来越高的名词，这个网友您可以完全不认识，他（她）可能远在天边，也可能近在眼前。网上交际已经完全突破传统的交友方式，不同性别、年龄、身份、职业、国籍、肤色的人，都可以通过Internet而成为好朋友，他们不用见面就可以进行各种各样的交流。

4. 电子商务

在互联网上进行商业贸易已经成为现实，而且发展得如火如荼，可以利用网络开展网上购物、网上销售、网上拍卖、网上货币支付等。它已经在海关、外贸、金融、税收、销售、运输等方面得到了广泛的应用。电子商务现在正向一个更加纵深的方向发展，随着社会金融基础设施及网络安全设施的进一步健全，电子商务将在世界上引起一场新的革命。在不久的将来，您将可以坐在计算机前进行各种各样的商务活动。

5. 网络电话

最近几年，IP电话卡成为一种流行的电信产品，受到人们的普遍欢迎，因为它的长途话费大约只有传统电话的三分之一。IP电话凭什么能够做到这一点呢？原因就在于它采用了Internet技术，是一种网络电话。现在市场上已经出现了很多种类型的网络电话，它不仅能够听到对方的声音，而且能够看到对方，还可以是几个人同时进行对话，这种模式也称为“视频会议”。

6. 网上办公

Internet的出现将改变传统的办公模式，人们可以座在家里上班，然后通过网络将工作的结果传回单位。您出差的时候，不用带上很多的资料，因为您随时都可以通过网络回到单位提取需要的信息，Internet使全世界都可以成为您办公的地点。

7. Internet的其他应用

Internet还有很多其他的应用，例如远程教育、远程医疗、远程主机登录、远程文件传输等。

5.2.2 Internet接入

Internet现在无疑是发展最快也是最大的一个网络，不论在哪里，只要有接入Internet的网络节点，就可以通过该节点访问Internet。普通用户接入Internet的方式有以下几种。

1. 通过电话拨号接入Internet

拨号接入是个人用户接入Internet最早使用的方式之一，也是目前为止我国个人用户接入Internet使用最广泛的方式之一。

它的接入非常简单。用户只要具备一条能打通ISP（Internet服务供应商）特服电话（比如169，263等）的电话线，一台计算机，一台接入的专用设备调制解调器（Modem），并且办理了必要的手续后，就可以轻轻松松上网了。

电话拨号方式致命的缺点在于它的接入速度慢。由于线路的限制，它的最高接入速度只能达到56kbps。而其他几种接入方式速率可以达到1Mbps，2Mbps，10Mbps，乃至更高。

个人用户要拨号上网，除了计算机和电话线外，还需要有一个能进行网上通信，把计算机要发送和接收的数字信号转换成电话线传送的模拟信号的专用设备——调制解调器。它的英文名称为Modem。调制解调器按与计算机的连接方法的不同分为两种类型：内置式和外置式。内置式调制解调器就是一块扩展卡，外表上和计算机内部安装的其他扩展卡大同小异，是安装在计算机内部的一个扩展槽上的。外置式调制解调器是通过计算机的串行口与计算机相连接的。它的硬件安装非常简单，只需要把它自带的数据线连接在计算机后边的串行口上，接好自带电源就可以了。

无论是内置式或外置式的调制解调器都有两个电话线插口，一个用于接电话线，一个用于接电话机。按照说明用两条连线把它们分别接好，硬件安装就完成了。

2. 通过ISDN、ADSL专线入网

综合业务数字网（Integrated Service Digital Network，ISDN）是一种能够同时提供多种服务的综合性的公用电信网络。ISDN是由公用电话网发展起来的，为解决电话网速度慢，提供服务单一的缺点，其基础结构是为提供综合的语音、数据、视频、图像及其他应用和服务而设计的。与普通电话网相比，ISDN在交换机用户接口板和用户终端一侧都有相应的改进，而对网络的用户线来说，两者是完全兼容的，无须变迁，从而使普通电话升级接入ISDN网所要付出的代价较低。它所提供的拨号上网的速度最高能达到128kbps，能快速下载一些需要通过宽带传输的文件和Web网页，使Internet的互动性能得到更好的发挥。

ADSL是DSL（数字用户环路）家族中最常用、最成熟的技术，它是英文Asymmetrical Digital Subscriber Loop（非对称数字用户环路）的英文缩写。它是运行在原有普通电话线上的一种新的高速、宽带技术。所谓非对称主要体现在上行速率（最高640kbps）和下行速率（最高8Mbps）的非对称性上。

ADSL与ISDN都是目前较有应用前景的接入手段。与ISDN相比，ADSL的速率要高得多。ISDN提供的是2B＋D的数据通道，其速率最高可达到144kbps，接入网络是窄带的ISDN交换网络。而ADSL的下行速率可达8Mbps，它的话音部分占用的是传统的PSTN网，而数据部分则接入宽带ATM平台。

ADSL接入Internet有虚拟拨号和专线接入两种方式。采用虚拟拨号方式的用户采用类似Modem和ISDN的拨号程序，在使用习惯上与原来的方式没什么不同。采用专线接入的用户只要开机即可接入Internet。所谓虚拟拨号是指用ADSL接入Internet时同样需要输入用户名与密码（与原有的Modem和ISDN接入相同）。与前两者不同的是，使用ADSL拨号接入ISP是激活与ISP的连接而不是建立新连接，因此ADSL只有快或慢的区别，不会

产生接入遇忙的情况。

3. 通过局域网接入Internet

即用路由器将本地计算机局域网作为一个子网连接到Internet上，使得局域网的所有计算机都能够访问Internet。这种连接的本地传输速率可达10～100Mbps，但访问Internet的速率要受到局域网出口（路由器）的速率和同时访问Internet的用户数的影响。

使用局域网来接入Internet，可以避免传统的拨号上网后无法接听电话，以至于耽误工作的弊端，还可以节省大量的电话费用。利用局域网可以很好的与自己的同事或邻居们做到数据和资源的共享。而且随着网络的普及和发展，各局域网和Internet接口带宽的扩充，高速度正在成为使用局域网的最大优势。

采用局域网接入非常简单，只要用户有一台计算机、一块网卡、一根双绞线，然后再去找网络管理员申请一个IP地址就可以了。

4. 以DDN、X.25、帧中继等专线方式入网

许多种类的公共通信线路如DDN、X.25、帧中继也支持Internet的接入，这些方式接入比较复杂、成本较昂贵，适合于公司、机构单位使用。采用这些接入方式时，需要在用户及ISP两端各加装支持TCP/IP协议的路由器，并向电信部门申请相应的数字专线，由用户独自使用。专线方式连接的最大优点是速度快、可靠性高。

5. 以无线方式入网

无线接入使用无线电波将移动端系统（笔记本、PDA、手机等）和ISP的基站（Base Station）连接起来，基站又通过有线方式或卫星通信连入Internet。

6. 以HFC方式入网

HFC即Hybrid Fiber－Coaxial的缩写，是光纤和同轴电缆相结合的混合网络。HFC通常由光纤干线、同轴电缆支线和用户配线网络3部分组成，从有线电视台出来的节目信号先变成光信号在干线上传输，到用户区域后把光信号转换成电信号，经分配器分配后通过同轴电缆送到用户。它与早期CATV同轴电缆网络的不同之处主要在于，在干线上用光纤传输光信号，在前端需完成电到光的转换，进入用户区后要完成光到电的转换。

HFC的主要特点是：传输容量大，易实现双向传输，从理论上讲，一对光纤可同时传送150万路电话或2000套电视节目，频率特性好，在有线电视传输带宽内无需均衡，传输损耗小，可延长有线电视的传输距离，25km内无需中继放大，光纤间不会有串音现象，不怕电磁干扰，能确保信号的传输质量。随着数字通信技术的发展，特别是高速宽带通信时代的到来，HFC已成为现在和未来一段时期内宽带接入的最佳选择，因而HFC又被赋予新的含义，特指利用混合光纤同轴来进行双向宽带通信的CATV网络。线缆调制解调器（Cable Modem，CM）是双通道的线缆调制解调器，接收从下行通道来的数据，并通过上行通道发送数据。下行通道数据峰值传输速率10Mbps，上行通道数据峰值速率2.56Mbps。线缆调制解调器将PC接入HFC网，使PC能与前端设备通过HFC网进行全双工的数字通信，而且，线缆调制解调器采用了先进的信号处理技术，能有效地利用电缆的可用带宽。

仔细观察

仔细研究一下，如今市场上出现的家庭带路由功能的调制解调器，看看这和我们常说的路由器有什么不同？

学以致用

调查当地ISP（Internet Service Provider）有哪几家，市场占有率各是多少？针对不同消费人群分别都提供哪些相关的服务？各因特网服务提供商有哪些特色之处？

网络故事

周鸿祎：1970年出生，1995年毕业于西安交大，获硕士学位，毕业后就职方正集团，先后任职研发中心副主任、事业部总经理等职。1998年10月，为了实现“让中国人能用自己的母语上网”的理想，周鸿祎创建3721公司，并在同年推出了3721“网络实名”的前身——中文网址。周鸿祎领导创建的3721公司目前已成为关键词服务领域全球最大的提供商。历经5年，3721公司首创并推广的网络实名服务覆盖超过90%的中国互联网用户，吸引了数千万的忠实用户，日平均使用超过5000万人次，成为使用量最大的中文上网方式，也是中国互联网用户最喜爱的网络服务之一。3721网络实名以其简单、方便的“用中文上网”的理念，正在逐步改变着数千万中国人的上网习惯。周鸿祎开创了中文上网服务，并推动这项互联网应用服务成为一条完整的产业链。2004年被雅虎以1.2亿美金收购。2004年周鸿祎出任雅虎中国区总裁，2005年8月任职期满离开，以投资合伙人的身份正式加盟IDG风险投资基金。2006年正式加入三际无限公司，成为该公司之董事长，成为奇虎网掌门人。同年出人意料地与俄罗斯杀毒软件卡巴斯基合作，推出了反流氓软件360安全卫士。

智能表格

4种Internet接入方式综合对比见表5-1。

表5-1　4种Internet接入方式综合对比表

接入方式	拨号接入	（ISDN）接入	（ADSL）接入	（FTTX＋LAN）
上网速率	56kbps	128kbps	1～8Mbps	10/100/1000Mbps
用户端配置	调制解调器（Modem）	网络终端NTl	ADSL调制 解调器、网卡	10/100Mbps网卡
特点	速度慢 通用设备 需拨号上网 上网时不能打电话 利用电话线上网	速度较慢 专用设备接入 需拨号上网 上网打电话两不误 利用原有电话线	宽带服务传输　速度高 专用设备接入 上网打电话两不误，随时上网 利用原有电话线	传输速度更高 通用设备接入 随时上网无需拨号 专用线路 提供各种宽带服务

网络前瞻

利用普通电线传输数据是一种新技术，它最大的优点在于，只要有电源插座的地方，电视机、计算机等终端设备之间即可实现数据传输与共享，甚至可以接入互联网。全球消费电子电力线通信联盟主席迈克尔·斯蒂尔兹表示，电线无处不在，带宽可以达到90Mbps以上，短距离传输很少出现数据衰减，特别适用于家庭内部网络建设。闪联是由中国企业发起制定的技术标准，目的在于使计算机、家电、消费电子产品之间实现无障碍的互连互通，被视为下一代信息产业的发展方向。

网络驿站

PSTN（公共交换电话网）：是一种全球语音通信电路交换网络，拥有多达8亿左右的用户。最初它是一种固定线路的模拟电话网，当前PSTN几乎全部采用数字电话网并且包括移动和固定电话。

ISDN（综合业务数据网）：世界各国联合建立的一个完全数字化的电路交换电话系统，提供用户之间的数字服务，由数字电话和数据传输服务两部分组成，一般由区域性电话局提供，可以在其上传输声音、数据、文本、图形、音乐、视频及其他信息资源。

ADSL（非对称数字用户线路）：是xDSL家族成员中的一员，它利用分频技术把普通电话线路所传输的低频信号和高频信号分离。3400Hz以下供电话使用；3400Hz以上的高频部分供上网使用，即在同一铜线上分别传送数据和语音信号，数据信号并不通过电话交换机设备，而且在上网的同时不影响电话的正常使用，这也意味着使用ADSL上网时，并不需要缴付另外的电话费。

DDN（数字数据网）：是利用光纤数字传输通道和数字交叉复用节点组成的数字数据传输网，可以为用户提供各种速率的高质量数字专用线路和其他新业务，以满足用户多媒体通信和组建中、高速计算机通信网的需要。

网络论坛

有人说，互联网（Internet）就是万维网（WWW），你同意这个观点吗？

疑难问题

占据两个山顶的蓝军与驻扎在这两个山之间的山谷的红军作战。其力量对比是：一个山顶上的蓝军打不过红军，但两个山顶的蓝军协同作战则可战胜红军。一个山顶上的蓝军拟于次日正午向红军发起攻击。于是发送电文给另一山顶的友军，但通信线路很不好，电文出错或丢失的可能性较大。因此要求收到电文的友军必须送回一个确认电文。但此确认电文也可能出错或丢失。试问能否设计出一种协议使得蓝军能够实现协同作战因而一定（即100%）取得胜利？

知识拓展

Modem的速率往往不能达到标称值。实际的传输速率主要取决于以下几个因素。

1. 电话线路的质量

因为调制后的信号是经由电话线进行传送，如果电话线路质量不佳，Modem将会降低速率以保证准确率。为此，在连接Modem时，要尽量减少连线长度，多余的连线要剪去，切勿绕成一圈堆放。另外，最好不要使用分机，连线也应避免在电视机等干扰源上经过。

2. 是否有足够的带宽

如果在同一时间上网的人数很多，就会造成线路的拥挤和阻塞，Modem的传输速率自然也会随之下降。因此，ISP是否能供足够的带宽非常关键。另外，避免在繁忙时段上网也是一个解决方法。尤其是在下载文件时，在繁忙时段与非繁忙时段下载所费的时间会相差几倍之多。

3. 对方的Modem速率

Modem所支持的调制协议是向下兼容的，实际的连接速率取决于速率较低的一方。因此，如果对方的Modem是14.4kbps的，即使你用的是56kbps的Modem，也只能以14400bps的速率进行连接。

网络故事

Acer宏“碁”是“棋”的异体字，现在多数人都念ji，中文输入法里ji是查不这个词的。这个碁字的读音是Qi（棋），在繁体中文和日文中存在。Acer源于拉丁文，代表鲜明的、活泼的、尖锐的、有洞察力的、敏锐的与有活力的等意义，这些与宏碁公司所从事的高科技行业的特性是十分吻合的。Acer源于“ACE”（王牌）的语根，代表是极优秀者的意思。为了让Acer有一致的读音，因此特地将最后一个字母改成大写的“R”，使整个品牌的头尾都觉得十分有力量的感觉。Acer宏碁集团于1976年在台湾创立，当时仅有7名员工，3.5万美金的注册资金，以研发生产计算器产品为主。经过20多年的努力，今日的宏碁已经发展成为一个国际化的高科技企业集团。从事以个人电脑、相关零组件、通讯及消费类电子产品的研发、制造与行销。目前，Acer宏基集团在全球37个国家和地区拥有120多家联盟子公司，在其中的21个国家建立了17个百万级制造厂和26个装配厂，员工人数超过28000名。

5.3 Internet的名片—— Internet地址及域名

在TCP/IP协议体系中，最重要的就是网际协议IP（Internet Protocol）。

5.3.1 IP地址

1. IP地址的结构

在TCP/IP网络中，每个主机都有唯一的地址，它是通过IP协议来实现的。IP协议要求在每次与TCP/IP网络建立连接时，每台主机都必须为这个连接分配一个唯一的32位地址，因为在这个32位IP地址中，不但可以用来识别某一台主机，而且还隐含着网际间的路径信息。需要强调指出的，这里的主机是指网络上的一个节点，不能简单地理解为一台计算机，实际上IP地址是分配给计算机的网络适配器（即网卡）的，一台计算机可以有多个网络适配器，就可以有多个IP地址，一个网络适配器就是一个节点。

IP地址共有32位地址，一般以4个字节表示，每个字节的数字又用十进制表示，即每个字节的数的范围是0～255，且每个数字之间用点隔开，例如：192.168.10.5，这种记录方法称为“点-分”十进制记号法。IP地址的结构如图5-16所示。

图5-16　IP地址的结构

按照IP地址的结构和其分配原则，可以在Internet上很方便地寻址：先按IP地址中的网络标识号找到相应的网络，再在这个网络上利用主机ID找到相应的主机。由此可看出IP地址并不只是一个计算机的代号，而是指出了某个网络上的某个计算机。当组建一个网络时，为了避免该网络所分配的IP地址与其他网络上的IP地址发生冲突，必须为该网络向InterNIC（Internet网络信息中心）组织申请一个网络标识号，也就是这整个网络使用一个网络标识号，然后再给该网络上的每个主机设置一个唯一的主机号码，这样网络上的每个主机都拥有一个唯一的IP地址。另外，国内用户可以通过中国互联网络信息中心（CNNIC）来申请IP地址和域名。当然，如果网络不想与外界通信，就不必申请网络标识号，而自行选择一个网络标识号即可，只是网络内的主机的IP地址不可相同。

2. IP地址的分类

为了充分利用IP地址空间，Internet委员会定义了5种IP地址类型以适合不同容量的网络，即A类至E类，其中A、B、C 3类由InterNIC（Internet网络信息信心）在全球范围内统一分配，D、E类为特殊地址，如图5-17所示。

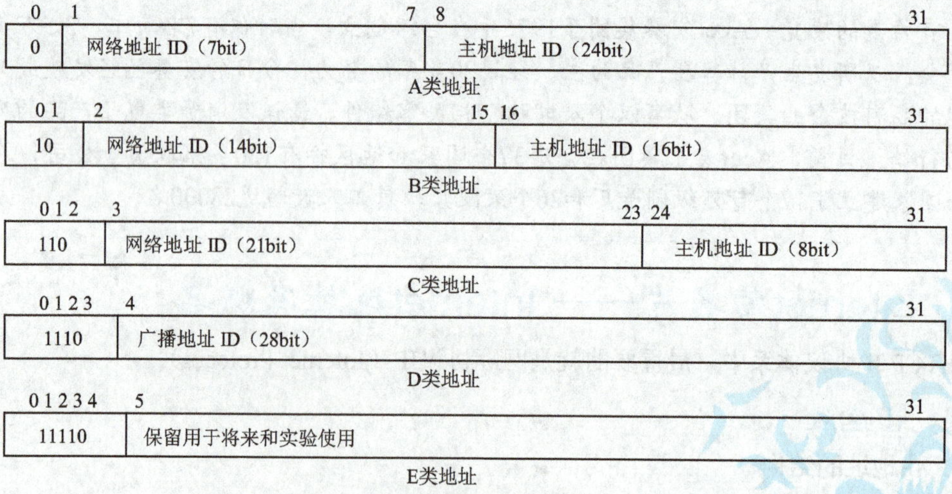

图5-17　IP地址格式

（1）A类地址　在IP地址的四段号码中，第一段号码为网络号码，剩下的三段号码为本地计算机的号码。如果用二进制表示IP地址的话，A类IP地址就由1字节的网络地址和3字节主机地址组成，网络地址的最高位必须是“0”。A类IP地址中网络的标识长度为7位，最多可以提供126（2^7–2）个网络标识号，主机标识的长度为24位，A类网络地址数量非常多，可以用于主机数达1678（2^{24}–2）万台的大型网络。

（2）B类地址　在IP地址的四段号码中，前两段号码为网络号码，剩下的两段号码为本地计算机的号码。如果用二进制表示IP地址的话，B类IP地址就由2字节的网络地址和2字节主机地址组成，网络地址的最高位必须是“10”。B类IP地址中网络的标识长度为14位，最多可以提供16384（2^{14}–2）个网络标识号，主机标识的长度为16位，B类网络地址适用于中等规模的网络，每个网络所能容纳的计算机数为65534（2^{16}–2）台。

（3）C类地址　在IP地址的四段号码中，前三段号码为网络号码，剩下的一段号码为本地计算机的号码。如果用二进制表示IP地址的话，C类IP地址就由3字节的网络地址和1字节主机地址组成，网络地址的最高位必须是“110”。C类IP地址中网络的标识长度为21位，最多可以提供200（2^{21}–2）万个网络标识号，主机标识的长度为8位，C类网络地址数量较多，适用于小规模的局域网络，每个网络最多只能包含254（2^8–2）台计算机。

（4）D类地址　D类地址是多播地址，主要是留给Internet体系结构委员会IAB（Internet Architecture Board）使用，E类地址保留在今后使用。目前大量使用的IP地址仅有A、B、C 3类地址。

（5）特殊IP地址　除了上面介绍的IP地址外，还有几种特殊类型的IP地址，TCP/IP协议规定，凡IP地址中的第一个字节以“1110”开始的地址都叫多点广播地址。因此，任何第一个字节大于223小于240的IP地址是多点广播地址；IP地址中的每一个字节都为0的地址（“0.0.0.0”）对应于当前主机，IP地址中的每一个字节都为1的地址（“255.255.255.255”）是当前子网的广播地址。

IP地址中凡是以“11110”的地址都留着将来作为特殊用途使用；IP地址中不能以十进制“127”作为开头，该类地址中数字127测试使用，如127.1.1.1用于回路测试，同时网络ID的第一个6位组也不能全置为“0”，全“0”表示本地网络。

如果要使用网络直接连入Internet，应使用由InterNIC分配的合法IP地址。如果通过代理服务器连入Internet，也不要随便选择IP地址，应使用由IANA（互联网地址分配管理局）保留的私有IP地址，以避免与Internet上合法的IP地址冲突。这些私有地址的范围是：

A类保留地址：10.0.0.1～10.255.255.254

B类保留地址：172.13.0.1～172.32.255.254

C类保留地址：192.168.0.1～192.168.255.254

5.3.2　子网及子网掩码

1．子网

子网是指在一个IP地址上生成的逻辑网络，它使用源于单个IP地址的IP寻址方案，把一个网络分成多个子网，要求每个子网使用不同的网络ID，通过把主机号（主机ID）分成两个部分，为每个子网生成唯一的网络ID。一部分用于标识作为唯一网络的子网，另一部分用于标识子网中的主机，这样原来的IP地址结构变成如下3层结构，如图5-18所示。

网络地址部分	子网地址部分	主机地址部分

图5-18　子网IP结构图

这样做的好处是可节省IP地址。例如，某公司想把其网络分成4个部分，每个部分大约有20台左右的计算机，如果为每部分网络申请一个C类网络地址，这显然非常浪费（因为C类网络可支持254个主机地址），而且还会增加路由器的负担，这时就可借助子网掩码，将网络进一步划分成若干个子网，由于其IP地址的网络地址部分相同，则单位内部的路由器应能区分不同的子网，而外部的路由器则将这些子网看成同一个网络。这有助于本单位的主机管理，因为各子网之间用路由器来相连。

子网的划分纯粹是本单位内部的事情，本单位以外是看不到的，从外部来看，该单位只有一个网络号。

2. 子网掩码

子网掩码是一个32位地址，它用于屏蔽IP地址的一部分，以区别网络ID和主机ID，用来将网络分割为多个子网，判断目的主机的IP地址是在本局域网还是在远程网。在TCP/IP网络上的每一个主机都要求有子网掩码。这样当TCP/IP网络上的主机相互通信时，就可用子网掩码来判断这些主机是否在相同的网络段内。

表5-2为各类IP地址所默认的子网掩码，其中值为1的位用来定出网络的ID号，值为0的位用来定出主机ID。例如，如果某台主机的IP地址为192.168.101.5，通过分析可以看出它属于C类网络，所以其子网掩码为255.255.255.0，则将这两个数据作逻辑与（AND）运算后结果为192.168.101.0，所得出的值中非0位的字节即为该网络的ID。默认子网掩码用于不分子网的TCP/IP网络。

表5-2　各类IP地址默认的子网掩码

类	子网掩码	子网掩码的二进制表示			
A	255.0.0.0	11111111	00000000	00000000	00000000
B	255.255.0.0	11111111	11111111	00000000	00000000
C	255.255.255.0	11111111	11111111	00000000	00000000

子网掩码可以用来判断任意两台计算机的IP地址是否属于同一子网络。

最为简单的理解就是两台计算机各自的IP地址与子网掩码进行“与”运算后，如果得出的结果是相同的，则说明这两台计算机是处于同一个子网络上的，可以进行直接的通信。

请看以下示例。

例1： IP地址　　192.168.0.1

子网掩码　255.255.255.0

转化为二进制进行运算：

IP地址　　11010000.10101000.00000000.00000001

子网掩码　　11111111.11111111.11111111.00000000

AND运算

　　　　　　11000000.10101000.00000000.00000000

转化为十进制后为：192.168.0.0

例2：IP地址　　　192.168.0.254

　　子网掩码　　255.255.255.0

转化为二进制进行运算：

IP地址　　11010000.10101000.00000000.11111110

子网掩码　　11111111.11111111.11111111.00000000

AND运算

　　　　　　11000000.10101000.00000000.00000000

转化为十进制后为：192.168.0.0

例3：IP 地址　　　192.168.0.4

　　子网掩码　　255.255.255.0

转化为二进制进行运算：

IP地址　　11010000.10101000.00000000.00000100

子网掩码　　11111111.11111111.11111111.00000000

AND运算

　　　　　　11000000.10101000.00000000.00000000

转化为十进制后为：192.168.0.0

通过以上对三组计算机IP地址与子网掩码的AND运算后，可以看到它运算结果是一样的。均为192.168.0.0，即属于同一个网段。

5.3.3　子网地址与子网划分

在IP互联网中，A类、B类和C类IP地址是经常使用的。由于经过网络号和主机号的层次划分，它们适应于不同的网络规模。使用A类IP地址的网络可以容纳1600万台主机，而使用C类IP地址的网络仅仅可以容纳254台主机。但是，随着计算机的发展和网络技术的进步，个人计算机应用迅速普及，小型网络（特别是小型局域网络）越来越多。这些网络多则拥有几十台主机，少则拥有两三台主机。对于这样一些小规模网络即使采用一个C类地址仍然是一种浪费，因而在实际应用中，人们开始寻找新的解决方案以克服IP地址的浪费现象，其中子网编址就是方案之一。

1．子网地址

IP地址具有层次结构，标准的IP地址分别为网络号和主机号两层。为了避免IP地址的浪费，子网编址将IP地址的主机号部分进一步划分成子网部分和主机部分，如图5-19所示。

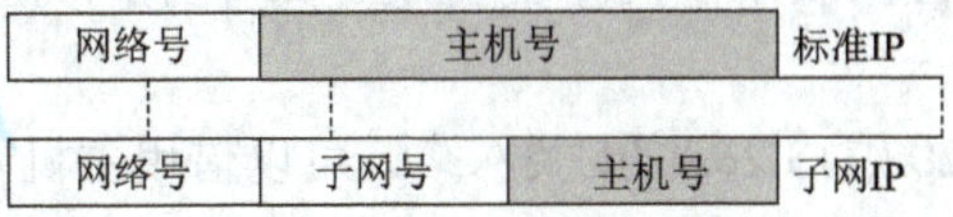

图5-19　子网编址的层次结构

一个子网地址包括网络号、子网号和主机号3个部分。

子网划分的规则如下。

1）在利用主机号划分子网时，全部为“0”的表示该子网网络。全部为“1”的表示子网广播，其余的可以分配给子网中的主机。

2）二进制全“0”或全“1”的子网与所有子网的直接广播地址冲突。

为了创建一个子网地址，网络管理员从标准IP地址的主机号部分借位并把它们指定为子网号部分。其中，B类网络的主机号部分只有两个字节，故而最多只能借用14位去创建子网。而在C类网络中，由于主机号部分只有一个字节，故最多只能借用6位创建子网。

根据子网划分部分的规则，在“借”用主机号作为子网号时必须给主机号部分剩余2位，在“借”用时至少要借用2位。

例如，120.66.0.0是一个B类IP地址，它的主机号部分有两个字节。在图5-20中，借用了左边的一个字节分配子网。其子网地址分别为130.66.2.0和130.66.3.0。

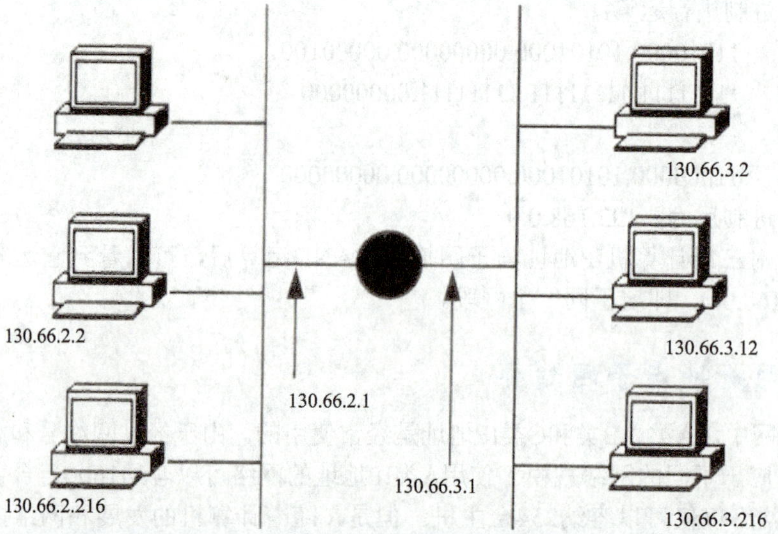

图5-20　借用标准IP的主机号创建子网

其中，130.66.2.216的网络地址为130.66.0.0，子网号为2，主机号为216。

当然，如果从IP地址的主机号部分借用来创建子网，相应子网中的主机数目就会减少。例如一个C类网络，它用一个字节表示主机号，可以容纳的主机数为254台。当利用这个C类网络创建子网时，如果借用2位作为子网号，那么可以用剩下的6位表示各子网中的主机，每个子网可以容纳的主机数为62（64–2）台；如果借用3位作为子网号，那么仅可以使用剩下的5位来表示子网中的主机。每个子网可以容纳主机数也就减少到30（32–2）台。

假设有一个网络号为202.113.26.0的C类网络，可以借用主机号部分的3位来划分子网，其子网号、主机号范围、可容纳的主机数、子网地址、子网广播地址见表5-3。

表5-3 对一个C类网络进行子网划分

子 网	二进制子网号	二进制主机号范围	十进制主机号范围	可容纳的主机数	子 网 地 址	广 播 地 址
第1个子网	001	00000～11111	.32～.63	30	202.113.26.32	202.113.26.63
第2个子网	010	00000～11111	.64～.95	30	202.113.26.64	202.113.26.95
第3个子网	011	00000～11111	.96～.127	30	202.113.26.96	202.113.26.127
第4个子网	100	00000～11111	.128～.159	30	202.113.26.12	202.113.26.159
第5个子网	101	00000～11111	.160～.191	30	202.113.26.160	202.113.26.191
第6个子网	110	00000～11111	.192～.223	30	202.113.26.192	202.113.26.223

由于这个C类地址最后一个字节的3位用做划分子网，依次子网中的主机号只能用剩下的5位来表达。

在上面的例子中，除“0”和“7”外（二进制“000”和“111”），其他的子网号都可以进行分配。

虽然Internet的RFC文档规定了子网划分的原则，但现在很多供应商的产品也都支持全为0和全为1的子网，当用户要使用全为0和1的子网时，首先要证实网络中的主机或路由器是否提供相关支持。若支持时，全0子网和全1子网也都可以使用。

2．IP地址规划实例

子网规划和IP地址的分配在网络规划中占有重要地位。在划分子网之前，应确定所需要的子网数和每个子网的最大主机数，在选择子网号和主机号中，应使子网号部分产生足够的子网，而主机号部分能容纳足够的主机。有了这些信息后，就可以定义每个子网的子网掩码、网络地址（含网络号和子网号）的范围和主机号的范围。

（1）划分子网的步骤

① 确定需要多少子网号来唯一标识网络上的每一个子网。

② 确定需要多少主机号来标识每个子网上的每台主机。

③ 定义一个符合网络要求的子网掩码。

④ 确定标识每一个子网的网络地址。

⑤ 确定每一个子网上所使用的主机和地址范围。

（2）B、C类网络子网划分

① B类网络子网划分如果选择B类子网，可以按照描述的子网位数、子网掩码、可容纳的子网上数和主机数对应关系进行子网规划和划分见表5-4所示。

表5-4 B类网络子网划分关系表

子网位数	子网掩码	子 网 数	主 机 数
2	255.255.192.0	2	16
3	255.255.224.0	6	8190
4	255.255.240.0	14	4094
5	255.255.248.0	30	2046
6	255.255.252.0	62	1022
7	255.255.254.0	126	510
8	255.255.255.0	254	254
9	255.255.255.128	510	126
10	255.255.255.192	1022	62
11	255.255.255.224	2046	30
12	255.255.255.240	4094	14
13	255.255.255.248	8190	6
14	255.255.255.252	16382	2

（3）C类网络子网划分　如果选择B类子网，其子网位数、子网掩码、容纳的子网数和主机数的对应关系见表5-5。

表5-5　C类网络子网划分关系表

子网位数	子网掩码	子网数	主机数
2	255.255.255.192	2	62
3	255.255.255.224	6	30
4	255.255.255.240	14	14
5	255.255.255.248	30	6
6	255.255.255.252	62	2

子网划分实例如下。

一个网络被分配了一个C类地址202.113.27.0。如果该网络需要5个子网组成，每个子网的计算机不超过25台，那么应该怎样规划和使用IP地址呢？其划分过程如下。

①由于每个子网需要一个唯一的子网号来表示，即需要5个子网号。

② 因为每个子网的计算机不超过25台，考虑到使用路由器连接，因此需要至少27个主机号。

③ 从表5-4中可以看出，选择子网掩码255.255.255.224可以满足要求，所对应的二进制地址是1111111.11111111.11111111.11100000。

④ 确定可用的网络地址：子网掩码确定后，边可以确定可以使用的子网号位数。在本例中，子网号的位数为3，因此可能的组合为000、001、010、011、100、101、110和111。根据子网划分的规则，除去000和111，剩余001、010、011、100、101、和110六个子网，因此所需5个子网的地址可分别选定为202.113.27.32、202.113.27.64、202.113.27.96、202.113.27.128和202.113.27.160。

⑤ 确定各个子网的主机地址范围，见表5-6。

表5-6　各个子网对应的主机地址范围

子网地址	主机地址范围
202.113.27.32	202.113.27.33～202.113.27.63
202.113.27.64	202.113.27.65～202.113.27.95
202.113.27.96	202.113.27.97～202.113.27.127
202.113.27.128	202.113.27.129～202.113.27.159
202.113.27.160	202.113.161.33～202.113.27.191

进行子网互连的路由器也需要站用有效的IP地址，因此，在计算机网络或子网中需要使用的IP地址时，不要忘记连接该网络或子网的路由器。

5.3.4　域名

1．域名格式

为方便记忆、维护和管理，网络上的每台计算机都有一个直观的唯一标识名称，称为域名。其基本结构为：主机名.单位名.类型名.国家代码。

例如，IP地址为202.117.24.24的Internet域名是lib.xjtu.edu.cn，代表西安交大图书馆的网址。在浏览器的地址栏中，也可以直接输入IP地址来打开网页。

国家代码又称为顶级域名，由ISO3166规定，常见国家顶级域名见表5-7。常见的域名类型见表5-8。

表5-7 常见国家顶级域名表

域名	国家	域名	国家	域名	国家
cn	中国	gb	英国	It	意大利
Au	澳大利亚	In	印度	Kr	韩国
ca	加拿大	jp	日本	us	美国
De	德国	Nz	新西兰		
Fr	法国	Sg	新加坡		

表5-8 域名类型表

域名	类型	域名	类型	域名	类型
com	商业	org	非盈利组织	net	网络机构
edu	教育	info	信息服务	mil	军事机构
gov	政府	int	国际机构	firm	公司企业

2. 域名解析

人们习惯记忆域名，但机器间互相只认识IP地址，所以必须进行域名转换，域名与IP地址之间是一一对应的，它们之间的转换工作称为域名解析，域名解析需要由专门的域名解析服务器来完成，整个过程自动进行。例如上网时输入的www.sohu.com将由域名解析系统自动转换成搜狐网站的Web服务器IP地址：61.135.133.103。

对大型的网络运营商，一般都提供域名解析服务。域名解析实质上就是域名和IP地址的翻译官，在网络设置时可以随意选择域名解析服务器。

域名解析包括正向解析（从域名到IP地址）以及反向解析（从IP地址到域名）。对应这两种域名解析，TCP/IP在互连层专门定义了两个协议：地址解析协议ARP和反向地址解析协议RARP。

3. URL地址、HTTP和WWW

在Internet上，每一信息资源都有统一的且在网上唯一的地址，该地址就叫统一资源定位器URL（Uniform Resources Locator），URL由3部分组成：资源类型、存放资源的主机域名和资源文件名。例如，http://www.pku.edu.cn/news1/index.htm，其中http表示该资源类型是超文本信息，www.pku.edu.cn是北京大学的主机域名，news1为存放新闻的目录，index.htm为主页文件名。

HTTP（Hypertext Transfer Protocol，超文本传输协议），是国际互联网中浏览器和服务器之间的应用层通信协议。

WWW（World Wide Web，万维网）服务，也称Web服务，是Internet上最方便和最受欢迎的服务类型，它的影响力已远远超出了专业技术的范畴，并且已进入了广告、新闻、销售、电子商务与信息服务等诸多领域，它的出现是Internet发展中的一个里程碑，已经成为国际互联网的代名词。

WWW主要由遍布全球的WWW服务器组成，每一个WWW服务器通常称为WWW站点或网站。每个网站既包括自己的信息，又提供指向其他WWW服务器信息的链接，由此构成了庞大的互相交织的环球信息网络。

知识拓展

为什么不只用具有唯一性的MAC地址来进行通信？

1）并非所有主机都有网卡（如拨号上网）。

2）同一网络中的MAC地址可能是很随机的，不便于管理。

3）网卡故障更换或升级MAC地址将变化，网络可能需要重新设置。

知识链接

中文“博客”一词，源于英文单词Blog/Blogger。Blog，是Weblog的简称。Weblog，其实是Web和Log的组合词。Web，指World Wide Web，当然是指互联网了；Log的原义则是“航海日志”，后指任何类型的流水记录。合在一起来理解，Weblog就是在网络上的一种流水记录形式或者简称“网络日志”。Blogger或Weblogger，是指习惯于日常记录并使用Weblog工具的人。

网络前瞻

IPv6是IETF（Internet Engineering Task Force，互联网工程任务组）设计的用于替代现行版本IP协议（IPv4）的下一代IP协议。目前我们使用的第二代互联网IPv4技术，核心技术属于美国。它的最大问题是网络地址资源有限，从理论上讲，IPv4技术可使用的IP地址有43亿个，其中北美占有3/4，约30亿个，而人口最多的亚洲只有不到4亿个，中国只有3千多万个，只相当于美国麻省理工学院的数量。地址不足，严重地制约了我国及其他国家互联网的应用和发展。如果说IPv4实现的只是人机对话，而IPv6则扩展到任意事物之间的对话，它不仅可以为人类服务，还将服务于众多硬件设备，如家用电器、传感器、远程照相机、汽车等，它将是无时不在，无处不在的深入社会每个角落的真正的宽带网。而且它所带来的经济效益将非常巨大。目前，国际互联网组织已经决定成立两个专门工作组，制定相应的国际标准。与IPV4相比，IPV6具有以下几个优势。

1）IPv6具有更大的地址空间。IPv4中规定IP地址长度为32，而IPv6中IP地址的长度为128。

2）IPv6使用更小的路由表。IPv6的地址分配一开始就遵循聚类（Aggregation）的原则，这使得路由器能在路由表中用一条记录（Entry）表示一片子网，大大减小了路由器中路由表的长度，提高了路由器转发数据包的速度。

3）IPv6增加了增强的组播（Multicast）支持以及对流的支持（Flow Control），这使得网络上的多媒体应用有了长足发展的机会，为服务质量（Quality of Service，QoS）控制提供了良好的网络平台。

4）IPv6加入了对自动配置（Auto Configuration）的支持。这是对DHCP协议的改进和扩展，使得网络（尤其是局域网）的管理更加方便和快捷。

5）IPv6具有更高的安全性。在使用IPv6网络中用户可以对网络层的数据进行加密并对IP报文进行校验，极大的增强了网络的安全性。

学以致用

上网下载免费的子网划分工具软件，看看繁琐的子网划分是不是成了一挥而就的事情？

知识链接

C类IP地址的区域划分——3200万多/区域

欧洲区域	194.0.0.0～195.255.255.255
北美区域	198.0.0.0～199.255.255.255
中南美区域	200.0.0.0～201.255.255.255
亚太区域	202.0.0.0～203.255.255.255

204.0.0.0~223.255.255.255（约3亿2千万个）留作以后用。

网络故事

陈天桥：1973出生，毕业于复旦大学，1999年创办盛大，2000年得到中华网300万美元投资。2001年，盛大先后代理运营了《传奇》、《新英雄门》、《疯狂坦克》等多款网络游戏。2003年得到软银4000万美元投资的盛大，在纳斯达克上市。如今盛大的市值约28亿美元，而陈天桥则以100亿人民币排行2007国内IT富豪榜第4位，其年龄是国内前五十IT富豪榜中最年轻的 。

5.4 Internet的美丽传说—— Internet的应用

Internet是一个全球性的计算机互联网络，中文名称为“国际互连网”、“因特网”、“信息高速公路”等，它是将不同地区而且规模大小不一的网络互相连接起来而组成的。对于Internet中各种各样的信息，所有人都可以通过网络的连接来共享和使用。

5.4.1 IE6.0的使用

1．IE6. 0（Internet Explorer）

IE6.0是Windows操作系统使用最广泛的浏览器，由微软公司（Microsoft）研制，最早版本为IE 4.0，集成在Windows 98系统中，随后升级为6.0版本。下面介绍IE 6.0的使用方法。

打开IE 6.0 常用的方法有以下几种：

1）双击桌面上的浏览器图标“Internet Explorer”。

2）单击任务栏上快速启动工具栏中的浏览器图标。

3）单击“开始”菜单，选择“程序”下的“Internet Explorer”。

在IE6.0中，输入www.xjtu.edu.cn，回车后，打开西安交通大学主页，窗口如图5-21所示。

图5-21　IE6.0窗口组成结构

IE6.0的窗口由标题栏、菜单栏、常用工具栏、地址栏、链接工具栏、浏览窗口、状态栏等组成。

标题栏显示当前网页的标题和名称。

菜单栏集中了IE 6.0 的所有命令菜单，使用方法与Windows平台下其他程序相同。

工具栏为使用浏览器的用户提供了一系列常用的工具。

地址栏显示当前正在访问或将要访问的网页的Web地址（或URL），在其中输入网页地址，按“Enter”键，即可打开想要访问的网页。

IE 6.0图标随着网页的打开一起转动，表示正在打开网页。

2．常用工具栏按钮

（1）“后退”按钮、“前进”按钮　单击工具栏上的“后退”按钮，返回到当前页面之前的网页。单击“前进”按钮，则转到下一页。如果在此之前没有使用“后退”按钮，则“前进”按钮将处于灰暗状态，不可使用。

（2）“停止”按钮　在打开某网页时，由于某种原因想中断正在打开的网页，可以使用该按钮。

（3）“刷新”按钮　当某网页停留时间较长时，网页内容可能发生变化，要查看最新内容时可以使用该按钮。

（4）“主页”按钮 网站的起始页面称为“主页”，即打开浏览器时开始浏览的那一个网页。

（5）“搜索”按钮 当需要访问某些不清楚网址的网站（网页）时，利用该工具可以打开搜索页面，进行搜索查找。

（6）“收藏夹”按钮 当需要保留某个网页的地址，供以后使用时，可以通过单击“收藏夹”中的“添加到收藏夹”命令，将该网址保存起来，以后访问时，只要单击打开收藏夹，即可以看到该网址信息，单击即可打开网页。

（7）“媒体”按钮 单击“媒体”按钮，可以打开媒体播放机，当在播放类似音频和视频信息时，就不需要在系统中另外安装支持音频和视频播放的软件。

（8）“历史”按钮 历史记录中保存了用户曾经访问过的所有站点和网页，单击该按钮，可以查看访问过的网页，包括几天前、几周前甚至更长时间访问过的网页。

（9）“邮件”按钮 单击“邮件”按钮，可以连接到Outlook，立即查看电子邮件，但使用前必须对Outlook进行设置。

3．使用技巧

（1）使用超级链接 超级链接是指带下划线或边框内嵌了Web地址的文字或图形。在浏览器中，超级链接的文字与其他文字的颜色不同。当光标移到超级链接上时，就会自动变成手形。通过单击超级链接，可以立即连接到特定Web页面上，而这两个Web页可能分别保存在不同地区的两台计算机上。

单击Web页面上的任何超级链接，就可以直接链接到指定的Web页面或其他内容。超级链接可以是图片、三维图像或者彩色文字，超级链接通常带下划线。将鼠标箭头移到某一项可以查看它是否为链接。如果箭头改为手形，表明这一项是超级链接。同时，窗口状态栏显示当前超级链接的网址。

（2）脱机浏览 通过脱机浏览，不必连接到Internet就可以查看网页。当连接到Internet并处于联机状态时，通过一定的操作将最新内容下载到本机上，然后断开连接，以后无论在何时何地，都可以脱机查看网页，起到节省上网费用的作用。

要脱机浏览网页，在“文件”菜单上单击“脱机工作”即可。

（3）保存网页信息 浏览网页时，会发现很多有用的信息，可以将有用的信息保存起来，以后不需要打开网页就可以阅览这些信息，保存的方法有两种，一种是全部保存网页内容，另一种是保存网页的部分内容，具体操作如下。

① 将当前网页保存在计算机上：在“文件”菜单中，单击“另存为”，打开“保存网页”对话框，选择保存网页的文件夹，在“文件名”框中输入网页的名称，单击“保存”即可。

② 将信息从网页复制到文档：选定要复制的信息，如果复制整页的内容，可以单击“编辑”菜单中的“全选”。然后在“编辑”菜单中，单击“复制”按钮；单击需要编辑信息的程序（例如Word），打开应用程序，将光标移到需要复制信息的地方，单击“编辑”菜单中的“粘贴”即可。

（4）经常清除已浏览网址（URL） 按一下地址栏的下拉菜单，已访问过的站点无一遗漏、尽在其中。如果不想让别人知道我刚才访问了哪些站点，怎么办？用鼠标右键单击桌面上的IE图标，选择“属性”，打开“Internet属性”对话框，在“常规”标签下单击历史记录区域的“清除历史记录”按钮。这时系统会弹出警告“是否确实要让Windows删除已访问过网站的历史记录？”，选择“是”就行了。

若只想清除部分记录，单击浏览器工具栏上的“历史”按钮，在左栏的地址历史记录中，用鼠标右键选中某一希望清除的地址或其下一网页，选取“删除”即可。

（5）欣赏音频和视频信息 在播放音频和视频信息时，常常需要在系统中安装支持音频和视频播放的软件，这些软件不但需要另外“破费”，而且它们占用系统的资源太大了，直接影响上网速度。现在IE6.0中集成了Windows Media Player的播放功能，它以个人栏中的媒体工具条形式出现。在浏览网页时，就可以在同一窗口中欣赏网上或是本地硬盘上的音频和视频资源，而无需另外寻找其他的播放软件了。播放时也非常简单，只要用鼠标双击需要播放的文件，IE6.0就会自动启动Windows Media Player程序，来进行播放文件。

5.4.2 收发电子邮件

电子邮件E-mail（Electronic mail）是利用计算机网络的通信功能实现信件传输的一种技术，是Internet上最广泛的应用之一。电子邮件具有许多独特的优点，实现了信件的收、发、读、写的全部电子化，不但可以收发文本，还可以收发声音、影像，更有用的是通过电子邮件参与Internet上的讨论。电子邮件传送快捷，发往世界各地的邮件可在几秒内收到，而且收费低廉。

在Internet上有许多处理电子邮件的计算机，称为邮件服务器。发送邮件的服务器遵循简单邮件传输协议SMTP（Simple Mail Transfer Protocol），称为SMTP服务器；而接收邮件的服务器遵循邮局协议POP3（Post Office Protocol Version 3），所以被称为POP3服务器，用户的邮件存放在网站的邮件服务器上。

用户必须拥有Internet服务商（ISP）提供的邮箱账户、口令，才能接收电子邮件。现在很多ISP提供免费电子邮箱服务，可以直接申请使用。

1. 电子邮件的格式

电子邮件的地址结构为：用户名@计算机名.组织机构名.网络名.最高层域名。

用户名就是用户在站点主机上使用的登录名，@表示at（中文“在”的意思），其后是使用的计算机名和计算机所在域名。例如：wang@public.zz.ha.cn，表示用户名Wang在中国（cn）河南（ha）郑州（zz）CHINANET服务器上的电子邮件地址。

2. 电子邮件的申请

下面以搜狐网站的免费邮箱为例，讲解电子邮箱的申请过程。

1）打开搜狐网站，如图5-22所示。

2）单击主页首行右侧的“注册免费邮件”超链接，打开用户注册对话框，输入用户名，该用户名必须是别人没有使用过的，否则，必须重新改换，然后单击“go！”，如图5-23所示。

3）在弹出的申请表中，填写用户资料，如图5-24所示。密码提示问题，是为以后万一忘记密码，系统验证身份使用的，应认真填写，并记住。填完后，单击“确定”。

4）注册成功，弹出注册成功消息框，如图5-25所示。

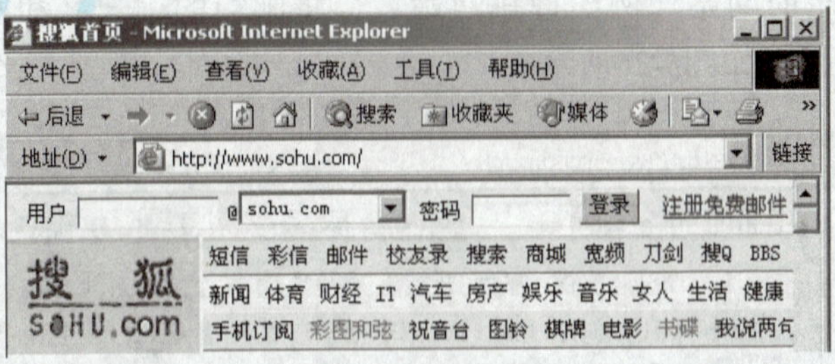

图5-22 搜狐主页

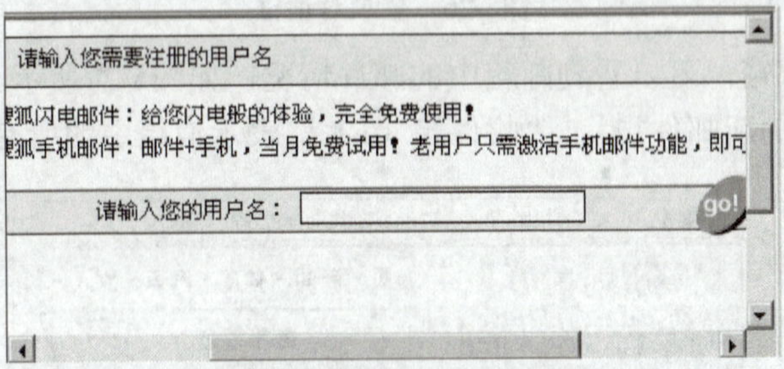

图5-23 用户名注册框

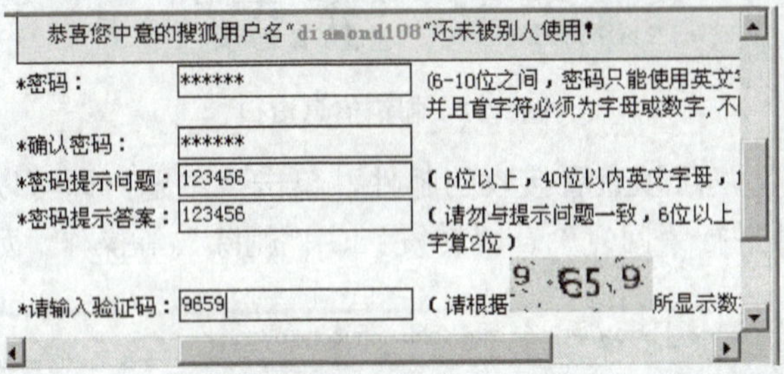

图5-24 用户资料表单

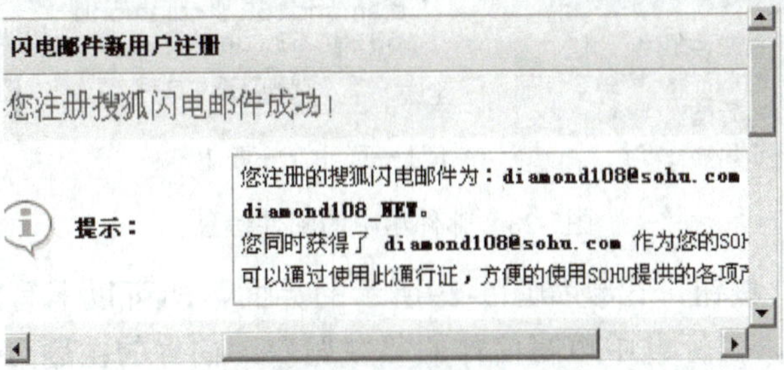

图5-25 注册成功消息框

3. 收发电子邮件

电子邮件的收发都是通过网站的邮件服务器来完成的，邮件在没有彻底删除之前，一直保存在邮件服务器上，不会随着本地计算机的关闭而丢失。

现在使用申请的邮箱，进行电子邮件的发送和接受。

1）打开申请邮箱的网站（例如搜狐网站）。将邮箱的用户名和密码填入规定的编辑框，单击“登录”按钮，如图5-26所示。

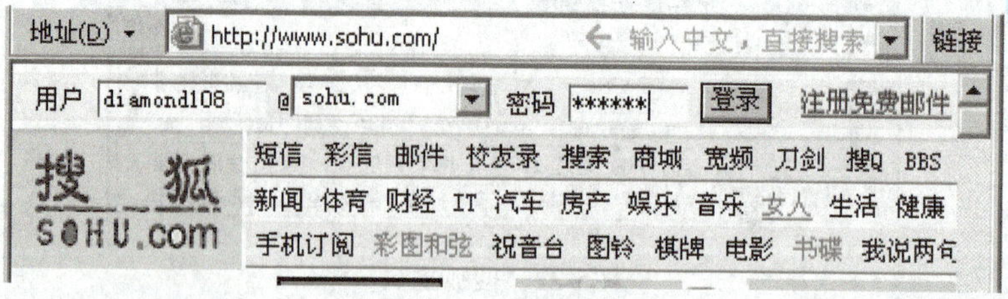

图5-26　登录对话框

2）登录后进入邮箱，可以看到邮箱中的邮件情况，如图5-27所示。“未读邮件（1）”表示邮箱里有未阅读的新邮件1封，“收件箱（1）”表示信箱中的所有邮件数目1封。

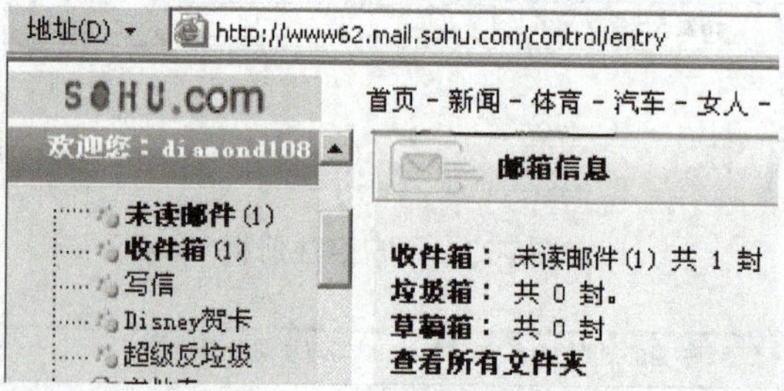

图5-27　邮箱信息窗口

3）单击“收件箱”，可以查看接收的邮件，单击“主题”即可以进行阅读邮件。阅读完邮件后，可以对邮件进行“回复”、“转发”、“删除”等操作，如图5-28所示。

图5-28　邮件箱中的邮件信息

4）单击“写信”按钮，出现如图5-29所示的界面，即可以书写邮件，在收件人中填写接收人的电子邮箱，在标题中填写信件的“主题”。信件的主题可以提示收件人信件的信息，尤其在当今，垃圾邮件太多，主题可以起到区别不同邮件的作用。“抄送”、“暗抄”编辑栏中填写要同时发送给多人时的每个人的信箱，区别之处是，“抄送”时每个接受者都知道该邮件同时发给那几个人，“暗送”却不知道该邮件同时发送给多少人接收。“正文”中编写信件内容，写完后，单击“发信”，即可以将信件发送出去。还可以将写好的信件保存到“发件箱”中，待需要时发送或者按照指定日期定时自动发送。

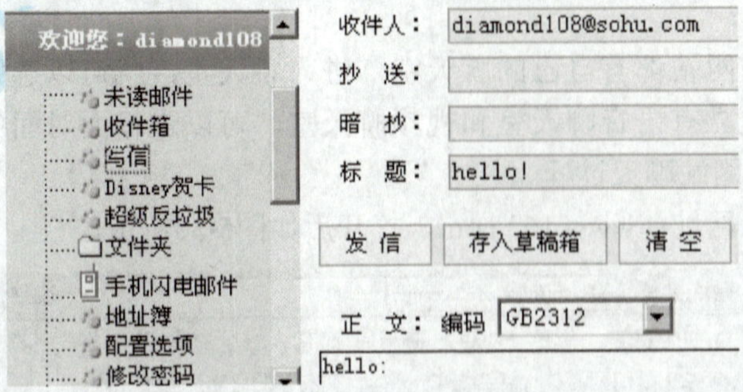

图5-29 发送邮件界面

5.4.3 搜索引擎

在互联网发展初期，网站相对较少，信息查找比较容易。然而伴随互联网爆炸性的增长，普通网络用户想找到所需的资料简直如同大海捞针，这时为满足大众信息检索需求，专业搜索网站便应运而生了。互联网是个庞大的信息海洋，各种各样的信息资源应有尽有。搜索引擎专门收集互联网的信息资源，内容丰富，数据量大，能帮助我们迅速找到一些专门的信息资源。

搜索引擎按其工作方式主要可分为3种：全文搜索引擎、目录索引类搜索引擎和元搜索引擎。

全文搜索引擎是名副其实的搜索引擎，国外具有代表性的有Google（www.google.com），国内著名的有百度（www.baidu.com）。它们都是通过从互联网上提取各个网站的信息（以网页文字为主）而建立的数据库，检索与用户查询条件匹配的相关记录，然后按一定的排列顺序将结果返回给用户，因此他们是真正的搜索引擎。

目录索引虽然有搜索功能，但在严格意义上算不上是真正的搜索引擎，仅仅是按目录分类的网站链接列表而已。用户完全可以不用进行关键词（Keywords）查询，仅靠分类目录也可找到需要的信息。目录索引中具有代表性的有雅虎（www.yahoo.com），国内的搜狐（www.sohu.com）、新浪（www.sina.com）、网易（www.163.com）搜索都属于这一类。

元搜索引擎在接受用户查询请求时，同时在其他多个引擎上进行搜索，并将结果返回给用户。著名的元搜索引擎外国的代表产品有InfoSpace（www.infospace.com），中文元搜索引擎中，具有代表性的有搜星搜索引擎（www.soseen.com）。

5.4.4 网络聊天

随着现代文明的发展，人们正在承受着越来越多的压力。网络聊天室的出现，弥补了人们紧张心理喧嚣发泄场所之不足。在网络虚拟的时空里，敞开心扉，谈论自己的学习、生活、工作，把自己的快乐与别人分享，自己的烦恼让别人分担，起到缓解生活压力的作用。但是网络世界毕竟是虚拟的，对网络中的一切决不能和生活现实等同对待，尤其青年学生要加强自我保护意识，以免上当受骗。

1．聊天网站

几乎所有的大型网站都有自己的聊天室，进入聊天室，就可以选定有关话题进行实时聊天，有的网站还建立有语音聊天室和视频聊天室，可以进行面对面的实时聊天。下面以网易网站为例，讲解网站聊天过程。

在IE6.0中，输入网址：www.163.com，打开后如图5-30所示。

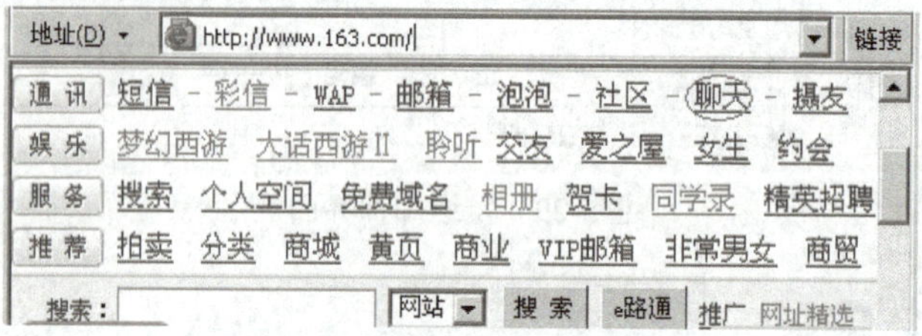

图5-30　网易网站主页

单击“通讯”项目列表中的“聊天”链接，打开系统聊天室，如图5-31所示。

图5-31　网易网站系统聊天室

在系统聊天室中单击自己感兴趣的话题，然后输入在聊天中的“昵称”，单击“进入”即可以进入聊天室，如图5-32所示。进入聊天室时，有的网站要求注册信息后，作为合法用户才能进入，有的支持匿名登录。

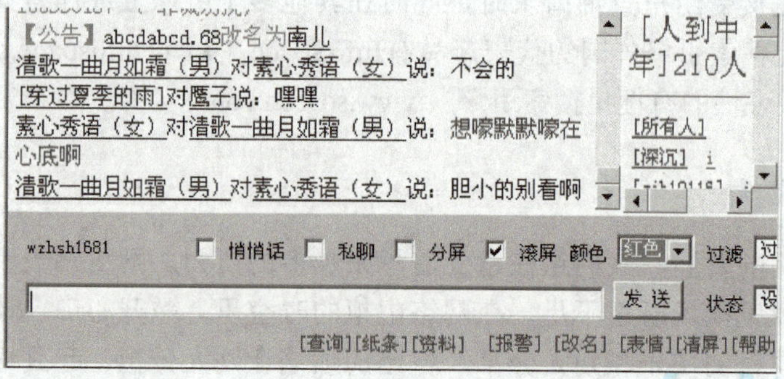

图5-32　聊天室即时消息

聊天室的左上部为聊天内容，在不停的变化更新，右上部分是聊天室的所有人员，单击选择某个人后，就可以和该人进行聊天，聊天内容在下面的文本编辑框中，输入聊天内容后，单击“发送”或者打“Enter”键，即将内容发送给对方。对方回复的内容也会在左上部文字编辑框中显示。

在网络聊天室，还可以选定某人后，进行两人单独聊天，此时系统打开一个独立的窗口，可以不受外人的干扰，信息比较纯净。

聊天结束，退出聊天室，关闭网页即可。

2. 聊天软件

目前用于网络聊天的软件比较多，QQ是最常见的一种，在我国使用QQ聊天的用户在不断增长，注册用户接近亿万，是全球最大的网络即时通信软件。QQ是国内最早从事Internet即时通信和移动通信的专业软件开发商——深圳腾讯公司在1999年2月自主开发设计的。QQ合理的设计、良好的易用性、强大的功能、稳定高效的系统运行，一经入市就很快赢得了广大网友用户的青睐。

QQ支持显示朋友在线信息、即时传送信息、即时交谈、即时发送文件和网址，操作界面十分友好。QQ可以在中文Windows操作系统下运行，是十分灵活的网络寻呼工具。它会自动检查你是否已连网，如果你的计算机已连入Internet，可以搜索网友、显示在线网友，可以根据QQ号码、昵称、姓名、E-mail地址等关键词来查找，找到后可加入到通信录中。当你的通信录中的网友在线时，QQ中朋友的头像就会显示在线，根据提示就可以发送信息，如果对方登记了寻呼机或开通了GSM手机短信息服务，即使离线了，你也可以及时将信息传递给你好友。此外，语音版QQ还可以方便地和网友进行语音和视频聊天。

3. IP电话

IP电话业务是随着互联网的发展而发展起来的，它利用网络软件和计算机服务器（网关）将语音转换成数字信号送至互联网上传输，再通过网关转到对方的本地网交换机和电话上，因此，IP电话又俗称“网络电话”。

IP电话最大的优越性是价格低廉。用IP电话打国内或国际长途只须付市话费、上网费用。

IP电话与传统电话的重要区别是多组通话对象可以共用一条线路，通过信息打包的方式在互联网上传输。所以它能保证费用比普通电话网低廉，但打包的方式实现通信传输，就使得它的话音有些滞后，且有掉话现象产生，通话质量得不到保证。但是随着网络技术的逐渐完善，IP电话一定会给人们带来更好的服务。

网络驿站

万维网于1989年起源于欧洲的一个国际核能研究院中，一个科学家发现：随着研究发展，研究院里文件不断更新，人员流动很大，很难找到相关的最新的资料。他借用了50年代出现的“超文本”的概念，提出了一个建议：服务器维护一个目录，目录指向每个人的文件；每个人维护自己的文件，保证别人访问的时候总是最新的文档。这个提议文档现在依然可以在国际万维网组织W3C的网站上找到。超文本与计算机网络结合在一起，新世界向我们打开了大门。

1993年2月，第一个图形界面WWW浏览器Mosaic在美国国家超级计算机应用中心诞生，一年后，Mosaic广为流行，它的作者组织创建了Netscape通信公司，开发Web的客户和服务器软件。1995年Netscape Navigator浏览器上市，WWW在互联网上广为流行起来。最受欢迎的浏览器是微软公司的Internet Explorer。

仔细观察

尝试用不同的搜索引擎查找同一个信息，体会其各自的优势。

网络论坛

有人说，未来电话将是IP电话的天下。你同意这个观点吗？

学以致用

网络聊天的东西方有很大差别，2008北京奥运村针对于西方运动员在计算机里安装了哪种网络聊天工具？比较两个网络聊天工具优缺点？

智能表格

调查一下如今网络浏览器有哪些？列表找出他们各自的优缺点？

举一反三

收发电子邮件时，你喜欢哪个网站的邮箱？为什么？

疑难问题

你认为“互联网”与“因特网”是同一个概念吗？如果认为两者是不同的，那么请说明它们的联系与区别。

知识链接

杰夫·贝佐斯（Jeffrey P．Bezos）

亚马逊公司创始人和总裁杰夫·贝佐斯在短短3年时间里，从无到有，使亚马逊公司成为世界最大的网上书店。公司股票上市一年多就增长20倍，市场总值超过拥有1000余家分店的美国最大的庞诺书店的8倍。而他本人也成为比尔·盖茨式的美国新一代超级富豪，身价数十亿美元，创造了又一个“美国神话”。杰夫·贝佐斯从小就是个富有创造性的人。工作以后，凭借旺盛的工作热情和创新精神，贝佐斯很快成为华尔街一家投资基金的副总裁，负责对网络科技公司的投资。1994年，深切体会到网络市场的巨大机遇的贝佐斯出人意料地放弃这条件优越的工作，来到西雅图，于1995年7月在自家的车库里建起了网上图书销售公司——亚马逊，这个名字与世界流量最大的河同名。创业之初，条件十分艰苦，他每天在附近的一家庞诺书店的咖啡屋里会见供货商或求职者。三年后，随着亚马逊公司股价的迅速上涨，贝佐斯成了亿万富豪。但是，他清醒地意识到，这些财富可能一夜之间就化为乌有。他开的仍是一辆旧的日产本田汽车，并仍保持着创业时的那股拼劲儿。网络技术使亚马逊一类的新型公司迅速膨胀。得到用户认可的亚马逊公司已成为网络空间里最大的商店，拥有450万名顾客，1998年销售额可望从前一年的1.48亿美元增加到5.4亿美元。1997年5月，公司刚上市的股票每股仅值9美元，而到1998年11月，在网络公司股票市场低迷的情况下，该公司的股票却一度涨至每股209美元，增长了23倍。而这些都发生在亚马逊每年亏损数百万美元，且预计直到2001年都不能赢利的情况下。这是因为，人们相信网络市场的潜力无限，更相信亚马逊公司已先一步在网络市场中占有一席之地。杰夫·贝佐斯被称为电子商务之父。

5.5 打开面向网络世界的窗口—— ADSL的共享连接和配置（实训）

【实训目的】

1）掌握ADSL调制解调器的安装方法。

2）掌握单用户通过电话线拨号连接Internet的方法。

3）掌握通过LAN利用ADSL Modem接入Internet的方法。

【实训环境】

1）ADSL Modem。

2）做好的交叉网线一根，直通网线若干。

3）采用直接拨号公用电话线路一条，任意一个Internet服务提供商（ISP）。

4）交换机一台。

5）安装了Windows 2000的计算机若干。

【实训内容及步骤】

1. ADSL调制解调器的安装方法

1）ADSL的系统结构如图5-14所示。

2）ADSL终端设备的安装，如图5-33所示，只要将电话线与滤波器相连，滤波器与ADSL Modem之间用一条两芯电话线相连，ADSL Modem与计算机的网卡之间用一条交叉网线连通即完成了设备的安装。

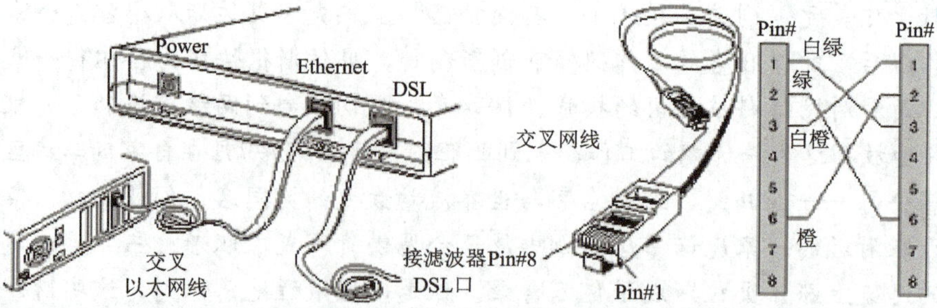

图5-33　ADSL终端设备的安装

2．单用户通过电话线拨号连接Internet的方法

ADSL Modem可分为内置、外置两种类型，其中外置又包括以太网接口和USB接口，并且外置ADSL Modem一般都带一个独立的滤波分离器，用于把电话线中传输的ADSL网络信号和普通电话语音信号分离，内置ADSL Modem一般都把分离器集成在内置卡上，可称为ADSL网卡，ADSL网卡通常使用计算机的PCI总线接口。

1）利用ADSL内置网卡接入。

2）以太网接口外置式ADSL Modem接入。

3．通过LAN利用ADSL Modem接入Internet的方法

通过LAN利用ADSL同样可以实现多用户接入互联网。ADSL的多用户接入与单机用户接入没有很大区别，只需加一个集线器，用网线将集线器与ADSL Modem连起来就可以了，如图5-34所示。

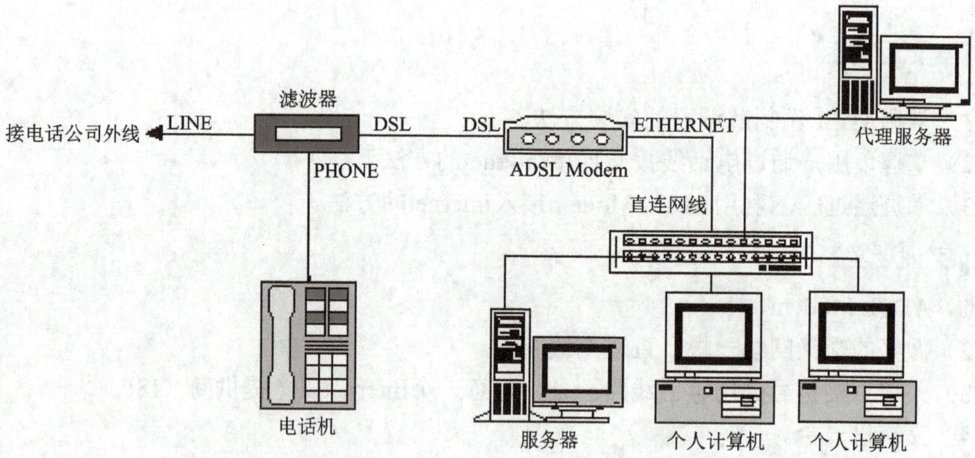

图5-34　通过LAN利用ADSL　Modem接入Internet的方法

4．安装ADSL需具备的条件

（1）计算机硬件配置的最低要求　CPU的主频在Pentium 133MHz以上；内存在32M或以上；硬盘剩余空间大于100M；网卡接口为RJ-45的10Mbps或10Mbps/100Mbps自适应以太网卡；浏览器为IE5.0/6.0或Netscape4.0；操作系统是Windows 98/2000/NT/ME/XP等。

（2）普通电话　ADSL对电话线路要求较高，线路环阻太大将不能安装。

5．安装步骤

ADSL的安装分硬件安装和软件安装两部分。

（1）硬件部分　ADSL的硬件安装比使用Modem稍微复杂一些。设备安装包括：一块10Mbps或10Mbps/100Mbps自适应网卡，一个ADSL调制解调器，一个信号分离器，另外还有两根两端做好RJ-11头的电话线和一根两端做好R-J45头的五类双绞线。

（2）软件部分　ADSL上网的软件设置可分为以下几个步骤。

① 安装网卡：ADSL调制解调器是通过网卡和计算机相连的，在安装ADSL Modem前要先安装网卡。安装完成以后如图5-35所示（本例网卡为NE2000）。

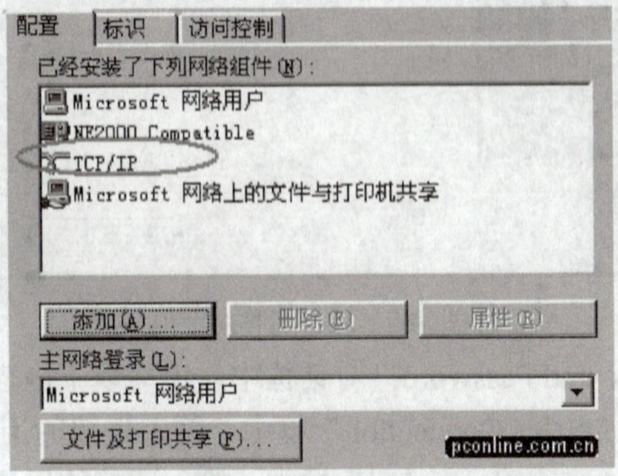

图5-35　网络组件配置图

② 安装虚拟拨号软件EnterNet500：目前基于Windows操作系统的拨号软件很多，它们都支持Windows98、Windows NT和Windows 2000。目前最通用和流行的拨号软件是EnterNet500。在Windows 2000系统中，推荐使用EnterNet500。它具有独立的PPP协议，可以不依赖操作系统，来直接驱动网卡连接ISP。

下载EnterNet 500并双击SETUP.EXE，选择Quick Install（accept default settings）选项，进行默认选项的快速安装，然后就一直单击“next”，系统会自动完成安装，完成后，Windows 2000不需要重启；而且桌面上会有EnterNet 500图标。

③ 建立连接：双击桌面上图标，出现如图5-36窗口，双击“Create New Profile”图标。

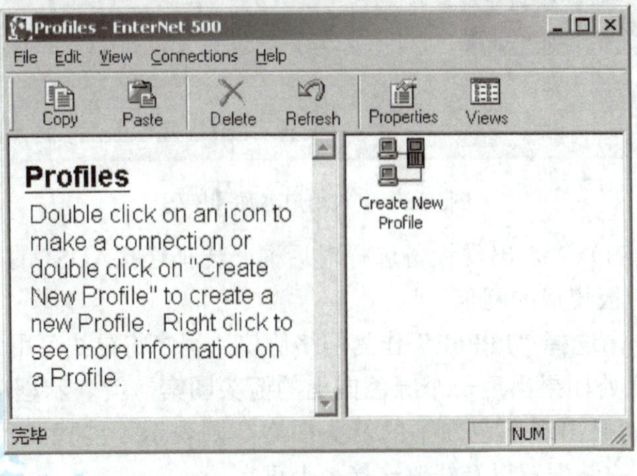

图5-36　建立新连接窗口

在出现的对话框中输入标识名称，此名称可任意取，如“163”，单击“下一步（N）”。如图5-37所示。

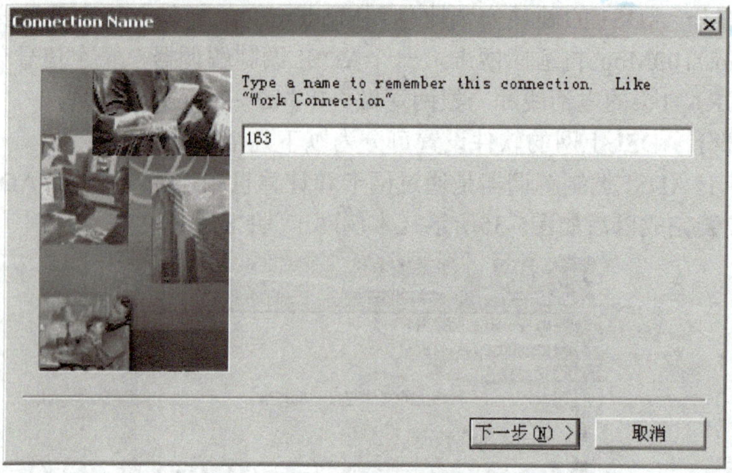

图5-37　连接名称对话框

在出现的“User Name and Password”对话框中，填写以下内容。

“Enter the User Name for this Connection”框中，输入连接的用户名。

“Enter the Password for this Connection”框中，输入连接的用户密码。

“Enter the Password one more time”框中，再次输入用户密码，如图5-38所示。

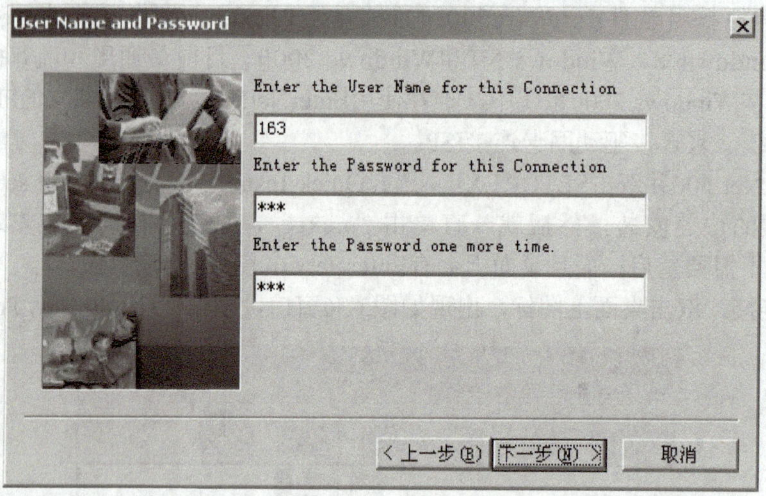

图5-38　填入用户名称和密码

单击“下一步（N）”，出现设备选择对话框，选择连接ADSL的网卡设备，如图5-39所示，为华硕P4PE主板集成的网卡。

单击“下一步”，选择“PPPoE”作为网络协议，程序将寻找可用的宽带接入服务器。单击“下一步”，此处如果出现一个绿色向上的箭头图案，就表示程序找到了一个服务器可用于宽带接入；如果出现蓝色向下的箭头图案，则表示不能找到用于宽带接入的服务器，这时需检查网卡安装配置以及线路连接是否正常。

单击“完成”按钮，即创建了一个拨号连接，如图5-40所示。

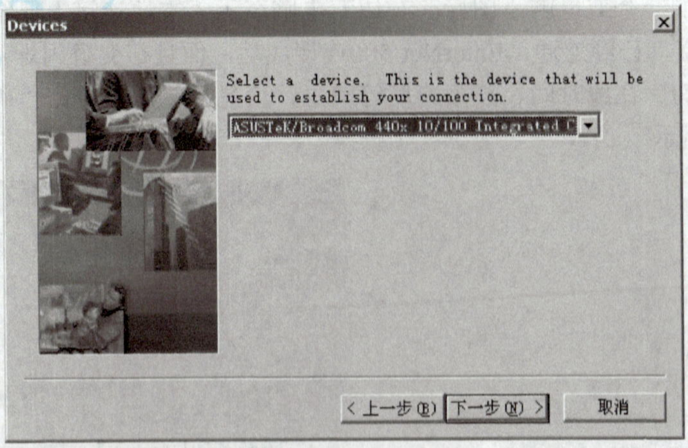

图5-39　网卡设备选择

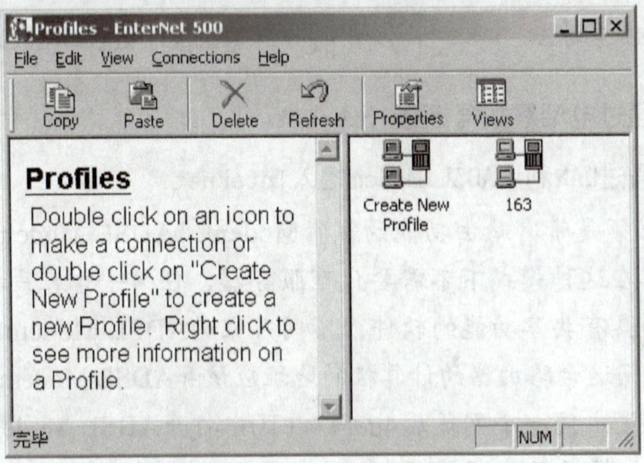

图5-40　拨号连接建立成功

④ 拨号上网：双击建立的拨号连接“163”，出现连接窗口，输入用户名和密码，如图5-41所示。

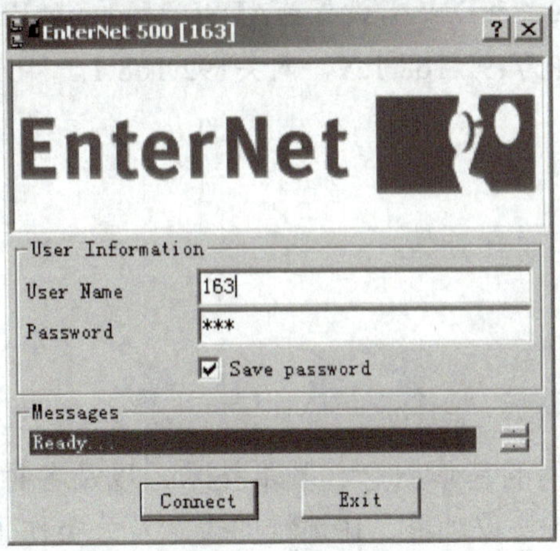

图5-41　拨号连接

单击“Connect”按钮，开始连接。连接成功后，如图5-42所示，该虚拟拨号窗口将缩小为桌面右下角的一个双电脑小图标。左边双电脑表示“本地连接”已经连通，右侧双电脑表示“拨号连接”已经连通，EnterNet 500连接成功，而且在交替闪烁。窗口显示连接信息，包括连接时间、在线时间、连接速度等信息，信息显示后，单击“确定”按钮，自动消失，如图5-43所示。

图5-42　连接成功标志

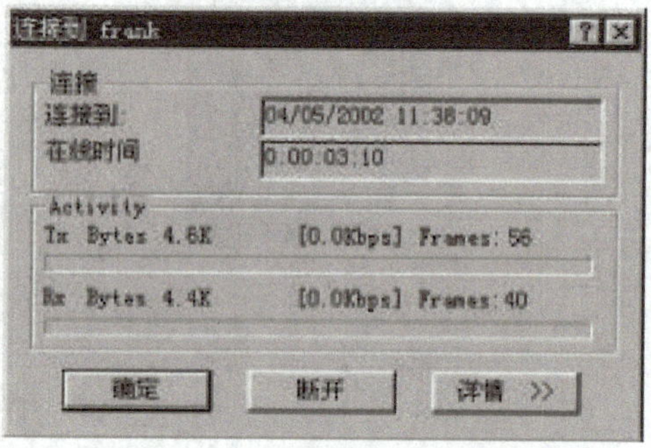

图5-43　连接成功数据显示

6. 测试单用户通过电话线拨号连接Internet

7. 连接和测试通过LAN利用ADSL Modem接入Internet

注意：Modem必须是带有路由功能的宽带Modem。ADSL Modem完成了拨号＋Nat功能，所以在这种模式下不需要代理服务器，任何一台客户机上都不需要安装拨号软件和具有共享功能的软件。不同厂家的ADSL Modem的默认IP地址是不同的，要访问这台路由器的计算机的地址应该和ADSL Modem的IP地址处在同一个网段。设置成同一个网段后就可以在IE中打开ADSL Modem的管理页面进行相应的设置。根据不同ADSL Modem的开启方法进行相应设置。先设置使用Modem的内置拨号，再设置Modem的IP地址。Modem的IP 是指内网的IP不是ISP 给你分配的那个临时IP。设置客户机，客户机的IP需和ADSL Modem的IP地址处在同一个网段，网关和DNS需设置为ADSL Modem的IP地址。比如说192.168.1.1在设置计算机的IP为192.168.1.X，网关192.168.1.1，DNS 192.168.1.1，子网掩码255.255.255.0。

知识总结

本 章 小 结

本章主要介绍了广域网的基本概念、基本技术，以及各种技术的对比和发展方向；TCP/IP协议设置，特别是IP协议功能，IP地址的表示及分类作了详细的介绍；WWW基础知识和互联网常见功能及应用，并介绍了互联网的接入方式，电话ADSL接入的详细操作步骤，对IE和电子邮件的使用进行了介绍。互联网是全球最大的广域网，它的出现彻底改变了人们的工作和生活，为人们带来了极大的方便。

竞技擂台

1．选择题 A级（1-20） B级（21-30） C级（31-40）

1） 不可能作为Internet中主机的IP地址的是（　　）。

A．198.23.202.54　　B．255.255.255.0

C．221.56.49.2　　D．95.82.66.155

2） 若某个人的E-mail地址为czg@163.cn表示他可以在（　　）收信。

A．当地城市　　B．中国教育与科研网

C．仅仅国外　　D．全世界

3） WWW指的是（　　）。

A．World Wide Web　　B．Wide Word Web

C．Web World Wi　　D．Web Wide World

4） 一般来说，域名www.tsinghua.edu.cn是在（　　）。

A．工商界　　B．政府机构　　C．中国教育界　　D．网络机构

5） 使用因特网的FTP功能，可以实现（　　）。

A．文件传输　　B．远程登录　　C．发送电子邮件　　D．网页的浏览

6） 上网时，表示网站的字符如“128.113.7.226”称为（　　）。

A．域名　　B．IP地址　　C．网页　　D．电子信箱

7） HTTP是一种（　　）。

A．域名　　B．网址

C．协议　　D．网络上用的高级程序设计语言

8） 下列4项内容中不属于Internet基本功能的是（　　）。

A．实时监测控制　　B．电子邮件　　C．远程登录　　D．文件传输

9） 发送电子邮件，以下说法不正确的是（　　）。

A．在发送电子邮件时，并不要求对方开机

B．发送电子邮件不可以附加文件

C．发送电子邮件之前，要事先知道接收方的电子邮件

D．一次发送操作，可以同时发给多个接收者

10）下面电子信箱地址中不正确的是（　　）。

A．limi@china.com　　B．123lili@sohu.com

C．XT.chuanshen.com　　D．WXY@cctv.com

11）以下用作电子邮件处理的应用程序是（　　）。

A．Microsoft Access　　B．Netscape

C．Outlook Express　　D．Internet Express

12）浏览Web页时使用的协议是（　　）。

A．POP3　　B．HTML　　C．HTTP　　D．DNS

13）以下不属于互联网服务范围的是（　　）。

A．信息查询　　B．文件传输　　C．货物快递　　D．电子邮件

14）在Internet中电子公告板的缩写是（　　）。

A．BBS　　B．WWW　　C．Telnet　　D．ISP

15）电话拨号上网时，不需要的设备是（　　）。

A．调制解调器　　B．计算机　　C．电话线　　D．电话机

16）要查看某个网站的信息，需要在计算机上安装（　　）类型的软件。

A．下载软件　　B．邮件收发软件　　C．文件上传软件　　D．浏览器软件

17）IP地址是（　　）。

A．Internet中网络资源的地理位置　　B．接入Internet的计算机地址编号

C．Internet中的子网地址　　D．接入Internet的局域网编号

18）Internet上的每台正式计算机用户都有一个独立的（　　）。

A．E-mail　　B．协议　　C．TCP/IP　　D．IP地址

19）下列4项中，合法的IP地址是（　　）。

A．210.45.233　　B．202.38.64.4

C．1013.305.77　　D．115, 123, 20, 245

20）搜索引擎可以用来（　　）。

A．收发电子邮件　　B．检索网络信息　　C．拨打网络电话　　D．发布信息

21）www.bat.net.cn表示一个网站的（　　）。

A．网络协议　　B．IP地址　　C．通信地址　　D．域名

22）IE6.0是一个（　　）。

A．网络协议　　B．域名　　C．浏览器　　D．搜索引擎

23）正确的URL写法是（　　）。

A．http://www.cn.sina.com　　B．ftp://www.cn.sina.com

C．http://www.sina.com.cn　　D．ftp://wwwcnsinacom

24）网址www.baoan.gov.cn可以看出，它是中国的（　　）的网站

A．军事部门　　B．政府部门　　C．教育部门　　D．经济部门

25）对于电子邮件，以下说法错误的是（　　）。

A．电子邮件是互联网上提供的一项最基本的服务

B．通过电子邮件可以向世界上的任何电子邮件用户传送信息

C．只可以发送文本信息

D．电子邮件具有快速高效，方便廉价等特点

26）关于互联网中主机的IP地址，叙述不正确的是（　　）。

A．IP地址是网络中计算机的身份标识

B．IP地址可以随便指定，只要和的主机IP地址不同就行

C．主机的IP地址必须是全球唯一的

D．IP地址是由32个二进制位组成

27）关于互联网中的WWW服务，以下（　　）是错误的

A．WWW服务器中存储的通常是符合HTML规范的结构化文档

B．WWW服务器必须具有创建和编辑Web页面的功能

C．WWW客户端程序也被称为WWW浏览器

D．WWW服务器也被称为Web站点

28）调制解调器（Modem）的主要功能是（　　）。

A．模拟信号的放大　　B．数字信号的整形

C．模拟信号与数字信号的转换　　D．数字信号的编码

29）域名服务器上存放着Internet主机的（　　）。

A．域名　　B．IP地址和以太地址对照表

C．IP地址　　D．域名和IP地址的对照表

30）划分子网的目的是（　　）。

A．将网络划分为更小的子网　　B．提高IP网络资源的利用率

C．使更易于管理　　D．以上说法均正确

31）（　　）是互联网中最重要的设备，它是网络与网络连接的桥梁。

A．中继站　　B．集线器　　C．路由器　　D．服务器

32）下列三类地址格式中B类地址格式是：（　　）。

A．0网络地址（7位）主机地址（24位）

B．01网络地址（14位）主机地址（16位）

C．10网络地址（14位）主机地址（16位）

D．110网络地址（21位）主机地址（8位）

33）在IP地址中，B类网络地址占用字节数为（　　）。

A．1　　B．2　　C．3　　D．4

34）对于一个没有经过子网划分的C类网络来说，允许安装的最大主机数为（　　）。

A．1024　　B．65025　　C．254　　D．48

35）C类IP地址最多可以借（　　）b来创建子网。

A．4　　B．2　　C．6　　D．8

36）下面的IP地址中哪一个是B类地址（　　）。

A．10.10.10.1　　B．191.168.0.1　　C．192.168.0.1　　D．202.113.0.1

37）在Internet中，IP地址168.147.52.38属于B类地址，该地址的二进制表示是（　　）。

A．10011000.10010011.00110100.00100110

B．10101000.10010100.00110100.00100110

C．10101000.10010011.00110100.00100110

D．10101000.10010011.00110110.00100110

38）下列哪个是有效的IP地址（　　）。

A．131.255.255.18　　B．192.5.91.255　　C．220.103.256.56　　D．127.21.19.0

39）用于配置交换机或路由器的concole线缆类型为（　　）。

A．直通缆　　B．交叉缆　　C．反转线　　D．三者都可以

40）IP地址10000000 00110100 00000000 00001111的十进制写法是（　　）。

A．90.43.0.15　　B．128.52.0.15

C．128.10.5.37　　D．90.3.96.44

2．填空题 A级（1-9） B级 C级（10-13）

1）普通用户接入Internet的方式有＿＿＿＿＿＿、＿＿＿＿＿＿、＿＿＿＿＿＿、＿＿＿＿＿、＿＿＿＿＿、＿＿＿＿＿。

2）从结构上分，路由器可分为＿＿＿＿＿＿和＿＿＿＿＿＿两种。

3）从功能上划分，可将路由器分为＿＿＿＿＿、＿＿＿＿＿、＿＿＿＿＿。

4）如果按路由器所处的网络位置划分，则通常把路由器划分为＿＿＿＿＿＿＿＿和＿＿＿＿＿＿＿＿。

5）调制解调器是由＿＿＿＿＿和＿＿＿＿＿组合而成的。

6）IP地址包括＿＿＿＿＿和＿＿＿＿＿两部分。

7）IP地址共有＿＿＿＿＿位地址，一般以＿＿＿＿＿＿个字节表示，每个字节的数字又用十进制表示，即每个字节的数的范围是＿＿＿＿＿，且每个数字之间用点隔开，这种记录方法称为＿＿＿＿＿。

8）电子邮件的格式：＿＿＿＿＿。

9）IP地址可以分为＿＿＿＿类。目前网络设备的MAC地址由＿＿＿位二进制数字构成，IP地址由＿＿位二进制数字构成。

10）在Internet中URL的中文名称是＿＿＿＿＿＿。

11）顶级域名中商业机构为＿＿＿＿＿，教育机构为＿＿＿＿＿，政府部门为＿＿＿＿＿，军事部门为＿＿＿＿＿，网络机构为＿＿＿＿＿，国际组织为＿＿＿＿＿。

12）顶级域名cn指的是＿＿＿＿＿，us指的是＿＿＿＿＿，ca指的是＿＿＿＿＿，HK指的是＿＿＿＿＿。

13）域名的结构是＿＿＿＿＿.＿＿＿＿＿.＿＿＿＿＿.＿＿＿＿＿。

3．指出下面简称的中文含义 A级（1-2） B级（3-5） C级（6-10）

1）Router

2）modem

3）URL

4）HTTP

5）WWW

6）HFC

7）IPv6

8）ADSL

9）PSTN

10）DDN

4. 填图题 A级 B级

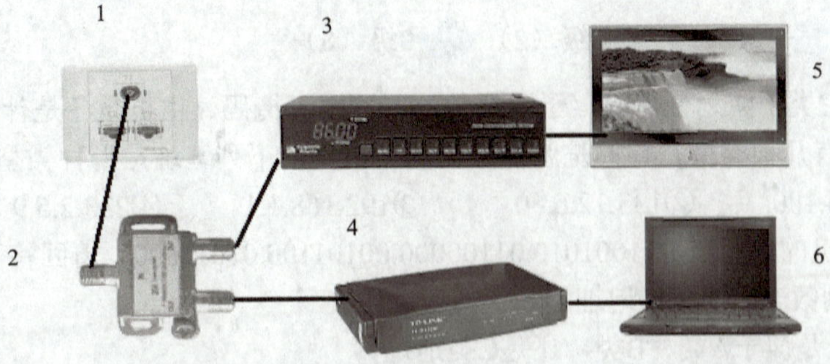

图 5-44

5. 判断对错 A级（1-5） B级（6-7） C级（8-10）

1）电子邮件格式为：username@hostname，其中username是邮箱用户名，hostname为邮件服务器名，@表示“在”（即英文单词at）。（ ）

2）域名与IP地址紧密联系在一起，如果把域名比喻成一个人的姓名，IP地址就是他的身份证号码，理论上二者是一一对应的关系。（ ）

3）顶级域名划分采用了组织模式和地理模式。（ ）

4）域名与计算机并不是一一对应的关系，一台计算机可能有多个域名，即一个IP地址可以有多个域名。（ ）

5）域名解析包括正向解析（从域名到IP地址）以及反向解析（从IP地址到域名）。对应这两种域名解析，TCP/IP在互连层专门定义了两个协议：地址解析协议ARP和反向地址解析协议RARP。（ ）

6）WWW服务是互联网提供的最早的、最基本的服务。（ ）

7）SMTP协议是用于传输电子邮件的简单协议，是TCP/IP协议簇的成员，通常用于把电子邮件从客户机传输到服务器，以及从某个服务器传输到另一个服务器，SMTP协议是按照客户机/服务器模式工作的。（ ）

8）POP协议（邮局协议）是一种允许用户从邮件服务器收发邮件的协议，POP3与SMTP相结合，POP3是目前最常用的电子邮件服务协议，是一个脱机协议。（ ）

9）IPv4中规定IP地址长度为32，而IPv6中IP地址的长度为128。（ ）

10）宽带线路和窄带线路上比特的传播速率是一样的。（ ）

6. 简答题 A级（1-4） B级 C级（5-6）

1）如何选择路由器？

2）简述路由器的主要功能。

3）简述Internet主要功能。

4）接入Internet有几种方式？

5）IP地址分为哪几类？193.24.32.15是哪类网络中的IP地址？

6）与IPV4相比，IPV6具有什么优势？

7. 计算题 A级（1） B级（2） C级（3）

1）写出才C类子网划分情况，子网位数、子网数、掩码、主机数各是什么？

2）IP地址有几种类型？它们是怎样分类的？请判断下列地址是哪种类型的IP地址？

①96.1.4.100　②133.12.6.50　③192.168.1.1　④233.2.5.9

3）某计算机的IP地址是11001010.01100000.00101100.01011000，请回答下列问题：

①用十进制数表示上述IP地址。

②该IP地址是属于A类、B类，还是C类地址？

③写出该IP地址在没有划分子网时的子网掩码。

④将该IP地址划分为两个子网，写出子网掩码。

第6章

成在安全——网络安全

随着计算机网络的日益普及，网络安全越来越重要，各种病毒、木马、网络黑客大量存在，对计算机网络安全构成了极大的威胁，而且随着互联网的普及，传输速度越来越快，反病毒、防黑客任重道远，如何将各种网络隐患消除在萌芽状态，使网络在一个安全环境中运行，是每个网络工作者必须考虑的工作范畴，为此本章介绍有关网络安全方面的知识。

6.1 网络的掌门——网络安全的概述

计算机网络安全是指网络系统的硬件、软件及其系统中的数据不因偶然的或者恶意的原因而遭到破坏、更改、泄露而受到保护，确保系统能连续、可靠、正常地运行，使网络服务不中断。网络安全从本质上讲就是网络上信息的安全。

从狭义的保护角度来说，计算机网络安全是指计算机及其网络系统资源及信息资源不受自然和人为有害因素的威胁与危害。从广义来说，凡是涉及到计算机网络上信息的保密性、完整性、可用性、真实性和可控性的相关技术理论，都是计算机网络安全研究的领域。广义的计算机网络安全还包括信息设备的物理安全，如场地环境保护、防盗措施、防火措施、防雷击措施、防水措施、防静电措施、电源保护、空调设备、计算机及网络设备的辐射和计算机病毒等。

网络安全是一门涉及计算机科学、网络技术、通信技术、密码技术、信息安全技术、应用数学、数论和信息论等多种学科的综合性学科。

1. 计算机网络安全的特征

计算机网络安全应具有以下四个方面的特征。

（1）保密性　保密性是指信息不泄漏给非授权的用户、实体或过程，或供其利用的特性。即防止信息泄漏给非授权个人或实体，信息只为授权用户使用。

（2）完整性　完整性是指数据未经授权不能进行改变，信息的存储或传输过程中保持不被修改、不被破坏和丢失的特征。完整性是一种面向信息的安全性，它要求保持信息的原样，即信息的正确生成和正确存储与传输。

（3）可用性　可用性是指可被授权实体访问并按需求使用的特性。即网络信息服务在需要时，允许授权用户或实体使用的特性，或者是网络部分受损或需要降级使用时，仍能为授权用户提供有效服务的特性。

（4）可控性　可控性是指对信息的传播及信息的内容具有控制能力。

2. 网络安全的结构层次

网络安全的结构层次主要包括：物理安全、安全控制和安全服务。

（1）物理安全　物理安全是指在物理介质层次上对存储和传输的网络信息的安全保护。也就是保护计算机网络设备、设施及其他媒体免遭地震、水灾、火灾等环境事故以及人为操作失误或错误及各种计算机犯罪行为导致的破坏过程。物理安全是网络信息安全的最基本保障，是整个安全系统不可缺少和忽视的组成部分。它主要包括以下三个方面的内容：

①环境安全。环境安全是指对系统所在环境的安全保护，如区域保护和灾难保护。关于环境安全国家制定了一系列的国家标准。比如，GB 50173—1993《电子计算机机房设计规范》、GB 2887—1989《计算站场地技术条件》和GB 9361—1988《计算站场地安全要求》等。

②设备安全。设备安全主要包括设备的防盗、防毁、防电磁信息辐射泄漏、防止线路截获、抗电磁干扰及电源保护等。

③媒体安全。媒体安全包括媒体数据的安全及媒体本身的安全。

（2）安全控制　安全控制是指在网络信息系统中，对存储和传输的信息操作及进程进行控制与管理，重点是在网络信息处理层次上对信息进行初步的安全保护，安全控制可以分为以下三个层次。

①操作系统的安全控制。操作系统的安全控制包括对用户的合法身份进行核实（比如，开机时要求键入口令）、对文件的读写存取的控制（比如，文件属性控制机制）等。此类安全控制主要保护被存储数据的安全。

②网络接口模块的安全控制。网络接口模块的安全控制是指在网络环境下对来自其他机器的网络通信进程进行安全控制，主要包括身份认证、客户权限设置与判别以及审计日志等。

③网络互联设备的安全控制。网络互联设备的安全控制是指对整个子网内的所有主机的传输信息和运行状态进行安全监测与控制，主要通过网管软件或路由器配置实现。

安全控制主要通过现有的操作系统或网管软件、路由器配置等实现。它只提供了初步的安全功能和网络信息保护。

（3）安全服务　安全服务是指在应用程序层对网络信息的保密性、完整性和信源的真实性进行保护及鉴别，满足用户的安全需求，防止并抵御各种安全威胁和攻击手段。安全服务可以在一定程度上弥补和完善现有操作系统及网络信息系统的安全漏洞。安全服务的主要内容包括安全机制、安全连接、安全协议和安全策略等。

①安全机制。安全机制是利用密码算法对重要而敏感的数据进行处理的机制。比如，以保护网络信息的保密性为目标的数据加密和解密；以保证网络信息来源的真实性和合法性为目标的数字签名与签名验证；以保护网络信息的完整性，防止和检测数据被修改、插入、删除以及改变的信息认证等，安全机制是安全服务乃至整个网络信息安全系统的核心和关键。现代密码学在安全机制的设计中扮演着重要的角色。

②安全连接。安全连接是在安全处理前与网络通信方之间的连接过程。安全连接为安全处理进行了必要的准备工作。安全连接主要包括会话密钥的分配、生成和身份验证。后者旨在保护信息处理和操作等双方的身份真实性与合法性。

③安全协议。安全协议是使网络环境下互不信任的通信方能够相互配合，并通过安全

连接和安全机制的实现来保证通信过程的安全性、可靠性和公平性的协议。

④ 安全策略。安全策略是安全体制、安全连接和安全协议的有机组合方式，是网络信息系统安全性的完整的解决方案。安全策略决定了网络信息安全系统的整体安全性和实用性。不同的网络信息系统和不同的应用环境需要不同的安全策略。

3. 计算机网络安全威胁的来源

影响计算机网络安全的因素很多，有些因素可能是有意的，也可能是无意的；可能是天灾，也可能是人为的。计算机网络安全威胁的来源主要有3个。

（1）天灾　天灾是指不可控制的自然灾害，如雷击、地震等。天灾轻则造成正常的业务工作混乱，重则造成系统中断和无法估量的损失。

（2）人为因素　人为因素可分为有意和无意两种类型。

人为的无意失误和各种各样的误操作都可能造成严重的不良后果。如文件的误删除、输入错误的数据、操作员安全配置不当；用户的口令选择不慎，口令保护得不好；用户将自己的账号随意借给他人或与别人共享等，都可能会对计算机网络带来威胁。

有意因素是指人为的恶意攻击、违纪、违法和犯罪，它是计算机网络面临的最大威胁。人为的恶意攻击又可分为两种：一种是主动攻击，它以各种方式有选择地破坏信息的有效性和完整性；另一种是被动攻击，它是在不影响网络正常工作的情况下，进行截获、窃取、破译以获得重要机密信息。

这两种攻击均可对计算机网络造成极大的危害，将导致机密数据的泄露。

人为的威胁往往是由于系统资源和管理中的薄弱环节被威胁源（入侵者或其入侵程序）利用而产生的。

（3）系统本身原因

① 计算机硬件系统及网络设备的故障。由于设计、生产工艺、制造、设备运行环境等原因，计算机硬件系统及网络设备会出现故障。如电路短路、断路、接触不良、器件老化和电压的波动干扰等引起的网络系统不稳定。

② 软件的漏洞。软件不可能百分之百的无缺陷和漏洞，软件系统越庞大，出现漏洞和缺陷的可能性也越大。这些漏洞和缺陷就成了攻击者的首选目标。

③ 软件的“后门”。软件的“后门”是软件公司的程序设计人员为了方便而在开发时预留设置的。这些“后门”一般不为外人所知，但是一旦“后门洞开”，其造成的后果将不堪设想。

4. 威胁的具体表现形式

威胁具体表现为物理威胁、系统漏洞造成的威胁、线缆连接威胁、有害程序威胁和管理上的威胁等6种形式。

（1）物理威胁

① 偷窃。网络安全中的偷窃包括偷窃设备、偷窃信息和偷窃服务等内容。如果偷窃者想偷的信息在计算机里，那他们一方面可以将整台计算机偷走，另一方面可以读取、复制计算机中的信息。

② 恶劣的运行环境。恶劣的运行环境是指计算机网络系统的运行环境不符合标准，主要

包括防火、防水、防雷击、防静电、电源保护、环境温度、环境湿度和抗电磁干扰等不符合安全技术要求。恶劣的运行环境可能加速设备的老化，造成设备的损坏、信息的错误或丢失。

③ 废物搜寻。废物搜寻是指在废物（如打印出来的材料或废弃的软盘、光盘）中搜寻所需要的信息。废物搜寻可能包括未从安全角度彻底删除信息的软盘或硬盘上获得有用资料。

④ 间谍行为。间谍行为是一种以获取有价值的机密信息为目的，采用不道德的、不合法的行为盗取信息的过程。

⑤ 身份识别错误。身份识别错误是指非法建立文件或记录，企图把它们作为有效的、正式生产的文件或记录。如对具有身份鉴别特征物品（如加密的安全卡、护照、执照等）进行伪造就属于身份识别发生错误的范畴。

（2）系统漏洞造成的威胁

① 乘虚而入。例如，用户A停止了与某个系统的通信，但由于某种原因仍使该系统上的一个端口处于激活状态，这时，用户B通过这个端口开始与这个系统通信，这样就不必通过任何申请使用端口的安全检查了。

② 不安全服务。操作系统的一些服务程序有时可以绕过机器的安全系统，成为不安全服务。比如，互联网蠕虫就是利用了一些操作系统中可绕过机器的系统进行攻击的。

③ 配置和初始化。当关掉一台服务器以维修它的某个系统时，在重新启动服务器后，可能会有些用户说他们的文件丢失了或被篡改了，这就有可能是在系统重新初始化时，安全系统没有被正确地初始化，从而留下了安全漏洞被人利用。

④ 口令破解。口令破解这种威胁主要是由于用户口令设置比较简单造成的。破解口令就像是猜测密码锁的数字组合一样，在该领域中已形成许多能提高成功率的技巧。比如在计算密码的程序中使用多线程、密码字典等。一般比较安全的口令应该在六位以上，包括字母、数字、符号等。网络上已经出现了针对那些比较简单的口令操作系统进行口令破解、攻击的网络蠕虫病毒。

⑤ 算法考虑不周全。一般来说，口令输入过程必须在满足一定条件下才能正常工作，这个过程通过某些算法来实现。在一些入侵案例中，入侵者采用超长的字符串破坏了口令算法，成功地进入了系统。

⑥ 编辑口令。编辑口令一般需要依靠内部漏洞，如某单位内部的人建立了一个虚设的账户或修改了一个隐含账户的口令，这样，任何知道那个账户的用户名和口令的人，便可以访问该机器了。

（3）线缆连接威胁

① 窃听。对通信过程进行窃听可达到收集信息的目的，这种电子窃听可以将窃听设备安装在通信线缆上，也可以通过检测从连线上发射出来的电磁辐射来拾取所要的信号。

② 拨号进入。拥有一个调制解调器和一个电话号码，每个人都可以通过拨号远程访问网络，但当别有用心的人拥有所期望攻击的网络的用户账户时，就会对网络造成很大的威胁。

③ 冒名顶替。冒名顶替是指通过使用别人的密码和账号，获得对网络及其数据、程序的使用能力。

（4）有害程序威胁

① 计算机病毒。计算机病毒是一种把自己的拷贝附着于机器中的另一程序上的一段代码。通过这种方式，病毒可以进行自我复制，并随着它所附着的程序在机器之间传播。

②代码炸弹。代码炸弹是一种具有杀伤力的代码，其原理是在到达设定的时间，通过网络向被攻击者发送特定代码或在机器中发生了某种操作时，代码炸弹就被触发并开始产生破坏性操作。代码炸弹不像病毒那样四处传播，一般是程序员有意或无意造成的软件安全漏洞。

③特洛伊木马。特洛伊木马程序一旦被安装到机器上，便可按编制者的意图行事。特洛伊木马有的伪装成系统上已有的程序，有的创建新的用户名和口令，有的窃取用户信息，甚至破坏数据。

④更新或下载。有些网络系统允许通过网络进行固件和操作系统更新，于是非法闯入者便可以通过这种更新方法，对系统进行非法更新。

（5）管理上的威胁 管理上的威胁主要来自单位的内部，但对网络安全的威胁非常大，这方面的威胁单靠计算机和网络技术是无法解决的。

①规章制度不健全。规章制度不健全会造成人为泄密事故。如网络方面的规章制度不严，出现网络安全问题不能及时响应、及时处理，对机密文件管理不善，文件存放混乱和违章操作等。

②网络管理员自身问题。网络管理员自身问题包括保密观念不强，不懂保密规则，不遵守规章制度，随便泄密；业务不熟练，不能及时发现并修补网络上的安全漏洞；操作失误造成信息出错、误发；素质不高，缺乏责任心，没有良好的工作态度，明知故犯甚至有意破坏网络系统和设备等。

学以致用

网上搜索一些金刚等文件加密软件，试着对重要文件进行加密，培养网络安全意识。

智能表格

仔细研究下面中国互联网络发展状况统计报告（2008年1月）表6-1和表6-2的两个调查，结合自己身边的实际例子探讨一下网络安全的重要性。

表6-1 网民中网络安全问题发生的比率

	比 例		比 例
电脑感染病毒	90.8%	被仿冒网站欺骗	23.9%
账号/个人信息被盗、被改	44.8%	都没有碰到过	2.5%
网上遭到黑客攻击	26.7%	其他	1.2%

表6-2 网民2007年下半年网络安全问题发生的频次

	0次	1至2次	3至5次	5次以上
电脑感染病毒的次数	3.6%	37.0%	23.7%	35.8%
账号/个人信息被盗、被改的次数	16.3%	63.2%	13.1%	7.4%
网上遭到黑客攻击的次数	18.8%	47.8%	13.8%	19.6%
被仿冒网站欺骗的次数	12.4%	53.7%	16.1%	17.7%

知识链接

据报道，全世界平均不到20分钟就会产成一个病毒。这些病毒通过Internet 以300000km/s速度传向世界各个角落，这意味着连入到Internet的计算机平均20分钟就有可能被感染一次。按每天开机联网2小时，一年内你可能被全世界所有最新病毒感染2190次。

网络论坛

有人说，特洛伊木马并不是计算机病毒。你同意这个观点吗？为什么？

举一反三

市场调查如今计算机病毒主要有哪些？如何防治？

网络故事

BenQ意为“Bring Enjoyment and Quality to Life（享受快乐科技）。

明基BenQ成立于1984年，初期以电脑外设产品为业务重心，并逐渐扩展至光电、通讯以及数字多媒体领域。2001年12月，明基电通正式发表“BenQ”自有品牌，以“时尚产品网络化”为核心发展概念，涵盖液晶显示器、CRT显示器、等离子显示器、投影机、Digital Hub、光驱、刻录机、DVD光驱、数码相机、扫描仪、移动电话、宽带网络等多元化产品线。明基BenQ 2002年营业额为30亿美金，拥有员工13000名。身为IT产业的领导者，明基BenQ在产品研发、制造、销售及客户服务各方面均达到全球化规模：于欧洲、美洲、亚太各国及中国大陆设有分公司，从事行销及客户服务等业务；在中国苏州、台湾、马来西亚槟城以及墨西哥墨西卡利则设有生产基地；在科技研发方面，明基BenQ拥有位于台北、桃园、新竹、苏州及美国圣地牙哥的研发中心，研发工程师2000位以上，各项专利1026个以上。

6.2 强大的免疫系统——计算机病毒的防治

6.2.1 病毒的产生与分类

计算机病毒有很多种定义，从广义上讲，凡是能引起计算机故障，破坏计算机中数据的程序统称为计算机病毒。现今国外流行的定义为：计算机病毒是一段附着在其他程序上的、可以实现自我繁殖的程序代码。在国内，《中华人民共和国计算机信息系统安全保护条例》的定义为：“计算机病毒是指编制或者在计算机程序中插入的破坏计算机功能或者数据，影响计算机使用，并且能够自我复制的一组计算机指令或者程序代码”。此定义具有法律性和权威性。

1．病毒的发展过程

1983年11月3日，弗雷德·科恩（Fred.Cohen）博士研制出一种在运行过程中可以复制自身的破坏性程序，伦·艾德勒曼（Len.Adleman）将它命名为计算机病毒（Computer Viruses）。

计算机病毒在20世纪90年代开始大规模流行。1984年，美国人Thompson开发出了针对UNIX操作系统的病毒程序（当时未给它命名）。这个程序通过UNIX的口令检测作为合法用户注册，进入系统后，将特洛伊木马程序不断传播、复制，使系统瘫痪。这是一个真正实用的、攻击计算机的病毒。

1988年11月2日晚，美国康尔大学研究生罗特·莫里斯（R.T.Morris）利用计算机系统存在的弱点，将计算机蠕虫病毒投放到网络中，使该病毒程序迅速扩展。至第二天凌晨，病毒从美国东海岸传到西海岸，造成了大批计算机瘫痪，遭受攻击的包括5个计算机中心和12个地区结点，连接着政府、大学、研究所和拥有政府合同的250000台计算机，直接经济损失达9600万美元。这是自计算机出现以来最严重的一次计算机病毒侵袭事件，给全世界带来巨大的震动，引起世界各国的广泛关注。

随着计算机技术的发展，有越来越多的病毒出现。1995年在北美地区流行着一种“宏”病毒，它不感染.exe和.com文件，只感染文档文件。与传统病毒相比，宏病毒编写更为简单。1996年12月，宏病毒正式在我国出现，病毒名是“Taiwan No.1”。它是在文件型和引导型病毒的基础上发展出来的，它不仅可由磁盘传播，还可由Internet上E-mail和下载文件传播，传播速度快，可以在多平台上交叉感染，危害极大。据专家估计，宏病毒的感染率高达40%以上，即每发现100个病毒就有40个是宏病毒。

在国内，最初让人关注的病毒是1982年出现的“黑色星期五”病毒、“米氏病毒”和“小球病毒”等。由于当时网络没有普及，因此没有造成病毒的广泛流行。

1998年6月出现了CIH病毒，CIH病毒是目前破坏性最大的病毒之一。其别名有Win95.CIH、Spacefiller、Win32.CIH、PE_CIH。它感染Windows 95/98下的PE（Portable Executable Format）可执行文件，但是不感染DOS文件。它是世界上首例也是目前唯一能攻击计算机硬件的病毒，它可攻击计算机的主板，并造成网络的瘫痪。CIH病毒产于台湾，是台湾大学生陈盈豪编写的。目前发现至少有五个版本，发作时间一般是每月26日。

V1.0版本是最初的CIH版本，不具有破坏性，感染Windows可执行文件。V1.1版本能自动判断运行系统，如果是Windows NT，则自动隐蔽，被感染的文件长度并不增加。V1.2版本增加了破坏用户硬盘以及用户主机BIOS程序的代码，成为恶性病毒。它会感染ZIP自解压文件，导致ZIP压缩包在解压时出现错误信息，发作时间是每年4月26日。其中V1.3版为6月26日发作，不感染WINZIP类的自解压程序。V1.4版本修改了发作日期及病毒的版权信息，为每月的26日发作。由于该病毒一般隐藏在盗版光盘、软件以及游戏程序中，并能通过Internet迅速传播到世界各地，因此破坏性极大。

病毒发作时，通过复制的代码不断覆盖硬盘系统区，损坏BIOS和主引导区数据，看起来硬盘灯在闪烁，但再次启动时，计算机屏幕便一片漆黑，此时用户硬盘上的分区表已被破坏，数据很难再恢复，它对于网络系统的损失更严重。遭到袭击的不仅有国家机关、企事业单位、金融系统，还有公安机关、军事部门，全球因此损失了上百亿美元。

最近，“红辣椒”、“恶邮差”、“冲击波”、Win32.Cydog等一系列病毒的出现，给计算机用户造成了很大的损失。

现在，由于网络的普及，计算机成为开放网络的一个结点，使得病毒可以长驱直入。计算机病毒非但没有得到抑制，数量反而与日俱增，所造成的危害也越来越大，甚至会造成网络的一时瘫痪。

2. 病毒的分类

目前出现的计算机病毒种类繁多，同时，一种病毒也可能发生多种变形。根据计算机病毒的特征和表现的不同，可有以下几种分类方法。

（1）按传染方式分类　传染是计算机病毒的一个主要特征。计算机病毒按其传染方式可分为三种类型，分别是引导型、文件型和混合型病毒。

① 引导型病毒指传染计算机系统磁盘引导程序的计算机病毒。它是一种开机即可启动的病毒，先于操作系统而存在。这类病毒将自身的部分或全部代码寄生在引导扇区，即修改系统的引导扇区，在计算机启动时这些病毒首先取得控制权，减少系统内存，修改磁盘读写中断，在系统存取操作磁盘时进行传播，影响系统工作效率。这类病毒的典型例子有大麻病毒、小球病毒等。

② 文件型病毒指传染可执行文件的计算机病毒。这类计算机病毒传染计算机的可执行文件（通常为.com或.exe、.ovl文件等）以及这些文件在执行过程中所使用的数据文件，在用户调用染毒的执行文件时，病毒被激活。

病毒首先运行，然后常驻内存，伺机传染给其他文件或直接传染给其他文件。其特点是依靠正常的可执行文件的掩护而潜伏下来，成为程序文件的一个外壳或部件，这是较为常见的传染方式。这类病毒的典型例子有黑色星期五病毒、维也纳病毒和宏病毒等。

③ 混合型病毒指传染可执行文件又传染引导程序的计算机病毒。它兼有文件型和引导型病毒的特点。因此，混合型病毒的破坏性更大，传染的机会更多，查杀病毒更困难。

（2）按寄生方式分类　寄生是计算机病毒赖以存在的方式。计算机病毒按其寄生方式可分为四种类型，分别是代替型、链接型、转储型和源码病毒。

① 代替型计算机病毒是指计算机病毒在传染病毒宿主之后，计算机病毒用自身代码的部分或全部代替正常程序的部分或全部，从而使宿主程序不能正常运行。有些攻击操作系统的病毒，在发作时用自己的逻辑运行模块取代操作系统原来的逻辑运行模块，使操作系统不能正常行使自己的功能。

② 链接型计算机病毒是将计算机病毒程序代码链接到被传染的宿主程序代码的首部、中部或尾部，对原来的程序不作修改。这种病毒较为常见，大部分文件型病毒都属于这一类。

③ 转储型计算机病毒是指计算机病毒将原合法程序的代码转移到存储介质的其他部位，而病毒代码占据原合法程序的位置。一旦这种病毒感染了一个文件，就很难被发现，

其隐蔽性较好。

④ 源码病毒主要是利用JAVA、VBS、ActiveX等网络编程语言编写，放在电子邮件的附件HTML主页中，进入正被感染的计算机中并执行。

在用户使用浏览器来阅读这些带有病毒的网页，或者打开邮件的附件时，病毒就不知不觉地侵入用户的机器中。这些病毒除了可以通过网络传播外，还可以通过网络将计算机内的机密泄露出去。

（3）按危害程度分类　严格地说，只要是计算机病毒，就会对系统造成一定的危害性，只是不同的计算机病毒造成的危害程度不同。计算机病毒按其危害程度可分为三种类型，分别为良性病毒、恶性病毒和中性病毒。

① 良性病毒又称表现型病毒。它只是为了以一种特殊的方式表现其存在，如显示某项信息、发出蜂鸣声或播放一段音乐，对源程序不作修改，不删除硬盘上的文件，不格式化硬盘，也不直接破坏计算机的硬件设备，相对而言对系统的危害较小。但是这类病毒还是具有潜在破坏性的，它占用了磁盘空间，使内存空间减少，与操作系统和应用程序争抢CPU的控制权，降低系统运行效率等。

② 恶性病毒又称破坏型病毒。它的目的就是对计算机的软件和硬件进行恶意的攻击，使系统遭到严重的破坏，如破坏数据、彻底删除硬盘上的文件或格式化磁盘，使用户用任何软件都无法恢复被删除的文件，它们甚至可能攻击硬盘，破坏主板，导致系统死机而无法工作，甚至在网络上高速传播，致使网络瘫痪等，因此恶性病毒非常危险，造成的危害十分严重。

③ 中性病毒是指那些既不对计算机系统造成直接破坏，又没有表现症状，只是疯狂地复制自身的计算机病毒，也就是常说的蠕虫型病毒。蠕虫型计算机病毒比较特殊，它不会攻击其他程序，不附着其他程序，不需要寄主。部分蠕虫病毒能在内存和磁盘上移动，以防被其他程序覆盖。从总体上来说，它的危害程度介于良性病毒与恶性病毒之间。说其危害程度轻，是指有的蠕虫型病毒不进行其他的破坏，只是在硬盘上疯狂地复制自身，挤占硬盘的大量存储空间，只影响一些文件的存储，但不对文件造成直接破坏；说其危害程度重，是指有的蠕虫型计算机病毒大量复制自身，耗尽了系统资源，使系统不堪重负而崩溃，造成严重的危害。典型的蠕虫有Exporer. Zip.Worm、Melissa、红色代码等。所以对于蠕虫型计算机病毒的危害程度，不能一概而论，只能用“中性病毒”这个概念来对其加以界定。

（4）按攻击对象划分

① 攻击DOS的病毒。IBM PC及其兼容机在我国使用非常广泛，它们都可以运行DOS操作系统。在已发现的病毒中，攻击DOS的病毒种类最多、数量最多，且每种病毒都有变种，所以这种病毒传播得非常广泛。小球病毒是国内发现的第一个DOS病毒。

② 攻击Windows的病毒。攻击Windows的病毒多种多样，其中的宏病毒变形很多，有感染Word的宏病毒，有感染Excel的宏病毒，还有感染Access的宏病毒，其中感染Word的宏病毒最多。Concept病毒是世界上首例攻击Windows的宏病毒。

③ 攻击网络的病毒。近几年来，Internet在全世界迅速发展，上网已成为计算机使用者的时尚。随着网络用户的增加，网络病毒的传播速度更快、范围更广，病毒造成的危害更大。如GPI病毒是世界上第一个专门攻击计算机网络的病毒。

6.2.2 计算机病毒的特征

计算机病毒是一种特殊的程序，所以它除了具有与其他正常程序一样的特性外，还具有与众不同的基本特征。通过对计算机病毒的研究，可以总结出它的几个特征。

1．传染性

计算机病毒的传染性是指病毒具有把自身复制到其他程序中的特性。传染性是病毒的基本属性，是判断一个可疑程序是否是病毒的主要依据。病毒一旦入侵系统，它就会寻找符合传染条件的程序或存储介质，确定目标后将自身代码插入其中，达到自我繁殖的目的。

只要一台计算机感染病毒，如果没有得到及时的控制，那么病毒会很快在这台计算机上扩散，被感染的文件又成了新的传染源，通过与其他计算机进行信息交换，进行更大范围的传染，如果是联网的计算机感染了病毒，那么病毒的传播速度将更快。

计算机病毒一般有自己的标志。当染毒程序被运行时，病毒被激活，它监视着计算机系统的运行，一旦发现某个程序没有自己的标志，就立刻发起攻击，传染给无毒程序。

2．潜伏性

计算机病毒的潜伏性是指病毒具有依附其他媒体而寄生的能力，也称隐蔽性。病毒程序为了达到不断传播并破坏系统的目的，一般不会在传染某一程序后立即发作，否则就暴露了自身。因此，它通常附着在正常程序或磁盘较隐蔽的地方，也有个别的病毒以隐含文件的方式出现。一般情况下，系统被感染病毒后，用户是感觉不到它的存在的，只有病毒发作后或者系统出现了不正常的反应时，用户才能察觉。病毒的潜伏性与病毒的传染性相辅相成，病毒可以在潜伏阶段传播，潜伏性越大，传播的范围越广。

3．破坏性

计算机病毒的破坏性是指病毒破坏文件或数据，甚至损坏主板，干扰系统的正常运行。任何病毒只要入侵系统就会对系统及应用程序产生不同程度的影响。病毒的破坏性只有在病毒发作时才能体现出来。病毒破坏的严重程度取决于病毒制造者的目的和技术水平。轻者只是影响系统的工作效率，占用系统资源，造成系统运行不稳定。重者则可以破坏或删除系统的重要数据和文件，或者加密文件、格式化磁盘，甚至攻击计算机硬件，导致整个系统瘫痪。

4．可触发性

计算机病毒的可触发性是指病毒因某个事件或某个数值的出现，诱发病毒发作。为了不让用户发现，病毒必须隐藏起来，少做动作。但如果完全不动，又失去了作用。因此，病毒为了又隐蔽自己，又保持杀伤力，就必须设置合理的触发条件。

每种计算机病毒都有自己预先设计好的触发条件，这些条件可能是时间、日期、文件类型或使用文件的次数等这些特定的数据。满足触发条件时，病毒发作，对系统或文件进行感染或破坏。条件不满足时，病毒继续潜伏。

5. 针对性

计算机病毒的针对性是指病毒的运行需要特定的软、硬件环境，只能在特定的操作系统和硬件平台上运行，并不能传染所有的计算机系统或所有的计算机程序。如一些病毒只传染给计算机中的.com或.exe文件，一些病毒只破坏引导扇区，或者针对某一类型机器，如IBM PC机的病毒就不能传染到Macintosh机上。同样，攻击DOS的病毒也不能在UNIX操作系统下运行等。

6. 衍生性

计算机病毒可以演变，在演变过程中形成多种形态，即计算机病毒具有衍生性。计算机病毒是一段特殊的程序或代码，只要了解病毒程序的人就可以将程序随意改动，只要原程序有所变化，也许只是将发作日期，或者是攻击对象发生简单变化，表现出不同的症状，便衍生出另一种不同于原版病毒的新病毒，这种衍生出的病毒被称为病毒的变种。由于病毒的变种，对于病毒的检测来说，病毒变得更加不可预测，因此加大了反病毒的难度。

6.2.3 计算机网络病毒

1. 计算机网络病毒的特点

随着计算机技术及网络技术的发展，计算机网络病毒呈现出一些新的特点。

（1）入侵计算机网络的病毒形式多样 既有单用户微型机上常见的某些计算机病毒，如感染磁盘系统区的引导型病毒和感染可执行文件的文件型病毒，也有专门攻击计算机网络的网络型病毒，如特洛伊木马病毒及蠕虫病毒。

（2）不需要寄主 传统型病毒的一个特点就是一定有一个“寄主”程序，病毒就隐藏在这些程序里。最常见的就是一些可执行文件，像扩展名为.exe及.com的文件，以及以.doc文件为“寄主”的宏病毒。现在，在网络上不需要寄主的病毒也出现了。例如Java和ActiveX的执行方式，是把程序代码写在网页上。当与这个网站连接时，浏览器就把这些程序代码读下来。这样，使用者就会在神不知鬼不觉的状态下，执行一些来路不明的程序。

（3）电子邮件成为新的载体 随着Internet技术的发展，电子邮件已经成为广大用户进行信息交流的重要工具。但是，计算机病毒也得到了迅速的发展，电子邮件作为媒介使计算机病毒传播得尤为迅速，引起各界的广泛关注。

（4）利用操作系统安全漏洞主动攻击 目前一些网络病毒能够通过网络扫描操作系统漏洞，一旦发现漏洞后自主传播其病毒，甚至能在几个小时就传遍全球。

2. 计算机网络病毒的传播方式

计算机应用的普及使信息交换日益频繁，信息共享也成为一种发展趋势，所以病毒入侵计算机系统的途径也成倍增长。通常把病毒入侵途径划分为两大类：传统方式和Internet方式，如图6-1所示。

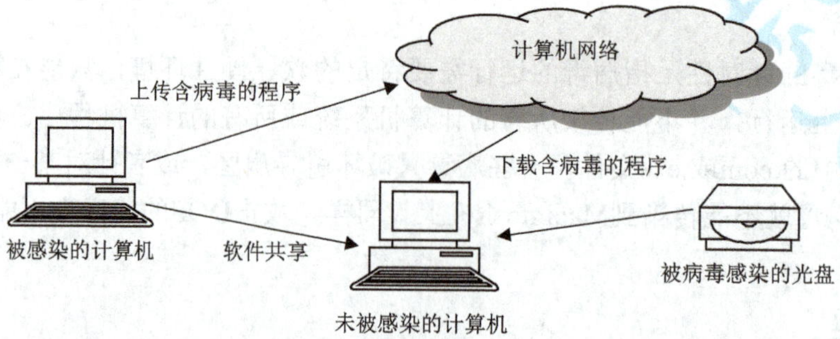

图6-1　病毒传播方式

（1）传统方式　病毒通过软盘、硬盘、CD-ROM及局域网络感染可以归为病毒入侵的传统方式。在计算机进行文件交换、执行程序或启动过程中，病毒可能入侵计算机。因此，计算机上所有接受信息的方式都使病毒入侵成为可能。

（2）Internet方式　Internet正在逐步成为病毒入侵的主要途径。病毒可以通过Internet上的电子邮件、网页和文件下载入侵联网计算机，此外还有利用操作系统的漏洞主动入侵联网计算机系统的病毒。如果在互联网中网页只是单纯用HTML写成的话，那么要传播病毒的机会可以说是非常小的。

但是，为了让网页看起来更生动、更丰富，许多语言被开发出来，其中最有名的是Java和ActiveX。Java和ActiveX的执行方式，是把程序码写在网页上，使该网页成为新一代病毒的寄生场所。另外，被宏病毒感染的文档可以很容易地通过Internet以几种不同的方式发送，如电子邮件、FTP或Web浏览器。同样，在打开莫名其妙的邮件或者下载一些有毒程序的时候，计算机已经通过互联网中毒了。

3. 计算机网络病毒的危害性

在现阶段，由于计算机网络系统的各个组成部分、接口以及各连接层次的相互转换环节都不同程度的存在着某些漏洞和薄弱环节，而网络软件方面的保护机制不完善，使得病毒通过感染网络服务器，进而在网络上快速蔓延，并影响到各网络用户的数据安全以及机器的正常运行。一些良性病毒不直接破坏正常代码，只是为了表示它存在，可能会干扰屏幕的显示，或使计算机的运行速度减慢。一些恶性病毒会明确地破坏计算机的系统资源和用户信息，造成无法弥补的损失。所以计算机网络一旦染上病毒，其影响要远比单机染毒更大，破坏性也更大。

计算机网络病毒的危害大致会表现在如下几个方面：

1）破坏磁盘文件分配表（FAT表），使磁盘上的信息丢失，这时使用DIR命令查看文件，会发现文件还在，但文件名与文件的主体已失去联系，文件已无法使用了。

2）删除软盘或硬盘上的可执行文件或数据文件，使文件丢失。

3）修改或破坏文件中的数据，这时文件的格式是正常的，但内容已发生了变化。

4）产生垃圾文件，占据磁盘及内存空间，使磁盘空间逐渐减少或者使一些大程序运行不畅。

5）破坏硬盘的主引导扇区，使计算机无法启动。

6）对整个磁盘或磁盘的特定扇区进行格式化，使磁盘中的全部或部分信息丢失，受损的数据难以恢复。

7）对CMOS进行写入操作，破坏CMOS中的数据，使计算机无法工作。

8）非法使用及破坏网络中的资源，破坏电子邮件，发送垃圾信息，占用网络带宽等。

9）占用CPU运行时间，使主机运行效率降低。

10）破坏外设的正常工作。如屏幕不能正常显示，干扰用户的操作；破坏键盘输入程序，封锁键盘、换字和震铃等，使用户的正常输入出现错误；干扰打印机，使之出现间歇性打印或假报警。

11）破坏系统设置或对系统信息加密，使用户系统工作紊乱。

6.2.4 计算机病毒检测方法

当一台计算机染上病毒之后，会有一些异常情况，可以从异常情况入手，逐步排除。例如，磁盘空间急剧减少，出现大量坏簇，或者磁盘上的文件或程序无故丢失，也有的会出现文件的长度和日期忽然改变，系统执行速度下降或出现一些奇怪的信息或无故死机，更为严重的是硬盘已经被格式化了等。如果计算机出现了上述种种症状，就要考虑是不是计算机被病毒感染了。

检测计算机上是否被病毒感染，通常可以分两种方法：手工检测和自动检测。

手工检测是指通过一些工具软件，如Debug.com、Pctools.exe、Nu.com和Sysinfo.exe等进行病毒的检测。其基本过程是利用这些工具软件，对易遭病毒攻击和修改的内存及磁盘的相关部分进行检测，通过与正常情况下的状态进行对比来判断是否被病毒感染。这种方法要求检测者熟悉机器指令和操作系统，操作比较复杂，容易出错，且效率较低，适合计算机专业人员，因而无法普及。但是，使用该方法可以检测和识别未知的病毒，以及检测一些自动检测工具不能识别的新病毒。

自动检测是指通过一些诊断软件和杀毒软件，来判断一个系统或磁盘是否有毒，如使用瑞星、金山毒霸等。该方法可以方便地检测大量病毒，且操作简单，一般用户都可以进行。但是，自动检测工具只能识别已知的病毒，而且它的发展总是滞后于病毒的发展，所以自动检测工具总是对某些病毒不能识别。

对病毒进行检测可以采用手工方法和自动方法相结合的方式。一般归纳起来常用以下六种技术来检测病毒。

1. 病毒码扫描法

病毒码是一段足以表示这个病毒的独一无二的二进制程序码，此码可以作为辨认此病毒的依据，因此，病毒码的选取是非常重要的。病毒码扫描法是将新发现的病毒加以分析后，根据其特征，编成病毒码，加入资料库中的方法。

病毒码一般情况下是由连续的若干个字节组成的字符串。其有两种类型：一种是固定长度，一种是可变长度。有些扫描软件采用的是固定长度串，这种方法扫描速度快，扫描程序容易编写；有些扫描软件采用的是可变长串，即在串中包含有一个到几个可以“模糊”识别的字节。扫描软件遇到这种字符串时，只要除“模糊”字节之外的字串都能完全匹配，这也能判别出病毒。例如，一种病毒给定特征字符串是“C4 8B 11 10? 46 9A”，则“C4 8B

11 10 37 46 9A”和“C4 8B 11 10 32 46 9A”都能被识别出来。采用这种方法，对于有微小变化的变种病毒的识别率就提高了，降低了误报率。

病毒码扫描软件由两部分组成：一部分是病毒码库，另一部分是利用该代码库进行扫描的扫描程序。病毒扫描程序能识别的计算机病毒的数目完全取决于病毒代码库内所含病毒的种类有多少。显而易见，病毒代码库中病毒种类越多，扫描程序能识别的病毒就越多。

每当执行扫毒程序时，便能立刻扫描目标文件，并与病毒码对比，既能侦测到是否有病毒，又能判断是什么病毒。病毒码扫描法又快又有效率，误报警率很低，对病毒了解不多的人也可以用它来查毒，大多数防毒软件均采用这种方式，但其缺点是无法侦测到未知的新病毒及已变种的病毒，另外对病毒代码库的维护是一项艰巨而复杂的工作，需要具备许多专业知识的反病毒人员来完成。尽管如此，病毒码扫描法仍然是今天用得最为广泛的查毒方法。

2．对比法

对比法是将原始备份的正常无毒对象与被检测的可疑对象进行比较，如果相比较后发现内容不一致，就可以认为有病毒存在。该方法思想比较简单，实现起来较为容易。对比法可以针对文件的长度或内容进行比较，但是只比较文件的长度和内容有时候会出现误报，有时候一些操作会引起文件长度和内容的合法变化。也有一些病毒在感染文件时并不能引起文件长度的改变。

为了降低误报率，又提出了加总对比法。这种方法根据每个程序的文件名称、大小、时间、日期及内容，加总为一个检查码，再将检查码附于程序的后面或是将所有检查码放在同一个数据库中，再利用此加总对比系统，追踪并记录每个程序的检查码是否遭到更改，以判断是否中毒。

对比法也可以从内存空间的占用情况、中断向量的使用情况等方面进行对比。通过对内存的检测，观察其空间变化。计算机病毒在传染或执行时，必然要占用一定的内存空间，并驻留在内存中，等待时机再进行传染或攻击。所以可以将系统表现不正常时候的内存占用情况与正常系统内存的占用空间进行比较，可以判定是否有病毒驻留其间。另外，病毒常采用更改、接管中断向量，让系统中断向量转向执行病毒程序后，再执行其原来的功能，因此，将正常系统的中断向量与感染病毒的系统的中断向量进行比较，就可以发现是否有病毒修改和盗用中断向量，进行比较时可以用专门的查病毒程序检测，或者使用常规的DOS命令和PCTOOLS等工具。

这种对比技术可侦测到各式的病毒，并发现那些尚不能被现有的查毒程序发现的新病毒。但最大的缺点就是误判较高，且无法确认是哪种病毒感染的。

3．行为监测法

行为监测法是一种监测电脑行为的常驻式扫描技术。通过对病毒的深入分析和总结，发现病毒的一些共同行为。比如计算机病毒常常攻击硬盘的主引导扇区、分区表以及文件分配表和文件目录区。也有一些病毒常常在FAT表上标注坏簇来隐藏自己，还有一种常用的方法就是修改中断向量，病毒常攻击的中断有磁盘输入/输出中断（13H）、绝对读中断（25H）、绝对写中断（26H）以及时钟中断（08H）等。这些行为具有特殊性，一般不会在正常程序中出现，或者很少出现。

行为监测法就是将所有病毒产生的行为归纳起来，生成病毒特征系统。一旦发现执行中的程序有可疑之处，系统就会根据病毒特征系统进行判断，并具有告警提示作用。这种技术的优点是执行速度快、手续简便，且可以侦测到各式病毒，包括未知病毒；其缺点就是行为监测法实现起来比较难，且不容易考虑周全。随着病毒编制水平的提高，对病毒特征库的维护工作量也越来越大，不过在这千变万化的病毒世界中，行为监测技术的不断完善是反病毒技术研究的一个方向。

4．软件模拟法

软件模拟实验技术专门用来对付多态性的病毒。有些病毒在每次传染时，都以不同的随机数加密于每个中毒的文件中，使每个中毒文件的表现都有所差异，病毒代码也同时发生变化。因为没有固定的病毒码，传统病毒码对比的方式根本就无法找到这种病毒。软件模拟实验技术则是在其设计的虚拟机器（Virtual Machine）上模拟CPU的执行过程，让CPU假执行病毒的变体引擎解码程序，安全并确实地将多态性病毒解开，使其显露原本的面目。

利用模拟实验法可以及时地发现新病毒，监测病毒的运行，待病毒自身的密码破译后，提取特征串或特征字作为此病毒的病毒码，从而掌握新病毒的类型和大致结构，为制定相应的反病毒措施提供条件，以后再发现这种病毒，就可以用病毒码扫描法识别这种病毒。

5．实时I/O扫描

实时I/O扫描的目的在于即时地对计算机上的输入/输出数据做病毒码对比的工作，希望能够在病毒尚未被执行之前，就能够防堵下来，即将病毒防御于门外。理论上，这样的实时扫描技术会影响到数据的输入/输出速度。但是使用实时扫描技术，文件输入进来之后，就等于扫过一次毒了。如果扫描速度能够提高很多的话，这种方法确实能对数据起到一个很好的保护作用。

6．网络监测法

网络监测法是一种检查、发现网络病毒的方法。根据网络病毒主要通过网络传播的特点，感染网络病毒的计算机一般会发送大量的数据包，产生突发的网络流量，有的还开放固定的TCP/IP端口。用户可以通过流量监视、端口扫描和网络监听来发现病毒，这种方法对查找局域网内感染网络病毒的计算机比较有效。

一般在检测病毒的时候，通常是几种方法相结合，以达到更好的查毒的目的。

6.2.5 计算机病毒的防范

病毒的繁衍方式、传播方式不断地变化，反病毒技术也应该在与病毒对抗的同时不断推陈出新，现在防治感染病毒主要有两种手段：一是用户遵守和加强安全操作控制措施，在思想上要重视病毒可能造成的危害；二是在安全操作的基础上，使用硬件和软件防病毒工具，利用网络的优势，把防病毒纳入到网络安全体系之中，形成一套完整的安全机制，使病毒无法逾越计算机安全保护的屏障，病毒便无法广泛传播。实践证明，通过这些防护措施和手段，可以有效地降低计算机系统被病毒感染的机率，保障系统的安全稳定运行。

对病毒的预防在病毒防治工作中起到主导作用。病毒预防是一个主动的过程，不是针对某一种病毒，而是针对病毒可能入侵的系统薄弱环节加以保护和监控。而病毒治疗属于一个被动的过程。只有在发现一种病毒进行研究以后，才可以找到相应的治疗方法，这也是杀毒软件总是落后于病毒软件的原因，所以，病毒的防治重点应放在预防上，防治病毒要从以下几个方面着手。

1．在思想和制度方面

（1）加强立法、健全管理制度　法律是国家强制实施的、公民必须遵循的行为准则。对信息资源要有相应的立法。为此，国家专门出台了《中华人民共和国计算机信息系统安全保护条例》、《中华人民共和国信息网络国际联网管理暂行规定》来约束用户的行为，保护守法的计算机用户的合法权益。除国家制定的法律、法规外，凡使用计算机的单位都应制定相应的管理制度，避免蓄意制造、传播病毒的恶性事件发生。例如，建立安全管理责任，根据最小特权原则，对系统的工作人员和资源进行访问权限划分；建立人员许可证制度，对外来人员上机实行登记制度等。

（2）加强教育和宣传、打击盗版　加强计算机安全教育，使计算机的使用者能学习和掌握一些必备的反病毒知识和防范措施，使网络资源得到正常合理的使用，防止信息系统及其软件的破坏，防止非法用户的入侵干扰，防止有害信息的传播。

现在盗版软件泛滥，这也是造成病毒泛滥的原因之一。因此，加大执法力度，打击非法的盗版活动，使用正版软件是截断病毒扩散的重要手段。

2．在技术措施方面

除管理方面的措施外，防止计算机病毒的感染和蔓延还应采取有效的技术措施。应采用纵深防御的方法，采用多种阻塞渠道和多种安全机制对病毒进行隔离，这是保护计算机系统免遭病毒危害的有效方法。内部控制和外部控制相结合，设置相应的安全策略。常用的方法有系统安全、软件过滤、文件加密、生产过程控制、后备恢复和安装防病毒软件等措施。

（1）系统安全　对病毒的预防依赖于计算机系统本身的安全，而系统的安全又首先依赖于操作系统的安全。开发并完善高安全性的操作系统并向上迁移，例如，从DOS平台移至安全性较高的UNIX或Windows 2000平台，并且跟随版本和操作系统补丁的升级而全面升级，是有效防止病毒入侵和蔓延的一种根本手段。

（2）软件过滤　软件过滤的目的是识别某一类特殊的病毒，防止它们进入系统和不断复制。对于进入系统内的病毒，一般采用专家系统对系统参数进行分析，以识别系统的不正常处和未经授权的改变。也可采用类似疫苗的方法识别和清除。

（3）软件加密　软件加密是对付病毒的有效技术措施，由于开销较大，目前只用于特别重要的系统。软件加密就是将系统中可执行文件加密，若施放病毒者不能在可执行文件加密前得到该文件，或不能破译加密算法，则该文件不可能被感染。即使病毒在可执行文件加密前传染了该文件，该文件解码后，病毒也不能向其他可执行文件传播，从而杜绝了病毒的复制。

（4）备份恢复　定期或不定期地进行磁盘文件备份，确保每一个细节的准确、可靠，在万一系统崩溃时最大限度地恢复系统。对付病毒破坏最有效的办法就是制作备份，将程序和数据分别备份在不同的磁盘上，当系统遭遇病毒袭击时，可通过与后备副本比较或重新装入一个备份的、干净的源程序来解决。

（5）建立严密的病毒监视体系　后台实时扫描病毒的应用程序也可有效地防御病毒的侵袭。它能对E-mail的附加部分、下载的Internet文件（包括压缩文件）、软盘以及正在打开的文件进行实时扫描检测，确认无异常后再继续向下执行，若有异常，则给出信息并停止执行。及时对反病毒软件进行升级，能有效地防止病毒的入侵和扩散。对于联网的计算机最好使用网络版的反病毒软件，这样便于集中管理、软件升级和病毒监控。

（6）在内部网络出口进行访问控制　网络病毒一般都使用某些特定的端口收发数据包以进行网络传播，在网络出口的防火墙或路由器上禁止这些端口访问内部网络，可以有效地防止内部网络中计算机感染网络病毒。

6.2.6　杀毒软件——瑞星2009

1．安装与注册

第一步：启动计算机并进入Windows（2000/XP/2003/Vista）系统，关闭其他应用程序。

第二步：双击运行瑞星杀毒软件安装程序，用户根据安装向导进行安装，如图6-2所示。

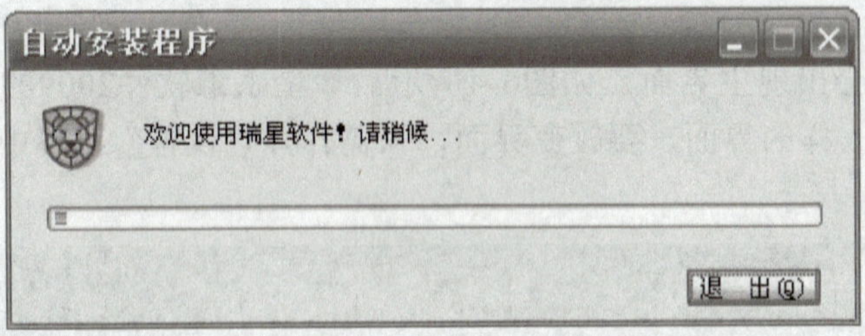

图6-2　安装提示框

第三步：在显示的语言选择框中，用户可以选择【中文简体】、【中文繁體】和【English】3种语言中的一种，单击【确定】开始安装。（以下内容以选择【中文简体】安装为例），如图6-3所示。

图6-3　选择语言对话框

第四步：如果已安装了其他的安全软件，在安装瑞星杀毒软件时会显示冲突提示界面，建议卸载其他的安全软件，但仍可强制安装瑞星杀毒软件，单击【下一步】继续。

第五步：进入安装欢迎界面，单击【下一步】继续。

第六步：阅读“最终用户许可协议”，选择【我接受】，单击【下一步】继续，如果用户选择【我不接受】，则退出安装程序。

第七步：在“验证产品序列号和用户ID”窗口中，正确输入产品序列号和用户ID，单击【下一步】继续，此时，如果用户输入错误，将不能继续安装，直至用户填写正确，才能进行下一步操作。

第八步：在【定制安装】窗口中，选择需要安装的组件。用户可以在下拉菜单中选择全部安装或最小安装，（全部安装表示将安装瑞星杀毒软件的全部组件和工具；最小安装表示仅选择安装瑞星杀毒软件必需的组件，不包含各种工具）；也可以在列表中勾选需要安装的组件。单击【下一步】继续安装，也可以直接单击【完成】按钮，按照默认方式进行安装。

第九步：在“选择目标文件夹”窗口中，用户可以指定瑞星杀毒软件的安装目录，单击【下一步】继续安装。

第十步：在“选择开始菜单文件夹”窗口中用户可修改软件启动菜单名称，单击【下一步】继续安装。

第十一步：在“安装信息”窗口中，显示了安装路径和组件列表，在界面的底部，用户可以选择【安装之前执行内存病毒扫描】，确保在一个无毒的环境中安装瑞星杀毒软件。确认后单击【下一步】开始复制安装瑞星杀毒软件。

第十二步：如果用户在上一步选择了【安装之前执行内存病毒扫描】，在【瑞星内存病毒扫描】窗口中程序将进行系统内存扫描。根据用户系统内存情况，此过程可能要花费3～5min，如果需要跳过此功能，请点击【跳过】按钮跳过内存病毒扫描过程，继续安装。

第十三步：安装完成后，会提示用户为了更新文件将在安装结束后重新启动计算机。

第十四步：重启计算机后，在“结束”窗口中，用户可以勾选【运行设置向导】、【运行瑞星杀毒软件主程序】、【运行监控中心】和【运行注册向导】4项来启动相应程序，最后单击【完成】结束安装。

2．功能介绍

安装完成后，会出现主界面，如图6-4所示。瑞星杀毒软件2009的界面以改变成多种形状、颜色完全不一样的界面，要改变界面，只需打开“设置”菜单中的“切换皮肤“命令，就可以选择了。

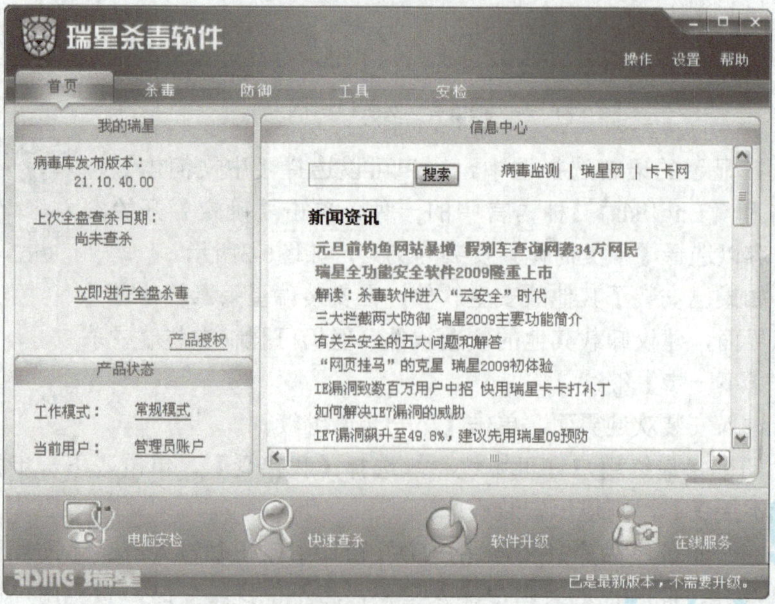

图6-4　瑞星2009主界面

瑞星杀毒软件2009版在查杀病毒的方式上做出了重大的创新，包括后台查杀、断点续杀、异步杀毒处理和空闲时段查杀。

（1）后台查杀　在瑞星杀毒软件2009版中，所有查杀任务都转入后台执行，前台仅显示查杀的状态和结果。即用户通过手动查杀、空闲时段查杀等方式开始查杀病毒后，即使关闭了杀毒软件主程序，查杀任务仍在继续执行。

（2）断点续杀　在瑞星杀毒软件2009版中，手动查杀、空闲时段查杀加入了断点续杀的功能。当查杀任务正在执行时您选择停止查杀，在下次启动查杀任务的时候，能够从上次停止的地方继续查杀，节省了用户的时间，提高了工作效率。

（3）异步杀毒处理　瑞星杀毒软件2009版实现了异步杀毒处理，即病毒查杀和病毒处理是完全分开的，在查杀的过程中如果发现病毒，会提示用户进行处理。同时，在用户处理过程中查杀过程仍然在继续，不会中断，耽误查杀时间，查杀和处理可以异步完成。用户可以在查杀完成后，再选择如何处理病毒。

（4）空闲时段查杀　空闲时段查杀是一种全新的查杀方式，集成了断点续杀、异步病毒处理、后台查杀等各种技术创新。空闲时段查杀以任务为导向进行病毒查杀，可以多个任务同时并行执行并且根据各个任务的优先级执行。在任务开始时（如到达定时的时间或进入屏幕保护模式）自动执行后台查杀；在任务结束时自动保存查杀状态，以便下次任务开始时续杀。

（5）进行断点续杀　空闲时段查杀根据用户建立的查杀任务及查杀对象进行循环查杀，并且支持异步杀毒处理，用户可以在方便的时候选择如何处理病毒。

（6）应用程序控制　应用程序控制允许用户对监控设置进行个性化定义，用来监控程序的运行状态，拦截进程的异常行为，为用户提供个性化的保护。在将一个程序添加至应用程序控制中时，采用向导的方式，并且，在添加程序时，是以分类规则模板为基础的，即应用程序控制将各个规则策略分类并集成为模板，每个分类规则模板都是各种不同规则的集合。在将一个软件添加到应用程序控制中时，不用添加单个规则，仅需要选择相应的分类规则模板即可。同时，增加和修改的规则可以另存为模板，模板也可以导出，进行备份。增加了可操作性，简化了操作，更方便用户使用，以及与其他瑞星用户共享、交换模板。

（7）木马入侵拦截（网站拦截）　木马入侵拦截（网站拦截）基于网页木马行为分析的技术，检测网页中的恶意程序和恶意代码，可以有效地拦截网页恶意脚本或病毒，阻止病毒通过网页或挂马网站进行传播。同时，用户可以根据自己需求，设置独特的行为检测范围，使木马入侵拦截（网站入侵）可以最大限度地保护系统。

木马入侵拦截（网站拦截）突破了原来网页脚本扫描只能通过特征进行查杀的技术壁垒，解决了原网页脚本监控无法对加密变形的病毒脚本进行处理的问题。由于采用的是行为检测查杀，对于网页挂马一类的木马有很好的防御和处理能力。

检查内容如下。

1）对于脚本执行对象进行了检查。

2）对执行前、执行中和最终结果进行了判断。

3）对于执行动作的序列进行了判断。

4）对于执行动作的最终结果及其导致的结果进行了判断。

（8）木马入侵拦截（U盘拦截）　木马入侵拦截（U盘拦截）可以阻止病毒在U盘、光盘、网络盘等区域自动运行，入侵系统。

木马入侵拦截（U盘拦截）取代了原来的U盘监控，控制范围更广，能够更好地控制执行区域，避免外部病毒感染到主机。当木马入侵拦截（U盘拦截）范围内的程序试图自动运行或直接运行的时候，进行拦截，并提示用户：

1）木马入侵拦截（U盘拦截）可以阻止病毒在移动存储介质上执行。

2）木马入侵拦截（U盘拦截）可以阻止病毒在光盘上执行。

3）木马入侵拦截（U盘拦截）可以阻止病毒在网络盘上执行。

（9）引导区备份　引导区备份仅备份引导区数据。用户在备份后，可以使用瑞星杀毒软件的恢复引导区功能，或者通过Linux引导盘引导系统，通过工具恢复引导区数据。

（10）瑞星密码　用户可以通过瑞星密码设置软件的密码保护，还可以根据自己的需要设置保护的范围，如图6-5所示。密码保护范围有：修改查杀设置、停止查杀任务、清空病毒隔离区、切换工作模式、禁用所有监控、修改监控设置、添加/删除组件、修复。

例如：如果在“瑞星设置向导”中启用并设定了瑞星密码，在保护范围中勾选了【修改查杀设置】。当修改查杀设置时，则会提示输入密码。如果尚未设定密码，则会提示输入验证码。只有在正确输入密码或验证码后才能继续下一步操作，这样保证了的瑞星杀毒软件不会被意外更改（如恶意卸载，其他用户进行修改等）。

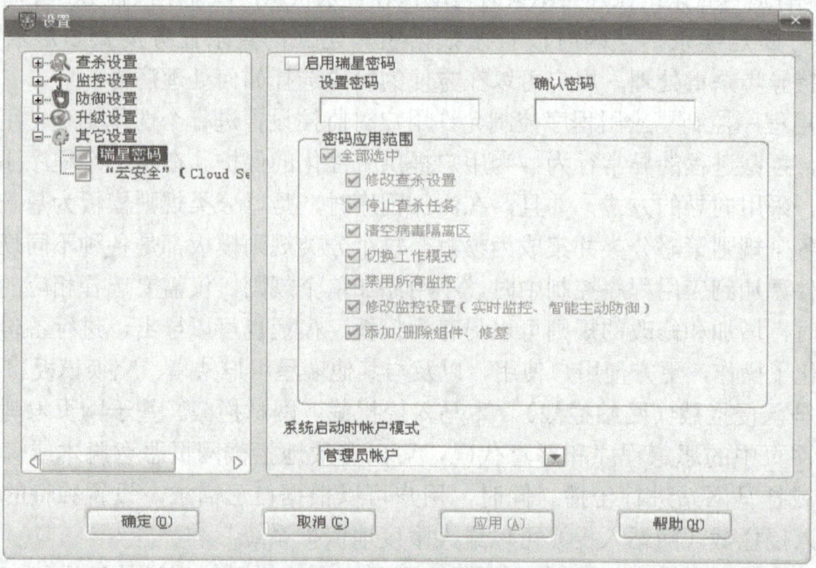

图6-5　瑞星密码设置

（11）“云安全”（Cloud Security）计划　“云安全”（Cloud Security）计划通过互联网，将全球瑞星用户的计算机和瑞星“云安全”平台实时联系，组成覆盖互联网的木马、恶意网址监测网络，能够在最短时间内发现、截获、处理海量的最新木马病毒和恶意网址，并将解决方案瞬时送达所有用户，提前防范各种新生网络威胁，如图6-6所示。每一位“瑞星杀毒软件2009”的用户，都可以共享上亿瑞星用户的“云安全”成果。

“云安全”（Cloud Security）计划的核心功能是自动检测并提取计算机中的可疑木马样本，并上传到瑞星“木马/恶意软件自动分析系统”，随后自动分析系统将把分析结果反馈给用户，查杀木马病毒，并通过“瑞星安全资料库”，分享给其他所有瑞星用户。

“云安全”（Cloud Security）计划的概念是把所有用户面临的木马病毒的威胁汇集起

来。通过自动化的处理方式，使得加入“云安全”（Cloud Security）计划的所有用户的安全获得保障。每个瑞星用户都为“云安全”（Cloud Security）计划贡献一份力量，同时能够分享其他所有用户的安全成果。

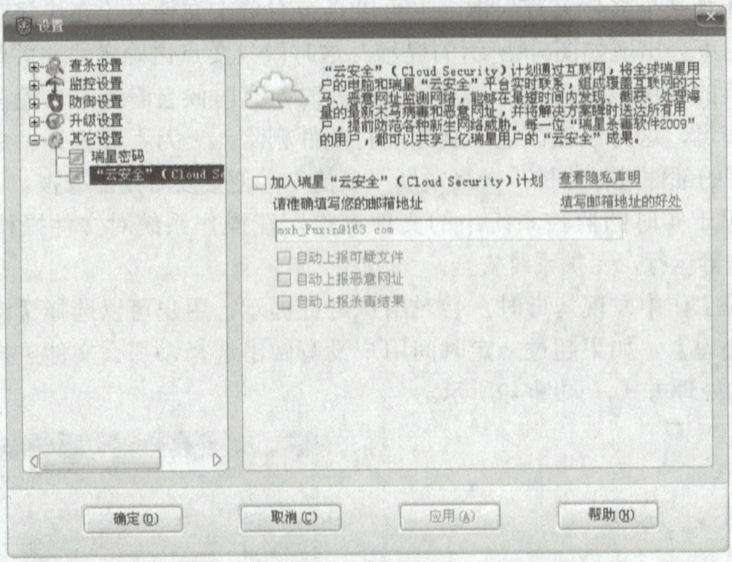

图6-6　瑞星云安全

（12）自定义白名单　用户可以在智能主动防御中将信任的程序添加到自定义白名单中。添加到自定义白名单中的程序将不受智能主动防御的限制，满足用户的个性化需求。

自定义白名单支持自动放过签名程序，拥有数字签名的程序瑞星杀毒软件将认为其为可信任的程序，智能主动防御功能会放过这些程序，不会认为其触犯了规则。

3. 瑞星杀毒

1）瑞星2009的杀毒操作是十分简单的，进入主界面，选择所要查杀的盘符，然后点【开始查杀】按钮，杀毒就会自动进行，出现如图6-7所示的对话框。

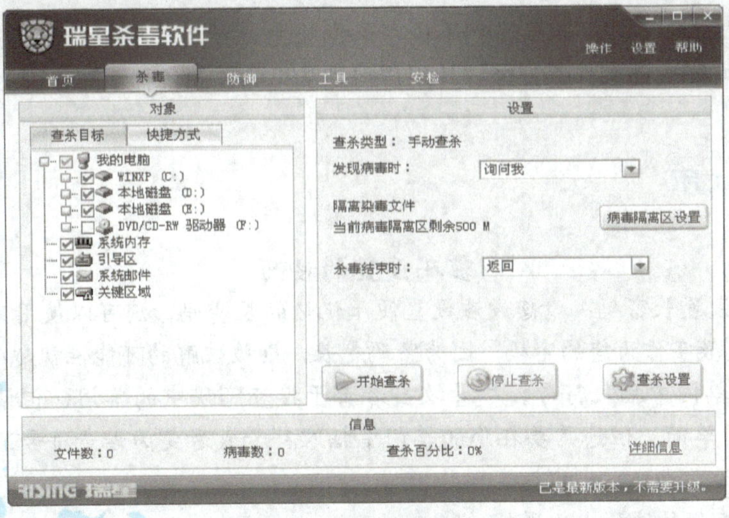

图6-7　查杀病毒界面

系统默认对“我的电脑”进行全面杀毒，直到所有硬盘数据查询完毕，这一过程非常漫长，要耐心等待；也可以有选择的进行杀毒，只要勾选磁盘或者文件夹前面的复选框，即可对选定目标进行扫描杀毒，发现病毒，系统便会自动清除，并给出相关提示。

如果只是怀疑某个文件夹有病毒，也可以直接右单击文件夹，在快捷菜单中，选择杀毒即可。检查结束会出现如图6-8所示的提示。这时候只要点击确定，并关闭杀毒界面，接下来就可以放心的使用该文件夹了。当接收邮件时，有时候会看到来自瑞星的邮件提示，告诉本邮件有病毒，这时候应该毫不犹豫地将邮件删除，千万不要打开。总之，瑞星会时刻对计算机所有的部件进行监控，一旦发现“疫情”，便会及时发出警报。

文件监控用于实时的监控系统中的文件操作，在操作系统对文件操作之前对文件查毒，从而阻止病毒运行，保护系统安全。

文件监控在工作中发现病毒时，会对用户进行提示：用户可以选择【清除】、【删除文件】或【不处理】。如果超过一定时间用户没有做出选择，那么文件监控将会对此病毒采取当前选择的处理方式，如图6-9所示。

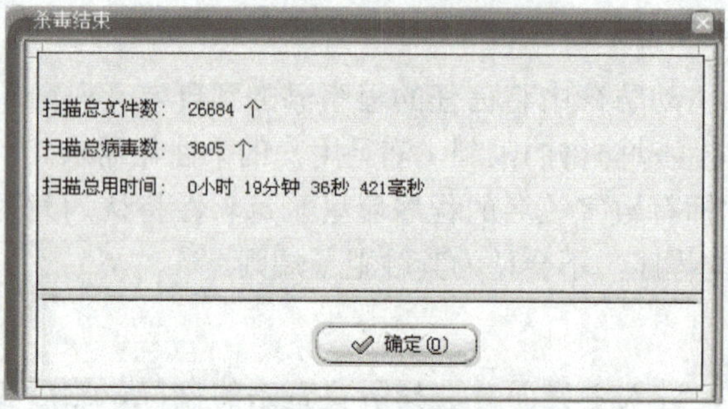

图6-8 杀毒结果报告单

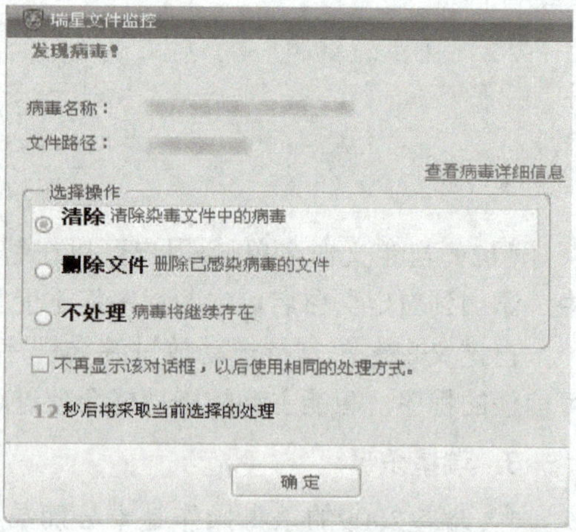

图6-9 文件监控提示框

据权威机构评测报告，瑞星2009不论在杀毒能力、界面、个性化设置上，都有很好的表现。新版本中的8大防御体系，能够让用户得到从里到外的各种不同防御。

学以致用

密码设置的技巧

1. 请尽量设置长密码。请您设法设置便于记忆的长密码，您可以使用完整的短语，而非单个的单词或数字作为您的密码，因为密码越长，则被破解的可能性就越小。

2. 尽量在单词中插入符号。尽管攻击者善于搜查密码中的单词，但请您在设置密码时不要放弃使用单词。但您需要在您的单词中插入符号或者变为谐音符号。如：”just for you”可以改善为“just4y_o_u”。

3. 请不要在您的密码中出现您的账号。

请不要使用您的个人信息作为密码的内容。如生日、身份证号码、亲人或者伴侣的姓名、宿舍号等。

4. 请您每隔一段时间更新一次账号的密码。让您的新密码也遵守以上原则，同时，新密码不应包括旧密码的内容，并且不应与旧密码相似。

智能表格

仔细研究下面中国互联网络发展状况统计报告（2008年1月）的两个调查，表6-3和表6-4所示，探讨我们应该养成哪些良好的网络安全习惯。

表6-3 发生网民账号或个人信息被盗改的诱因

	比 例
MSN/QQ/E-mail/网游等账号被破解	75.9%
回复含虚假和诱惑信息的欺诈电子邮件，账户/密码等个人信息被骗	23.7%
访问假冒网上银行、网上证券、电子商务等网站，用户账号密码被骗填入	16.8%
其他	9.4%
不知道	5.1%

表6-4 网民的网络安全行为习惯

	比 例		比 例
定期查毒/杀毒	81.3%	对非本机文件先查毒再使用	44.8%
定期更新病毒库	77.0%	定期修改账户密码	23.3%
收到陌生的QQ、MSN等即时通信消息，不理睬	58.0%	以上都没有	2.5%
收到陌生人的邮件不轻易打开	56.9%		

知识链接

2008年杀毒软件排行榜

金奖：BitDefender是来自罗马尼亚的老牌杀毒软件

银奖：Kaspersky（卡巴斯基）杀毒软件来源于俄罗斯

铜奖：F-Secure Anti-Virus来自Linux的故乡芬兰。

第四名：PC-cillin

第五名：ESET Nod32

第六名：McAfee VirusScan

第七名：Norton AntiVirus

第八名：AVG Anti-Virus

第九名：CA Antivirus

第十名：Norman Virus Control

疑难问题

企业网中的一般用户不经允许私自与外部网络建立连接，并且进行双向数据交换是否正确？为什么？

网络故事

联想集团的英文名称“Lenovo”。其中“Le”取自原标识“Legend”，代表着秉承其一贯传统，新增加的“novo”取自拉丁词“新”，代表着联想的核心是创新精神。联想集团成立于1984年，由中科院计算所投资20万元人民币、11名科技人员创办，到今天已经发展成为一家在信息产业内多元化发展的大型企业集团。联想在2005年5月完成以17.5亿美元的价格对IBM个人电脑事业部的收购，并获得在5年内使用IBM品牌权，成为全球第三大PC厂商。前联想的总部设在纽约的Purchase，同时在中国北京和美国北卡罗来纳州的罗利设立两个主要运营中心，通过联想自己的销售机构、联想业务合作伙伴以及与IBM的联盟，新联想的销售网络遍及全世界。联想在全球有19000多名员工。研发中心分布在中国的北京、深圳、厦门、成都和上海，日本的东京以及美国北卡罗来纳州的罗利。

网络驿站

华为技术有限公司（简称：华为），总部位于广东省。是全球领先的下一代电信网络解决方案供应商。华为致力于提供基于ALL IP网络的FMC解决方案，使最终用户在任何时间、任何地点都可以通过任何终端享受一致的通信体验。华为业务涵盖了移动、宽带、IP、光网络、电信增值业务和终端等领域，能够为客户提供通信解决方案和服务。目前，华为的产品和解决方案已经应用于全球100多个国家，以及35个全球前50强的运营商。2007年华为位列全球第五大电信设备经销商。自创建开始到2007年底，华为总共提交了2.688万项专利；在华为8.1万名员工中，到2007年底有3.5万名是研发人员，比例为43%。

6.3　神奇的黄金甲——防火墙

6.3.1　什么是防火墙

1．防火墙的概念

防火墙的本义原是指房屋之间修建的那道墙，这道墙可以防止火灾发生的时候蔓延到别的房屋。然而，多数防火墙里都有一个重要的门，允许人们进入或离开房屋，因此，防火墙在提供增强安全性的同时也允许必要的访问。

计算机网络安全领域中的防火墙（Firewall）指位于不同网络安全域之间的软件和硬件设备的一系列部件的组合，作为不同网络安全域之间通信流的唯一通道，并根据用户的有关安全策略控制（允许、拒绝、监视、记录）进出不同网络安全域的访问。原理示意如图6-10所示。

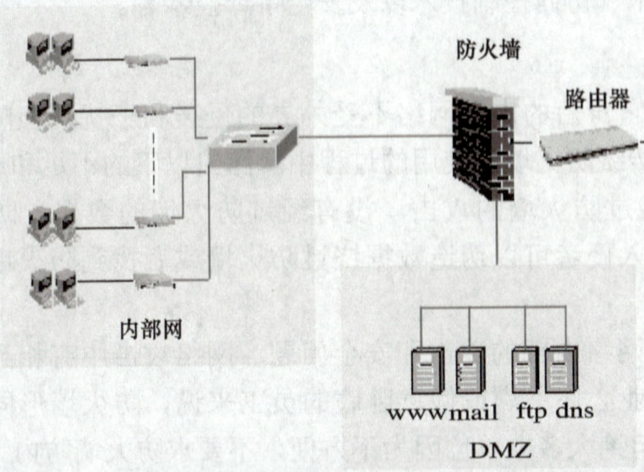

图6-10 防火墙系统模型

在互联网上防火墙是一种非常有效的网络安全模型，通过它可以隔离风险区域（即Internet或有一定风险的网络）与安全区域（即通常讲的内部网络）的连接，同时不妨碍本地网络用户对风险区域的访问。防火墙可以监控进出网络的通信，仅让安全、核准了的信息进入，抵制对本地网络安全构成威胁的数据。因此，防火墙的作用是防止不希望的、未授权的通信进出被保护的网络，迫使用户强化自己的网络安全政策，简化网络的安全管理。

防火墙本身必须具有很强的抗攻击能力，以确保其自身的安全性。简单的防火墙可以只用路由器实现，复杂的可以用主机、专用硬件设备及软件甚至一个子网来实现。通常意义上讲的硬防火墙为硬件防火墙，它是通过专用硬件和专用软件的结合来达到隔离内、外部网络的目的，价格较贵，但效果较好，一般小型企业和个人很难实现。软件防火墙是通过软件的方式来达到，价格便宜，但这类防火墙只能通过一定的规则来达到限制一些非法用户访问内部网的目的。防火墙安装和投入使用后，要想充分发挥它的安全防护作用，必须对它进行跟踪和动态维护，要与商家保持密切的联系，时刻注视商家的动态，商家一旦发现其产品存在安全漏洞，会尽快发布补救产品，并对防火墙进行更新。

2. 防火墙的基本功能

防火墙是网络安全政策的有机组成部分，通过控制和监测网络之间的信息交换和访问行为来实现对网络安全的有效管理，防止外部网络不安全的信息流入内部网络和限制内部网络的重要信息流到外部网络。从总体上看，防火墙应具有以下五大基本功能。

1）过滤进、出内部网络的数据。

2）管理进、出内部网络的访问行为。

3）封堵某些禁止的业务。

4）记录通过防火墙的信息内容和活动。

5）对网络攻击进行检测和报警。

除此以外，有的防火墙还根据需求包括其他的功能，如网络地址转换功能（NAT）、双重DNS、虚拟专用网络（VPN）、扫毒功能、负载均衡和计费等功能。

为实现以上功能，在防火墙产品的开发中，广泛地应用了网络拓扑技术、计算机操作系统技术、路由技术、加密技术、访问控制技术以及安全审计技术等。

3. 防火墙的局限性

通常防火墙可以保护处于它身后的内部网络不受外界的侵袭和干扰，但随着网络技术的发展，网络结构日趋复杂，传统防火墙在使用的过程中暴露出以下的不足和弱点。

（1）防火墙不能防范不经过防火墙的攻击　没有经过防火墙的数据，防火墙无法检查。传统的防火墙在工作时，入侵者可以伪造数据绕过防火墙或者找到防火墙中可能敞开的后门。

（2）防火墙不能防止来自网络内部的攻击和安全问题　网络攻击中有相当一部分攻击来自网络内部，对于那些对企业心怀不满或假意卧底的员工来说，防火墙形同虚设。防火墙可以设计为既防外也防内，但绝大多数单位因为不方便，不要求防火墙防内。

（3）由于防火墙性能上的限制，因此它通常不具备实时监控入侵的能力。

（4）防火墙不能防止策略配置不当或错误配置引起的安全威胁　防火墙是一个被动的安全策略执行设备，就像门卫一样，要根据政策规定来执行安全，而不能自作主张。

（5）防火墙不能防止受病毒感染的文件的传输　防火墙本身并不具备查杀病毒的功能，即使集成了第三方的防病毒软件，也没有一种软件可以查杀所有的病毒。

（6）防火墙不能防止利用服务器系统和网络协议漏洞所进行的攻击　黑客通过防火墙准许的访问端口对该服务器的漏洞进行攻击，防火墙不能防止。

（7）防火墙不能防止数据驱动式的攻击　当有些表面看来无害的数据邮寄或复制到内部网的主机上并被执行时，可能会发生数据驱动式的攻击。

（8）防火墙不能防止内部的泄密行为　防火墙内部的一个合法用户主动泄密，防火墙是无能为力的。

（9）防火墙不能防止本身的安全漏洞的威胁　防火墙保护别人有时却无法保护自己，目前还没有厂商绝对保证防火墙不会存在安全漏洞。因此对防火墙也必须提供某种安全保护。

由于防火墙的局限性，因此仅在内部网络入口处设置防火墙系统，不能有效地保护计算机网络的安全。而入侵检测系统IDS（Intrusion Detection System）可以弥补防火墙的不足，它为网络提供实时的监控，并且在发现入侵的初期采取相应的防护手段。IDS系统作为必要的附加手段，已经为大多数组织机构的安全构架所接受。

6.3.2 防火墙的类型

1. 按组成结构分类

目前普遍应用的防火墙按组成结构可分为以下三种。

（1）软件防火墙　网络版的软件防火墙运行于特定的计算机上，它需要客户预先安装好的操作系统的支持，一般来说这台计算机就是整个内部网络的网关。软件防火墙就像其他的软件产品一样，需要先在计算机上安装并做好配置才可以使用。

（2）硬件防火墙　这里说的硬件防火墙针对芯片级防火墙来说是所谓的硬件防火墙。它们最大的差别在于是否基于专用的硬件平台。目前市场上大多数防火墙都是这种所谓的硬件防火墙，它们都基于PC架构，就是说，它们和普通的家庭用的PC没有太大区别。在这些PC架构计算机上运行一些经过裁剪和简化的操作系统，最常用的有UNIX、Linux和FreeBSD系统。

（3）芯片级防火墙　基于专门的硬件平台，核心部分就是ASIC芯片，所有的功能都集成做在芯片上。专有的ASIC芯片促使它们比其他种类的防火墙速度更快，处理能力更强，性能更高。

2. 按采用的技术分类

常见防火墙按采用的技术分类主要有包过滤防火墙、代理防火墙和状态监视防火墙。每种防火墙都有各自的优缺点。

（1）包过滤防火墙　包过滤是第一代防火墙技术。其技术依据是网络中的分包传输技术，它工作在OSI模型的网络层。网络上的数据都是以“包”为单位进行传输的，数据被分割成为一定大小的数据包，每一个数据包中都会包含一些特定信息，如数据的IP源地址、IP目标地址、封装协议（TCP、UDP、ICMP等）、TCP/UDP源端口和目标端口等。

包过滤操作通常在选择路由的同时对数据包进行过滤（通常是对从互联网络到内部网络的包进行过滤）。包过滤这个操作可以在路由器上进行，也可以在网桥，甚至在一个单独的主机上进行。

（2）代理防火墙　代理防火墙是一种较新型的防火墙技术，它分为应用层网关和电路层网关。

代理防火墙通过编程来弄清用户应用层的流量，并能在用户层和应用协议层提供访问控制。而且，还可记录所有应用程序的访问情况，记录和控制所有进出流量的能力是代理防火墙的主要优点之一，代理防火墙一般是运行代理服务器的主机。

（3）状态监视防火墙　状态监视防火墙安全特性非常好，它采用了一个在网关上执行网络安全策略的软件引擎，称之为检测模块。检测模块在不影响网络正常工作的前提下，采用抽取相关数据的方法对网络通信的各层实施监测，抽取部分数据，即状态信息，并动态地保存起来作为以后指定安全决策的参考。

6.3.3　防火墙的应用

1. 个人用户防火墙介绍—— 天网防火墙

天网防火墙安装完成后，主界面如图6-11所示。一般选择默认即可，其实经过修改的自定义IP规则与默认中级的规则是一样的。

默认情况下，只要没有特殊要求（如开放某些端口或屏蔽某些端口，或某些IP操作等），就能起到防火墙的强大作用。以下就介绍开放某些端口的设置方法，大家可以依次类推，完成其他相关操作。

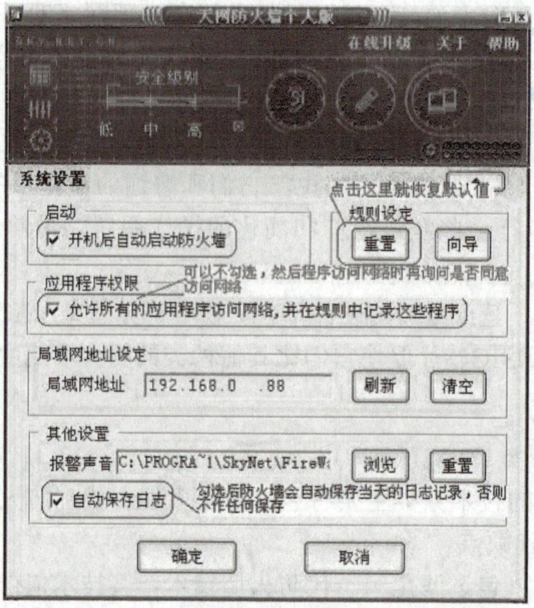

图6-11　天网防火墙主界面

2．防火墙规则设置

如果想开放端口，就必须建立新的IP规则，所以在开放端口前，先介绍怎样建立一个新的IP规则，单击“IP规则设置”图标，打开“设置”对话框，如图6-12所示，在自定义IP规则里进行新规则设置。

单击“增加规则”按钮后，出现如图6-13所示的对话框。

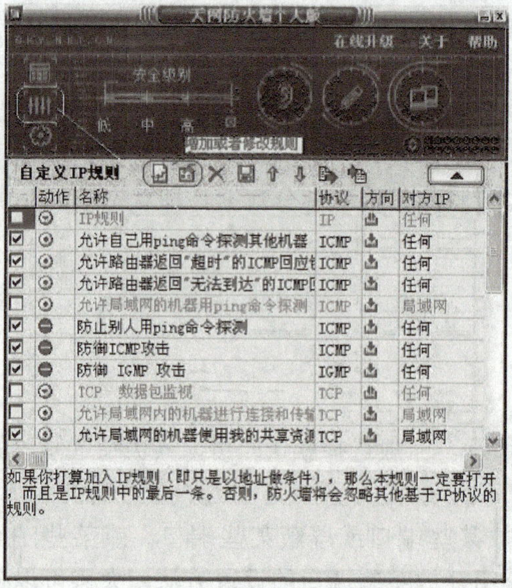

图6-12　增加新规则

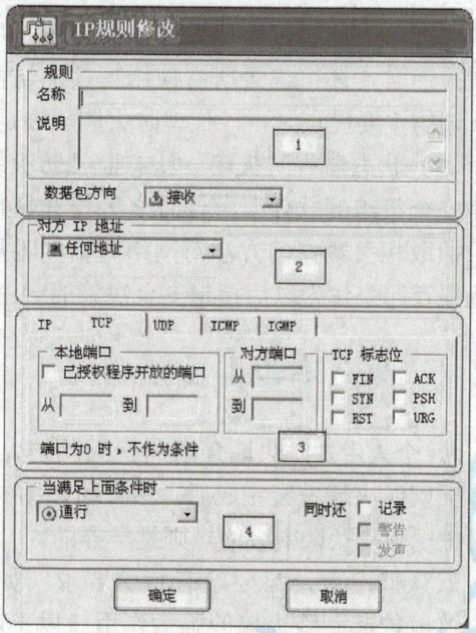

图6-13 “IP规则修改”对话框

1）图中第一部分是新建IP规则的说明部分，可以选取有代表性意义的名字。还有数据包方向的选择，分为接收、发送、接收和发送三种，可以根据具体情况决定。

2）第二部分就是对方IP地址，分为任何地址、局域网内地址、指定地址、指定网络地址四种。

3）第三部分为IP规则使用的各种协议，有IP、TCP、UDP、ICMP、IGMP五种协议，可以根据具体情况选用设置，如开放IP地址的是IP协议，QQ使用的是UDP协议等。

4）第四部分决定设置上面规则是允许还是拒绝，在满足条件时是通行、拦截还是继续下一规则，要不要记录等。

3. 打开端口实例

（1）打开BT软件所用的端口6881-6889（BT变态下载软件，一种P2P软件）

我们知道BT使用的端口为6881-6889这九个端口，而防火墙的默认设置是不允许访问这些端口的，它只允许BT软件访问网络，所以有时在一定程度上影响了BT的下载速度。当然关掉防火墙就没有影响了，但机器就不安全了。

下面以打开6881-6889端口举个实例。

由于BT使用的是TCP协议，按照图6-14所示进行设置，单击“确定”后，完成新规则的建立。设置新规则后，把规则上移到该协议组的顶端，单击“保存”按钮保存规则，如图6-15所示，即可使用该端口。

（2）关闭端口实例　关闭端口就是封端口，可以让某些病毒无法入侵。我们知道冲击波病毒是利用Windows系统的RPC服务漏洞以及开放的69、135、139、445、4444端口入侵的。防范冲击波病毒就是封住以上端口，我们以封一个端口为例，比如封住4444端口，要注意的是在满足条件时一定要选择拦截，按图6-16建立规则，设置完毕，单击“确定”按钮即可。不管是拦截和通行都要建立规则，这样防火墙才能发挥重要作用。

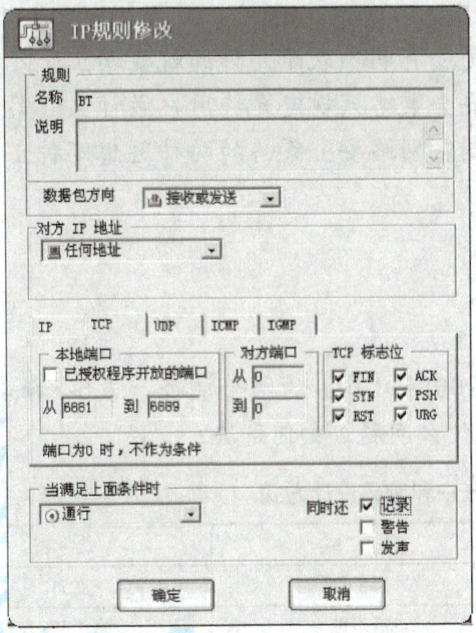

图6-14　开放6881到6889端口设置

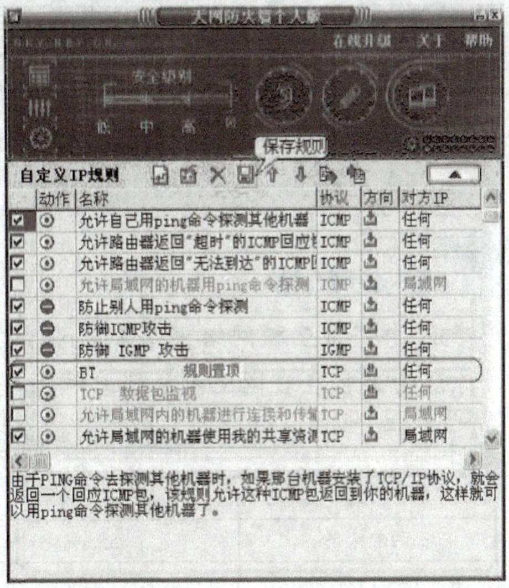

图6-15　将新规则保存

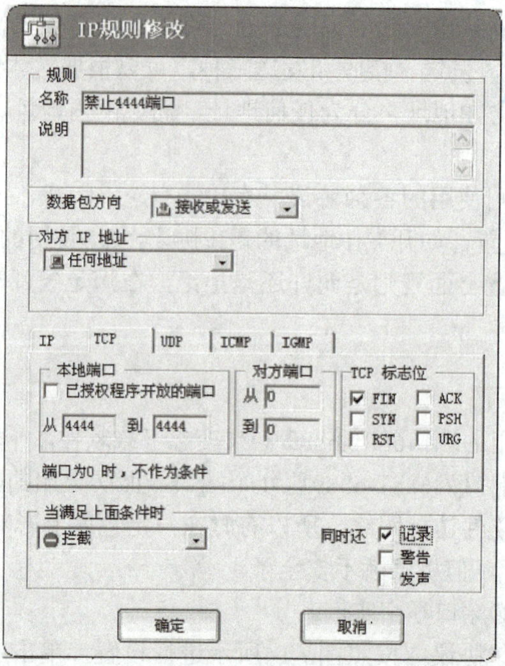

图6-16 IP规则修改

只要设置好防火墙的规则，软件就会按照要求进行拦截处理，自动保护计算机系统的安全。我们设置好防护规则后，还可以设置机器在每次开机后自动启动防火墙，确保系统处于防护状态。有时为了方便资源共享和机器互访，也可以随时关闭防火墙，待完成操作后再打开防火墙，这些都可以根据具体情况进行设置。

疑难问题

制定网络安全策略时有两种基本思想：凡是没有明确表示允许的就要禁止；凡是没有明确表示禁止的就要允许。第一种方法的网络安全策略只规定允许用户做什么；第二种方法的网络安全策略只规定不允许用户做什么。制定网络安全策略的两种思想哪种正确？为什么？

智能表格

下面是中国互联网络发展状况统计报告（2008年1月）的两个调查，表6-5和表6-6所示，你认为通常在我国网民的账户和密码上存在什么问题？如何解决？

表6-5 网民通常的网络账户和密码设计方式

形 式	比 例	形 式	比 例
以上两者结合	55.3%	仅字母	2.7%
数字+字母+符号	27.7%	不知道	1.3%
仅数字	12.1%	仅符号	0.8%

表6-6　网民网上账户通常的口令/密码是几位

位　数	比　例	位　数	比　例
8位以上	49.8%	4～6位	19.3%
7～8位	30.3%	1～3位	0.6%

知识链接

Linus Benedict Torvald

Linus Benedict Torvald生长在赫尔辛基，是一位瑞典裔芬兰人。目前，Linus定居美国加利福尼亚州，为一个非Linux公司工作。Linus喜欢喝啤酒，更喜欢一个栩栩如生的小企鹅（Linux的标志），和他聪明伶俐的宝贝女儿。Linus最大的成就不是他编写了Linux的内核，而是将它公布于众。1991年，作为一位计算机系学生，Linus开发了一种小型的类似UNIX的操作系统，并公布了它的源代码，他还在Internet上寻找程序员共同开发该系统，并最终定名为Linux。

事情的起源是这样的：为了学习使用著名计算机科学家Andrew S. Tanenbaun开发的Minix（一套功能简单、易懂的UNIX操作系统，可以运行在8086上，后来也支持80386，在一些PC机平台上非常流行），Linus购买了一台486微机，但是他发现了Minix的功能还很不完善，于是他决心自己写一个保护模式下的操作系统，这就是Linux的原形。最初的Linux是用汇编语言编写的，主要用来处理80386保护模式。1991年10月5日，Linus发布了Linux的第一个“正式”版本，即0.02版。

网络驿站

国际防火墙排名

1. ZoneAlarm Pro
2. Outpost Firewall Pro
3. Norton Personal Firewall
4. Norman Personal Firewall
5. SurfSecret Personal Firewall
6. McAfee Personal Firewall Plus
7. BullGuard
8. Sygate Personal Firewall Pro
9. Injoy Firewall
10. BlackICE PC Protection
11. Personal Firewall Pro
12. Kaspersky Anti-Hacker
13. F-Secure Internet Security
14. PC-cillin Internet Security

15. Armor2net
16. Tiny Firewall
17. Privatefirewall
18. Freedom Firewall

网络故事

鲍岳桥1989年毕业于杭州大学数学系计算数学专业，1989年开始在杭州橡胶总厂电脑室任计算中心程序员，1993年5月进入希望电脑公司，开始从事UCDOS的开发工作，现为北京联众电脑技术有限责任公司总裁。1998年初，鲍岳桥和简晶、王建华三人离开北京希望电脑公司，成立了北京联众电脑技术有限责任公司。在离开希望公司后，当时他们非常希望自己能够在新的领域上有所创新，正值互联网开始发展，受其吸引，决心投入到互联网的领域中去。当时对于一个网民来说，最痛苦的就是网上中文的娱乐站点太少，因此鲍岳桥在发展方向上选择了互联网作为新的突破口，准备抓住互联网今后发展的两大热点，一是网络搜索，二是网上娱乐。网络搜索造就了“雅虎”、“搜狐”等著名的网站；而鲍岳桥则从网上娱乐入手建设了一个具有中华文化特色的休闲娱乐网站——联众世界，把人们日常生活中经常玩的棋牌游戏带到网上。截至2004年3月，联众共拥有近1.3亿注册用户，一周上下线人数1000多万，每月活跃人群达1500万，最高同时在线人数已超过58万，是目前世界最大的游戏娱乐网站。而且，联众已经并准备推出包括中文简体、中文繁体、英文、日文、韩文等多语种版本，并在中国大陆、台湾以及美国、日本、韩国等国家和地区架设了服务器，为联众新世界最终面向全球提供了有力的拓展平台。

学以致用

市场调查：防火墙软件、硬件和芯片级产品哪一种效果好？哪一个在市场占有率高？想一想为什么？

6.4 一明一暗的战斗——木马防治

6.4.1 木马基础知识

1．木马的由来

木马即“特洛伊木马”（Trojan horse），这个名称来源于古希腊神话《木马屠城记》。古希腊有大军围攻特洛伊城，久久无法攻下。于是有人献计制造一只高二丈的大木马，假装作战马神，让士兵藏匿于巨大的木马中，大部队假装撤退而将木马摈弃于特洛伊城下。城中得知解围的消息后，遂将“木马”作为奇异的战利品拖入城内，全城饮酒狂欢。到午夜时分，全城军民进入梦乡，藏匿于木马中的将士打开密门，顺绳而下，开启城门及四处纵火，城外伏兵涌入，部队里应外合，最终占领特洛伊城。后世称这只大木马为“特洛伊木马”。如今黑客程序借用其名，有“一经潜入，后患无穷”之意。

完整的木马程序一般由两个部分组成：一个是服务端程序，一个是控制端程序。“中了木马”就是指安装了木马的服务端程序，若你的电脑被安装了服务端程序，则拥有控制端程序的电脑就可以通过网络控制你的电脑，为所欲为，这时你电脑上的各种文件、程序，以及在你电脑上使用的账号、密码就无安全可言了。

木马程序不能算是一种病毒，但越来越多的新版的杀毒软件，也可以查、杀木马，所以也有不少人称木马程序为黑客病毒。

2．木马的特征与危害

木马的基本特征如下。

（1）具有隐蔽性　隐蔽性是其首要的特征，木马与其他所有的病毒相似，它必须隐藏在计算机的系统之中，而且会想尽一切办法不让用户发现它。

（2）具有自动运行性　木马程序是一个当系统启动时即自动运行的程序，所以它必须潜入在启动配置文件中，如win.ini、system.ini、winstart.bat以及启动组等文件之中。

（3）具有欺骗性　木马程序要达到其长期隐蔽的目的，就必须借助系统中已有的文件，以防被发现。

（4）具备自动恢复功能　现在，很多木马程序中的功能模块已不再是由单一的文件组成，而是具有多重备份，可以相互恢复。

（5）能自动打开特别的端口　木马程序潜入用户计算机的目的不是为了破坏系统，主要是为了获取系统中有用的信息。

（6）功能的特殊性　通常，木马的功能都是十分特殊的，除了普通的文件操作以外，还有些木马具有搜索Cache中的口令、设置口令、扫描目标机器的IP地址、进行键盘记录、远程注册表的操作以及锁定鼠标等功能。

（7）黑客程序组织化　以往还从未发现有公开化的病毒组织，多数病毒是由个别人出于好奇，想试一下自己的病毒程序开发水平而做的，但他绝对不敢公开，因为一旦发现是有可能被判坐牢或罚款的，这样的例子已不再是新闻。

木马在黑客入侵中也是一种不可缺少的工具。就在2000年10月28日，一个黑客入侵了美国微软的门户网站，而网站的一些内部信息则是被一种叫作QAZ的木马传出去的。就是这小小的QAZ让庞大的微软丢尽了颜面。

木马主要危害表现在窃取密码、文件操作、修改注册表、对系统进行操作等方面。

3．常用的清除木马工具

人们一般只谈“毒”色变，因为病毒一般会带来直接的破坏，比如删除数据、格式化硬盘等。对木马却不够重视，其实它们比病毒的危害更大，有些就像“慢性”毒药，当你发现自己的账号或密码丢失时，已经为时已晚。实际上可以通过防火墙来防范木马，通过杀毒软件来清除木马。常见的木马清除工具有以下几种。

（1）绿鹰PC万能精灵　该软件是一款集系统优化、病毒清理、黑客防御、QQ娱乐于一体的综合软件。

（2）木马杀星（Trojan Remover） Trojan Remover是一个专门用来清除特洛伊木马和自动修复系统文件的工具，能够检查系统登录文件、扫描Win.ini、System.ini和系统登录文件，且扫描完成后会在目录下产生Log信息文件，并自动清除特洛伊木马和修复系统文件。

（3）木马克星（Iparmor） 木马克星Iparmor可以侦测和删除已知和未知的特洛依木马。该软件拥有大量的病毒库，并可以每日升级。一旦启动电脑，该软件就扫描内存，寻找类似特洛依木马的内存片，支持重启之后清除。还可以查看所有活动的进程，扫描活动端口，设置启动列表等。木马克星是一款适合网络用户的安全软件。

6.4.2 绿鹰PC万能精灵

绿鹰PC万能精灵是一款国产小软件，它是集系统优化、病毒清理、黑客防御、QQ娱乐于一体的综合软件。该软件将不同的功能分给不同的精灵管理，其功能涵盖了个人电脑用户日常需求，其中包括：清除各种流行木马及病毒的守卫精灵，实时监控木马进程及端口功能判断，可杀未来木马；防止网站恶意修改及任意脚本病毒的IE反修改精灵；增强系统安全，优化系统配置的Windows精灵；功能强劲的QQ辅助精灵等。

1. 界面组成

安装运行绿鹰PC万能精灵软件后，即开始对系统进行监控。主界面如图6-17所示。该界面结构清晰，功能明了，在界面的中间部分显示系统当前的状态，右侧列出了该软件的常用功能，单击不同的按钮，即可完成相应的操作。

在界面的下部，列出了该软件的三大主要功能：QQ精灵、Windows精灵和IE精灵。

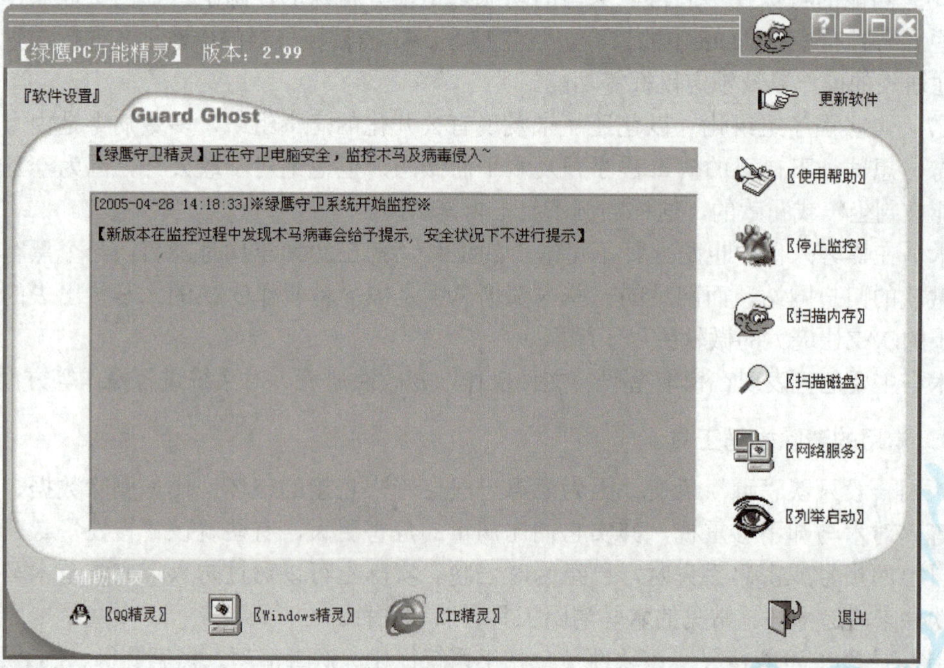

图6-17 绿鹰PC万能精灵

2. 功能菜单

运行绿鹰PC万能精灵软件后，会在任务栏右侧的托盘上出现一个可爱的蓝色小精灵图标，右击“小精灵”图标，便出现了一个功能菜单，如图6-18所示。

图6-18 绿鹰PC万能精灵菜单

3. 守卫精灵

经常上网的朋友都知道，QQ、邮箱以及上网账号经常被盗，其中一个主要原因就是自己使用的电脑感染“木马”，这个“精灵”就是通过后台监控、即时扫描木马等方法来达到守卫计算机安全的目的。双击“小蓝精灵”图标进入“守卫精灵”的功能区。

开始监控：单击后每隔2s监控一次，并显示是否发现木马程序。

列举启动：列示出随Windows启动自动运行的程序。

扫描内存：列示出当前所有的运行程序（进程），并可以随时刷新或结束某一进程。

扫描磁盘：通过扫描硬盘中的程序，查看是否有木马藏匿的踪迹，如果找到了，按下“清除”即可。

4. QQ精灵

QQ精灵可以让用户通过在预先编辑好的文本文件中，把自己说不出口的“柔情蜜意”以符号、数字、文字、ASCII码文本等形式由QQ向你的爱侣发送出去，当然也可以用文山辞海，对你的“损友”进行猛烈轰炸。

使用前，先要进行发送设置：选择“聊天室”或者“QQ聊天”，输入“循环发送”的数字，然后选择发送的类别，最后是“发送”（前提是你已经开启了QQ）。值得一提的是，这里提供了BMP转换成ASCII码文本的功能：我们可以自己制作、捕捉图片并存为BMP文件，然后利用这个功能，把它转换成具有独特创意的ASCII码文本，再发送出去。

5. Windows精灵

Windows精灵提供了电脑加速、清除系统垃圾、允许或禁止CD自动运行、防止非法入侵等功能，另外，针对现在浏览部分网站自动更改计算机设置的情况，特别提供了对浏览器的保护，有十项功能。使用这些功能都很简单，只需单击这些功能按钮或是勾选相应的方框后，单击“确定”即可，如图6-19所示。

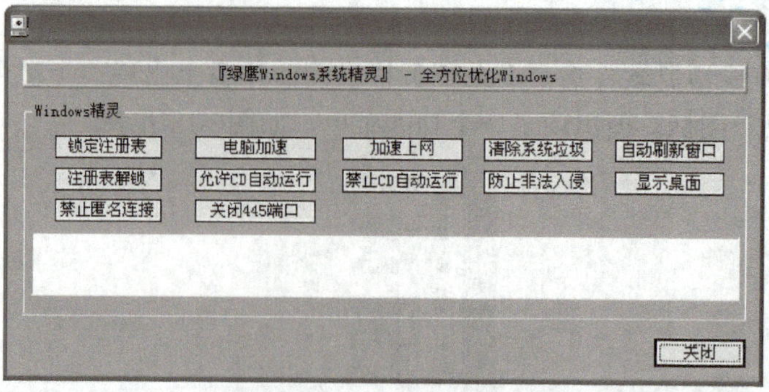

图6-19　Windows精灵界面

6. IE精灵

在主界面单击IE精灵按钮，弹出如图6-20所示的界面。

IE精灵提供了：取消注册表锁定、取消首页锁定、取消弹出广告窗口……等十多个功能。当我们需要使用或限制某个功能时，只需在这个功能前的小方框前打上勾（或取消），然后“确定”并重启电脑即可以。在这里还可以对IE的右键菜单进行删减，非常方便。

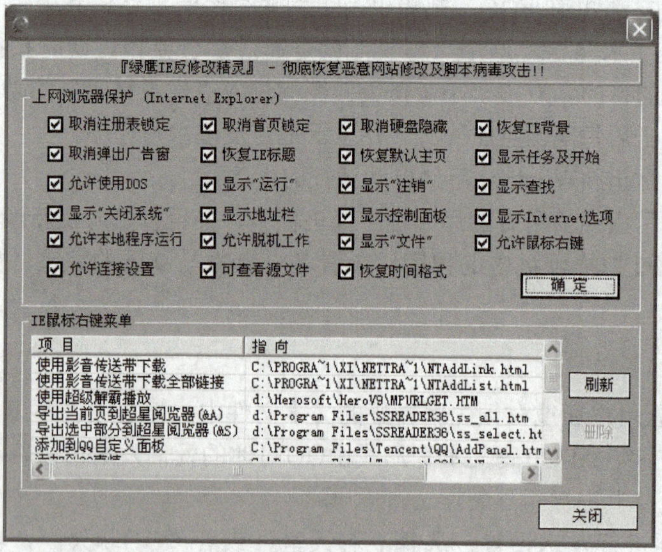

图6-20 IE精灵界面

总的来说，绿鹰PC万能精灵软件的使用很简单，但功能却非常实用。

知识链接

《财富》2008年度高盈利科技企业排行榜

排名　公司　财富500强排名　2007年净利润 增幅

1. 微软44141亿美元12%

2. IBM 15104亿美元10%
3. 思科7173亿美元31%
4. 惠普1473亿美元17%
5. 英特尔6070亿美元38%
6. 甲骨文13743亿美元26%
7. 谷歌15042亿美元37%
8. 苹果10335亿美元76%
9. 高通29733亿美元34%
10. 戴尔3429亿美元14%
11. 德州仪器18527亿美元39%
12. 康宁41722亿美元90%
13. 应用材料27017亿美元13%
14. EMC 20117亿美元36%
15. 施乐14417亿美元8%
16. MEMC电子材料913 8.26亿美元124%
17. Nvidia 5437.98亿美元78%
18. Adobe 6517.24亿美元43%
19. 电子数据系统1157.16亿美元52%
20. Lam Research 7596.86亿美元104%

举一反三

讨论并网上搜索对付木马还有什么有效的办法？

仔细观察

计算机病毒的表现现象

发作前

* 平时运行正常的计算机突然经常性无缘无故死机
* 操作系统无法正常启动
* 运行速度明显变慢
* 以前能正常运行的软件突然经常发生内存不足或非法错误
* 打印和通讯发生异常
* 无意中要求对软盘进行写操作
* 系统文件的时间、日期、大小发生变化
* 运行Word，打开Word文档后，该文件另存时只能以模板方式保存
* 磁盘空间迅速减少

* 网络驱动器卷或共享目录无法调用
* 基本内存发生变化
* 陌生人发来的电子函件
* 自动链接到一些陌生的网站

发作时

* 发出一段的音乐
* 产生特定的图像
* 硬盘灯不断闪烁
* 进行游戏算法
* Windows桌面图标发生变化
* 计算机突然死机或重启
* 自动发送电子函件
* 鼠标自己在动

发作后

* 硬盘无法启动，数据丢失
* 系统文件丢失或被破坏
* 文件目录发生混乱
* 部分文档丢失或被破坏
* 部分文档自动加密码
* 计算机硬盘被格式化
* 使部分可软件升级主板的BIOS程序混乱，主板被破坏
* 网络瘫痪，无法提供正常的服务

网络故事

思科系统公司（Cisco Systems, Inc.），是互联网解决方案的领先提供者，其设备和软件产品主要用于连接计算机网络系统。1984年12月，思科系统公司在美国成立，创始人是斯坦福大学的一对教师夫妇，计算机系的计算机中心主任莱昂纳德·波萨克（Leonard Bosack）和商学院的计算机中心主任桑蒂·勒纳（Sandy Lerner），夫妇二人设计了叫作“多协议路由器”的联网设备，用于斯坦福校园网络（SUNet），将校园内不兼容的计算机局域网整合在一起，形成一个统一的网络。这个联网设备被认为是联网时代真正到来的标志。约翰·钱伯斯于1991年加入思科，1996年，钱伯斯执掌思科帅印，是钱伯斯把思科变成了一代王朝。

对于思科公司来说，它所面对的是一个2000亿美元的网络设备市场。现在他的经营范围几乎覆盖了网络建设的每个部分：组成互联网和数据传送的路由器、交换机等网络设备市场现在几乎都由思科公司控制。由于网络信息每四个月就增加一倍，需要更新、更快的网络传输设备支撑，这意味着思科的市场还在不断膨胀，从而使思科的市场成了最受欢迎、增长最快的公司。该企业品牌在世界品牌实验室（World Brand Lab）编制的2006年度《世界品牌500强》排行榜中名列第四十，在《巴伦周刊》公布的2006年度全球100家大公司

受尊重度排行榜中名列第三十。

网络驿站

威客的英文是Witkey（wit智慧、key钥匙；关键的）。指在网络时代，凭借自己的创造能力（智慧和创意）在互联网上帮助别人，而获得报酬的人就是威客。通俗地讲，威客就是在网络上出卖自己无形资产（知识商品）的人。或者说是在网络上做知识（商品）买卖的人。威客包含A型威客，B型威客，C型威客。askwitkey知道型威客，例如百度知道，爱问等，称为A型威客。bidwitkey悬赏型威客，通过对某个项目进行投标，并争取中标从而获得项目开发机会，最终产生价值，称为B型威客。

c2cwitkey点对点威客，通过对自身能力进行展示、证明和良好的经营，将能力转化为能力产品，与需求者之间建立C2C的买卖交易关系，这样的威客人群被称为C型威客。C型威客模式的代表网站有：我能网、淘人网、如意网等。

疑难问题

木马也是一种人为的程序，属于电脑病毒，这里为什么木马要单独提出来说呢？

实践天地

美国IBM公司头号网络安全专家帕莫博士根据自己多年的经验，总结性地提出了以下几条防范黑客攻击的措施：

- 不要使用过于简单的密码；
- 不要贪图方便而把密码存在电脑内；
- 买来新电脑以后要立即对电脑出厂时预先设定的密码进行更改；
- 保护好自己在电脑系统档案中保存的密码资料；
- 随时清除自己电脑内的或公司网络内的病毒；
- 消除黑客有意安插在你电脑系统中的软件；
- 对假网页要保持高度警惕，在网上购物时要仔细确认网址的真伪；
- 对假冒他人名义发出的信件要格外小心，不要接收、更不要打开不知来源的电子邮件，最安全的办法是将其原封不动地清除。

6.5 居安思危的谋略——数据备份与恢复

6.5.1 数据备份与恢复概述

在计算机网络中，最珍贵的财产并不是计算机软件和硬件，而是计算机内的宝贵数据。

建立网络最根本的用途是要更加方便地传递与使用数据，但人为错误、硬盘损坏、电脑病毒、断电或是天灾、人祸等都有可能造成数据的丢失。目前几乎在每一个大型网络都有数据的备份和恢复的措施，而这些措施确实在不少灾难性的数据丢失事件中发挥了重要的作用。

1. 数据备份和恢复

数据备份和恢复是指将计算机硬盘上的原始数据复制到其他存储媒体上，如磁带、光盘等，在出现数据丢失或系统灾难时，将复制在其他存储媒体上的数据恢复到硬盘上，从而保护计算机的系统数据和应用数据。对于计算机网络数据，备份不仅仅是文件的复制，还应包括文件的权限、属性等信息。

数据压缩是通过减少数据的冗余度来减少数据在存储介质上占用的存储空间，而数据的备份则是通过增加数据的冗余度来达到保护数据安全的目的。在计算机常用数据备份工作中，既为了保护数据的安全又为了节省备份介质，大多数都将数据压缩和数据备份结合使用，在操作上一般分两种，一种是先通过压缩软件进行压缩，然后再进行数据备份。另一种是在备份的同时进行压缩。

2. 威胁数据安全的因素

曾有一位计算机专家说过，系统灾难的发生不是是否会，而是迟早的问题。造成系统数据丢失的原因很多，有些还往往被人们忽视，正确分析威胁数据安全的因素，能使系统的安全防护更有针对性。威胁数据安全，导致系统失效的因素主要有以下八个方面。

（1）系统物理故障　系统物理故障主要是系统设备的运行损耗、存储介质失效、运行环境（温度、湿度、灰尘等）对计算机设备的影响、电源供给系统故障、人为的破坏等。

（2）系统软件设计的缺陷　操作系统环境和应用软件种类繁多，结构复杂，软件设计上的缺陷也会造成系统无法正常工作。另外，版本的升级、程序的补丁等都会对数据安全造成影响。

（3）使用人员操作失误　由于操作不慎，使用者可能会误删除系统的重要文件，或者修改了影响系统运行的参数，以及没有按照规定要求、操作不当导致系统失灵。

（4）计算机病毒　近年来，由于计算机病毒感染而破坏计算机系统，造成重大经济损失的事件屡屡发生，计算机病毒具有自我复制能力，品种繁多，感染性强，特别是在网络环境下，传播扩散速度更快，令人防不胜防。

（5）网络攻击　网络攻击者可能篡改或删除计算机网络中的数据，网络攻击也成为数据安全的一个重大隐患。

（6）电源质量　一个瞬间过载的电功率可能会损害计算机硬件，也会造成计算机网络中数据的错误甚至丢失。

（7）磁干扰　生活、工作中常见的磁场可以破坏磁碟中的文件。

（8）自然灾害　地震、严重的洪涝、火灾等自然灾害都会给数据安全带来毁灭性的打击。

3. 数据备份的原则

对数据进行备份是为了保证数据的安全性，消除系统使用者和操作者的后顾之忧。不同的应用环境要求不同的解决方案来适应，一般来说，要满足以下原则。

（1）稳定性　备份产品的主要作用是为系统提供一个数据保护的方法，于是该产品本身的稳定性就变成了最重要的一个方面，一定要与操作系统百分之百的兼容。

（2）全面性　在计算机网络环境中，可能包括了各种操作平台，如NetWare、Windows NT、UNIX等，并安装了各种应用系统，如数据库、群件系统等。选用的备份软件，要支持各种操作系统、数据库和典型应用。

（3）自动化　数据备份是一个经常进行的持续性工作，在数据备份时会使网络系统的性能下降，因此备份常常在下班后系统负荷轻时进行。可是这会增加系统管理员的负担，因此，备份方案应能提供定时的自动备份，如利用磁带库等技术进行自动换带。在自动备份过程中，还要有日志记录功能，并在出现异常情况时自动报警。

（4）高性能　随着业务的不断发展，数据越来越多，更新越来越快，数据备份的间隔越来越短，备份需要的时间越来越长。这要求在设计备份时，应尽量考虑到提高数据备份的速度。

（5）安全性　计算机网络是计算机病毒传播的高速通道，给数据安全带来了极大威胁。如果在备份时，把计算机病毒也完整地备份下来，将会是一种恶性循环。因此，要求在备份的过程中有查毒、防毒、杀毒的功能，确保无毒备份，同时还要保证备份介质不丢失和备份数据的完整性。

（6）操作简单　数据备份应用于不同领域，进行数据备份的操作人员也处于不同的层次。这就需要一个直观的、操作简单的图形化用户界面，缩短操作人员的学习时间，减轻操作人员的工作压力，使备份工作得以轻松地设置和完成。

（7）实时性　有些关键性的任务是要保证24小时不停机运行，在备份时，有一些文件可能仍然处于打开或更新的状态。那么在进行备份时，要采取措施，实时地查看文件大小、进行事务跟踪，以保证正确地备份系统中的所有文件，重要的系统要求在文件更新后及时进行备份。

（8）容错性　确认备份数据的可靠性，也是一个至关重要的方面。如果引入RAID技术，对磁带进行镜像，就可以更好地保证数据安全可靠，给用户再加一把保险锁。

4．数据备份的方法与策略

（1）数据备份的方法　目前可供选择的备份介质很多，用户根据备份的成本、数据量、备份的目的、方便性等因素进行综合考虑，以确定备份介质。根据采用的备份介质不同分为以下六种备份方法。

①磁带备份。在所有备份介质中，磁带备份是可靠、成本低、传输率高、易于使用和管理的数据备份介质。

一整套备份方案的花费由硬件的花费、介质的花费、备份软件的花费、支付操作者与管理者的花费、维修费及故障损失等因素组成。因此与以光盘等介质为主的备份系统相比较，磁带介质的成本最低。综合考虑，在确保有效备份的情况下，磁带机与介质的花费加上磁带机的错误更正及恢复功能所提供的高可靠性，降低了诸如劳动力、故障损失方面的花费，从而使得磁带备份的整体成本最低。

从技术角度来看，磁带存储数据是顺序存储，可以抗病毒，在磁带机断掉后能够重新接起，不影响存储效果。HP公司的一键恢复技术，实现了备份和快速恢复操作系统的功能。该功能需要使用专业备份软件在支持一键恢复功能的磁带机上备份整个操作系统，在操作系统崩溃时通过支持一键恢复功能的磁带机上的一个按键即可从备份的磁带上恢复全部的系统。

从可管理性角度讲，磁带存储具有久经考验的高可靠性及高可管理性。因为磁带机属于比较成熟的产品，配有各种相应管理软件的磁带机可以帮助管理人员对备份的资料、数据以及系统进行专门管理，自动加载磁带机还可以实现自动加载、自动备份和自动故障报警，实现无人值守备份和自动定时备份，通过磁带库、自动加载机的应用为网络备份提供无限可靠的网络备份解决方案。因此，可以说磁带备份是用于计算机网络数据备份的最佳选择，从容量的角度来做个比较，单盒磁带的容量可达20～200GB，一片MO盘的容量为5.2GB，一片CD-R的容量为650MB，一盒磁带就相当于数十片MO的存储量，而且从容量上看，磁带的容量与快速增加的硬盘容量匹配得最好。

② 硬盘备份。在计算机中安装多块硬盘，将数据备份在不同的硬盘上，通常采用磁盘阵列（RAID）的方法。在硬盘备份中也有采用移动硬盘进行手动备份的。

硬盘备份的速度快、实时性高，一块硬盘出现故障时不影响系统的运行。但使用硬盘备份时，每GB数据备份成本高，由于硬盘无法从系统中分离，一旦发生自然灾害将引起重大数据损失。

③ MO可擦写光盘机。MO可擦写光盘机使用的是一种较新的备份技术。每GB备份成本高，数据传输率低，光盘中的数据经长时间存档后难以确定数据的完整性和可用性。

④ 大容量软盘。大容量软盘的容量小、传输率低、存储成本高、数据可靠性低，因而不适合网络系统数据的备份。

⑤ CD-R/W。CD-R/W是CD-ReWritable的缩写，代表一种“重复写入”的技术，利用这种技术可以在特殊光盘上的相同位置重复写入数据。CD-R/W的灵活性和通用性好，但传输率和可靠性低，不易实现无人值守和定时备份，不适合网络系统数据的备份。

⑥ 网络备份。随着网络技术的发展，网络技术也应用到数据的存储和备份中。采用网络备份可以实现备份的集中管理、异地备份等，通过制定相应的备份策略，备份工作可以自动进行，不需要太多的人工干预，减少了日常的管理工作负担，并可避免人为的疏忽或错误，提高了数据备份的可靠性。

（2）数据备份策略 备份策略指确定需备份的内容、备份时间及备份方式。各个单位要根据自己的实际情况来制定不同的备份策略。目前被采用最多的备份策略主要有以下三种。

① 完全备份。对系统中的数据进行完全备份。例如，星期一用一盘磁带对整个系统进行备份，星期二再用另一盘磁带对整个系统进行备份，依此类推。这种备份策略的好处是当发生数据丢失的灾难时，只要用一盘磁带（即灾难发生前一天的备份磁带），就可以恢复丢失的数据。然而它亦有不足之处，首先，由于每天都对整个系统进行完全备份，造成备份的数据大量重复，这些重复的数据占用了大量的磁带空间，这对用户来说就意味着增加成本。其次，由于需要备份的数据量较大，因此备份所需的时间也就较长，对于那些业务繁忙、备份时间有限的单位来说，选择这种备份策略是不明智的。

② 增量备份。进行一次完全备份，然后在接下来只对当天新的或被修改过的数据进行备份。这种备份策略的优点是节省了磁带空间，缩短了备份时间。但它的缺点在于，当灾难

发生时，数据的恢复比较麻烦。例如，星期天对系统做了完全备份，系统在星期三的早晨发生故障，丢失了大量的数据，那么现在就要将系统恢复到星期二晚上时的状态。这时系统管理员就要首先找出星期天的那盘完全备份磁带进行系统恢复，然后再找出星期一的磁带来恢复星期一的数据，然后找出星期二的磁带来恢复星期二的数据。很明显，这种方式很繁琐。

另外，这种备份的可靠性也很差。在这种备份方式下，各盘磁带间的关系就像链子一样，一环套一环，其中任何一盘磁带出了问题都会导致整条链子脱节。比如在上例中，若星期二的磁带出了故障，那么管理员最多只能将系统恢复到星期一晚上时的状态。

③ 差分备份。管理员先进行一次系统完全备份，然后在接下来的几天里，管理员再将当天所有与完全备份后发生改变的数据（新的或修改过的）备份到磁带上。差分备份策略在避免了以上两种策略的缺陷的同时，又具有了它们的所有优点。

首先，它无需每天都对系统做完全备份，因此备份所需时间短，并节省了磁带空间。其次，它的灾难恢复也很方便。系统管理员只需两盘磁带，即完全备份磁带与灾难发生前一天的磁带，即可将系统恢复。

在实际应用中，备份策略通常是以上三种的结合。例如每周一至周六进行一次增量备份或差分备份，每周日进行全备份，每月底进行一次全备份，每年底进行一次全备份。

（3）网络备份方法　通过网络进行的异地备份可以有效地预防自然灾害对数据的破坏。网络备份通常有以下三种方法。

① 专用的服务器备份。将备份设备（通常为磁带自动装载设备或高性能、大容量的磁带库）直连到该服务器上，而在网络中的其他需要备份的服务器上安装相应的备份客户端软件，将它们的数据通过网络传输到备份服务器上进行备份。因为采用专用服务器备份所有的备份数据都通过网络传送到该服务器上，因此就需要占用网络带宽。备份数据量较大时，可能会严重影响网络上业务系统的正常工作。

② 共享存储设备的备份。使用NAS（Network Attached Storage，网络附加存储）、SAN（Storage Area Network，存储区域网）等可共享的存储设备，使多台服务器共享这些存储设备，将数据通过高速的共享存储设备直接备份到磁带库上，不但具备集中管理的优点，还避免了对局域网上业务系统的影响，但需要购买设备，成本较高。

③ 双机“热”备份系统。双机备份方式主要提供“在线”数据保护，存储成本高。无法避免人为错误、硬盘损坏、病毒攻击等，操作系统的崩溃会使数据难以得到有效保护，因此在使用双机“热”备份的系统中也要使用存储备份（如磁带备份）。通过网络进行的双机“热”备份可以实现异地的实时数据备份，保证在遇到自然灾害时数据的安全。

在一些重要的系统中，已经不能满足于简单的本地保护，要求更高的系统可用性和实现真正的异地容灾保护。因为一旦出现异常情况，如火灾、爆炸、地震、水灾、雷击或某个方向线路故障等自然原因以及电源机器故障、人为破坏等非自然原因引起的灾难，导致业务无法正常进行和重要数据的丢失、破坏，造成的损失将不可估量，全面的异地容灾保护方案，意味着除了要实现本地的切换保护外，更要实现数据的实时异地复制和业务系统（包括数据库和应用软件）的实时远程切换。

5. 数据备份的注意事项

备份的最终目的是确保数据的安全，为了达到这一目的，还要注意六个方面。

（1）制定备份策略　根据用户对数据安全的实际需要来制定合适的备份方案和策略。

（2）将备份介质存储在异地　备份后的介质一定要保存在异地或防火、防水、防磁的保险箱内。

（3）定期清洁备份设备　由于频繁进行备份操作，清洁备份设备是保证备份质量的关键。

（4）使用合格的备份介质　对备份介质的读写操作会造成一定的磨损，当出现损坏或老化时要及时更换，制定备份介质轮换策略。

（5）选用有报警功能的备份设备　用户可以监测备份设备的状态是否正常。

（6）每两、三个星期检查备份介质，并从中恢复一些文件，从而得知备份文件是否处于可恢复的状态。

6.5.2　Windows 2000备份工具的使用

出于保护数据安全的目的，需要经常对计算机中的数据进行备份。用于数据备份的软件很多，Windows 2000提供了一个数据备份和恢复的工具，主要功能有备份和恢复选定的文件和文件夹、创建紧急修复盘、备份计算机的系统状态（包括注册表、启动文件和系统文件）、和制定备份计划并按规定进行备份等功能，这个备份和恢复工具可以将数据备份到文件里或者磁带上，能满足数据备份和恢复的一般需要。

Windows 2000的备份工具提供了向导功能，用户可以在它的帮助下快速完成系统的备份及还原工作。下面简单介绍Windows 2000备份工具中向导的使用。

1．利用备份向导进行数据备份

1）在Windows 2000桌面上依次单击“开始→程序→附件→系统工具→备份”选项，出现如图6-21所示的对话框。单击“备份向导”按钮，启动系统的备份向导。

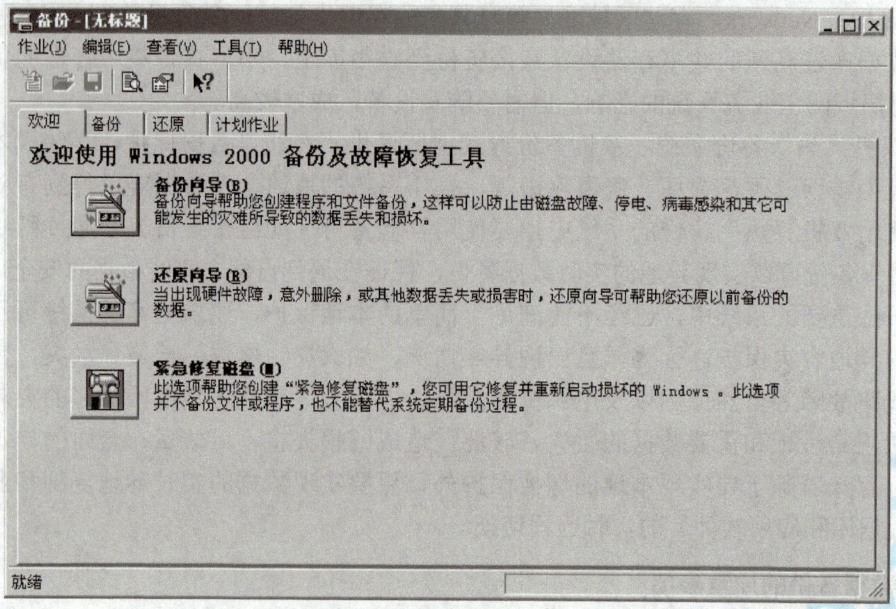

图6-21　备份工具窗口

2）单击“下一步”按钮，系统将会询问用户需要备份的对象。主要包括“备份整个系统”、“备份选定的文件、驱动器或网络数据”、“只备份系统状态数据”三种对象，用户根据自己的需要加以选择。

3）选择“备份选定的文件、驱动器或网络数据”单选项，单击“下一步”按钮，出现如图6-22所示的窗口，选择要备份的驱动器、文件夹和文件前的复选框。如果选择“备份整个系统”或“只备份系统状态数据”单选项，则单击“下一步”按钮，不需要选择要备份的驱动器、文件夹和文件，直接到第五步。

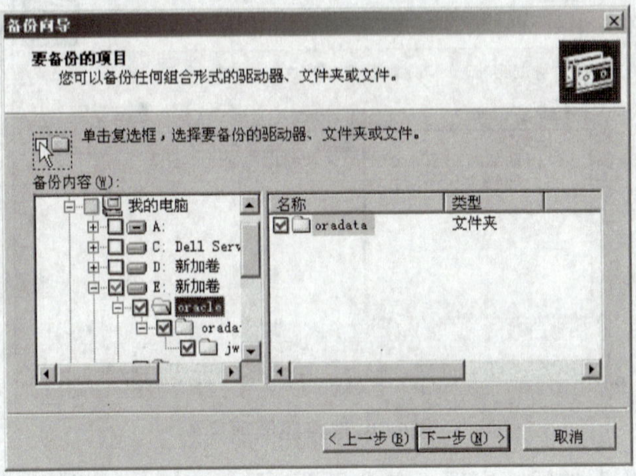

图6-22 备份的项目窗口

4）单击“下一步”按钮，出现如图6-23所示的“备份保存位置”选择窗口，指定备份媒体类型和备份的目标磁盘及备份文件名。

5）单击“下一步”按钮，出现“完成备份向导”窗口，单击“完成”按钮，系统即会开始进行备份。如果要进行备份类型、备份后是否验证、备份标签、备份任务等设置，可在完成备份向导窗口上，单击“高级”按钮进行设置，设置完成后，单击“完成”按钮，系统即会按照用户的设置进行备份。

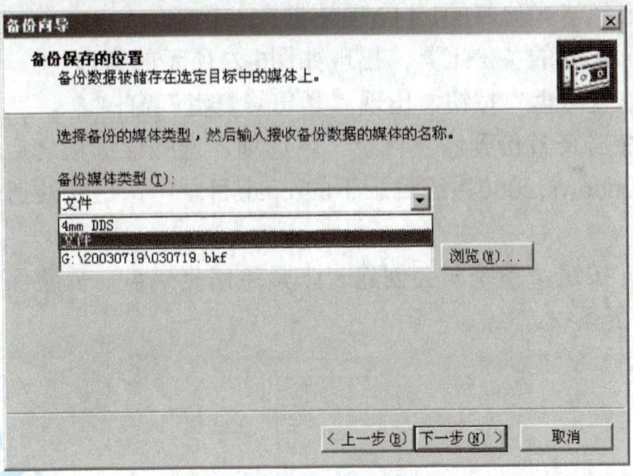

图6-23 备份保存的位置

2．利用备份向导恢复数据的步骤

1）在Windows 2000桌面上单击“开始→程序→附件→系统工具→备份”选项，出现如图6-21所示的窗口。

2）单击“还原向导”按钮，启动系统的“还原向导”窗口。

3）单击“下一步”按钮，出现如图6-24所示的窗口。单击“导入文件”按钮，选择要恢复的备份文件，在还原项目列表中，选择需要还原的类型、驱动器及文件等内容。

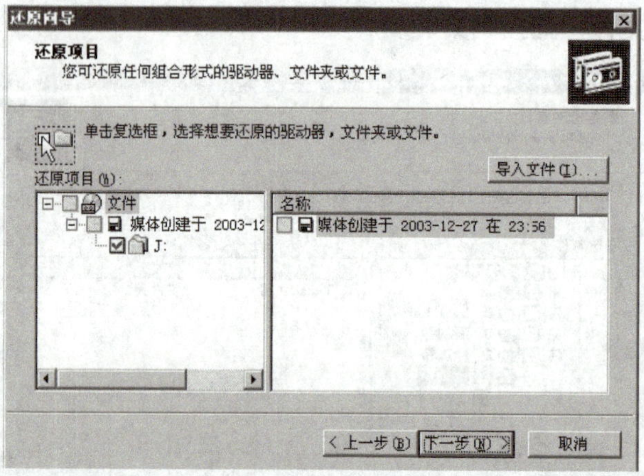

图6-24 选择还原项目

4）单击“下一步”按钮，出现“完成还原向导”窗口。如果要进行还原位置、如何还原等设置，可在“完成还原向导”窗口上，单击“高级”按钮进行设置，设置完成后，单击“完成”按钮，系统即开始进行还原。

除了使用备份和还原向导进行数据备份和还原外，用户也可以使用手工进行数据备份和还原。

3．创建紧急修复磁盘

利用Windows 2000的备份工具，还能创建紧急修复盘（紧急修复盘主要是用于在系统出现故障时进行修复，它不能用来启动计算机）。具体的创建步骤如下。

1）将一张事先已经格式化好的1.44 MB软盘插入软驱。

2）启动Windows 2000的备份工具，出现如图6-21所示的窗口。

3）单击“紧急修复磁盘”按钮，出现“紧急修复盘”窗口。

4）选择“也将注册表备份到修复目录”单选项，选择该选项之后，系统会将当前的注册表数据库备份到Windows 2000系统目录下的repair目录中，这在注册表出现问题而需要还原时非常有用。

5）单击“确定”按钮，系统即会创建一张紧急修复磁盘，妥善保管这张盘，当系统出现故障时可以用它恢复系统。

智能表格

2007年中国互联网上市公司收入排行

腾讯：约值2007年总收入为5亿美元，净利润为2亿美元

盛大：2007年总收入为3.38亿美元，净利润为1.91亿美元

网易：2007年总收入为3.16亿美元，净利润为1.73亿美元

阿里：2007年总收入为3亿美元，净利润为1.4亿美元

百度：2007年总收入为2.391亿美元，净利润为8620万美元

巨人：2007年总收入为2.094亿美元，净利润为1.558亿美元

新浪：2007年总收入为2.4610亿美元，净利润为5 770万美元

搜狐：2007年总收入为1.8890亿美元，净利润为3 490万美元

九城：2007年总收入为1.754亿美元，净利润为3 300万美元

完美时空：2007年总收入为9 450万美元，净利润为4 960万美元

知识链接

国内主要的四大杀毒软件

1. 瑞星：是国产杀毒软件的龙头老大，其监控能力十分强大，但同时占用系统资源较大。瑞星采用第八代杀毒引擎，能够快速、彻底查杀大小各种病毒，这个绝对是全国顶尖的。但是瑞星的网络监控不行，最好再加上瑞星防火墙弥补缺陷。

2. 金山毒霸：是金山公司推出的电脑安全产品，监控、杀毒全面、可靠，占用系统资源较少。其软件的组合版功能强大（毒霸主程序、漏洞修补、反间谍、金山网镖），集杀毒、监控、防木马、防漏洞为一体，是一款具有市场竞争力的杀毒软件。

3. 江民：是一款老牌的杀毒软件了。它具有良好的监控系统，独特的主动防御使不少病毒望而却步。建议与江民防火墙配套使用。

4. 趋势：国产杀毒软件的领头羊，创建于2001年7月，查杀木马能力能与卡巴斯基、Avira AntiVir（小红伞）媲美。

举一反三

硬盘不是永远安全而不出故障的，它总会丢失所有重要的数据。由于多种原因，磁盘驱动器可能被损坏，如病毒攻击、电压干扰、软件故障、硬盘格式化、意外的文件/目录删除、人为错误、甚至是破坏。这些事件会导致丢失数据，这可能意味着对用户造成严重的损失。用户不得不从以前的备份中重建文件，而且如果方法不当，或没有备份，怎么处理？上网下载DiskMan、FinalData、EASY RECOVERY等磁盘数据恢复工具试一试。

网络故事

美国财经杂志《福布斯》公布2008年全球互联网富豪排行榜，中国有6人上榜。全部上榜富豪的总身价高达1 097亿美元。此次评选共有33名富豪上榜，上榜者身价均超过10亿美元。

互联网富豪前6名

1. 塞吉·布林187亿美元 Google联合创始人
2. 拉里·佩奇186亿美元 Google联合创始人
3. 杰夫·贝佐斯82亿美元 亚马逊首席执行官
4. 皮埃尔·奥米迪亚77亿美元 eBay创始人
5. 埃里克·施密特66亿美元 Google首席执行官
6. 杰佛理·斯库尔36亿美元 eBay首任总裁

中国入选富豪及排名

7. 史玉柱28亿美元 巨人网络董事长兼首席执行官
11. 杨致远23亿美元 雅虎联合创始人
22. 马化腾14亿美元 腾讯创始人、首席执行官
23. 李彦宏14亿美元 百度创始人、首席执行官
32. 马云11亿美元 阿里巴巴创始人、首席执行官
33. 丁磊10亿美元 网易创始人、首席执行官

网络驿站

MO是英文Magnet-Optical的缩写，是指利用激光与磁性共同作用的结果记录信息的光磁盘。MO盘用来存储信息的媒体与软磁盘相似，但其信息记录密度和容量却比软磁盘高很多。这是由于记录时在盘的上面施加磁场，而在盘下面用激光照射。磁场作用于盘面上的区域比较大，而激光通过光学系统聚焦于盘面的光点直径只有1～2μm。在受光区域，激光的光能转化为热能，并使磁性层受热而变得不稳定，即变得易受磁场影响。这样，在直径只有1～2μm的极小区域内就可记录一个单位的信息。通常的磁性记录方式存储一个单位的信息时，要占用相当大的区域，因而磁道也相应变宽，盘上记录信息的总量也就很小。MO盘片虽然比硬盘和软盘便宜和耐用，但是与CD-R盘片相比就显得比较昂贵了。MO的致命缺点是不能用普通CD-ROM驱动器读出，因而不能满足信息社会对计算机数据进行交换和数据分发的要求。

实践天地

请各位同学上网查找两种流行病毒，写出病毒的名称、主要危害、激发条件、防范措施。

知识拓展

计算机安全等级

根据美国1985年修订的桔皮书（正式名称为可信任计算机标准评估标准），将计算机系统的安全分为了四大类，依次为D、B、C和A，A是最高的一类，每一类都代表一个保护敏感信息的评判准则，并且一类比一类严格。在C和B中又分为若干个子类，我们称为级。

D类：最小的保护。这类是那些通过评测但达不到较高级别安全要求的系统。

C类：无条件的保护。C类提供的无条件保护也就是“需要则知道”（need-to-known）的保护，又分两个子类。

—C1：无条件的安全保护。提供的安全策略是无条件的访问控制，具有识别与授权的责任。

—C2：有控制的存取保护。除了提供C1中的策略与责任外，还有访问保护和审计跟踪功能。普通的网络操作系统属于这类。

B类：属强制保护，要求系统在其生成的数据结构中带有标记，并要求提供对数据流的监视，B类又分三个子类：

—B1：标记安全保护，除满足C类要求外，要求提供数据标记。

—B2：结构安全保护，除满足B1要求外，要实行强制性的控制。

—B3：安全域保护，提供可信设备的管理和恢复，即使计算机崩溃，也不会泄露系统信息。

A类：经过验证的保护，是安全系统等级的最高类，这类系统可建立在具有结构、规范和信息流密闭的形式模型基础之上。

A1：经过验证保护。

共定义了四类7级可信计算机系统准则，一般使用的UNIX系统等只满足C2级。

6.6 打造一方平安的世界——网络安全综合配置（实训）

【实训目的】

Windows XP系统的计算机网络安全综合配置

【实训环境】

网络环境下的Windows XP

【实训内容及步骤】

1. 保护文件系统

Windows XP安装过程中，计算机可以配置为使用FAT32文件系统或NTFS文件系统。相对于FAT32，NTFS文件系统速度更快、安全性更高。为了获得操作系统最佳性能，请使用NTFS来保护计算机中所有的文件系统分区。

1）单击“开始”，然后单击“我的电脑”。

2）右键单击要检查的驱动器号，然后单击“属性”。

3）文件系统类型应为NTFS，如下面的屏幕快照所示。如果不是，则可以使用Convert.exe实用程序将FAT16或FAT32转换为NTFS。

4）依次单击“开始”、“运行”，键入cmd，然后单击“确定”。

5）在命令提示符下，键入以下内容convert:/fs:ntfs，然后按Enter。

6）系统将提示输入驱动器的当前卷标。输入先前确定的卷标，然后按下Enter。

7）在转换完成之后，键入exit，然后按Enter关闭命令提示符。

注意：如果要转换操作系统所在的驱动器，系统可能会提示您将转换安排在计算机下一次重新启动时执行。如果出现此提示，请键入y，然后按Enter重新启动计算机。

2．使用防病毒软件

防病毒软件程序将会帮助保护计算机免受众多已知病毒、蠕虫、特洛伊木马及其他恶意代码的威胁。防病毒软件可持续扫描计算机以查找病毒，并能帮助检测和删除这些病毒。安装防病毒软件只能解决部分问题，为了维护台式计算机或便携式计算机的安全，至关重要的是，使防病毒特征库文件保持最新。防止病毒攻击的另一重要步骤是，如果收到意外文件，用户不应打开电子邮件或对电子邮件附件进行操作。在执行所有电子邮件附件之前，请确保使用防病毒软件对其进行扫描。

3．保护文件夹共享

1）右键单击先前已共享的文件夹，然后选择“共享和安全”。

2）在“共享”选项卡中，单击“权限”。此时将显示如下屏幕。

3）选择Everyone组，然后单击“删除”。

4）单击“添加”，选择允许访问文件夹的用户。

5）在“选择用户或组”对话框中，单击“对象类型”。

6）清除“内置安全主体”和“组”复选框，然后单击“确定”。

7）单击“高级”。

8）单击“立即查找”。

9）单击以突出显示要允许其访问文件夹的用户。选择用户之后，单击“确定”。

10）现在，权限列表中的每个用户需要获得适当的访问权限类型。双击一个用户，然后清除“完全控制”旁边的“允许”复选框。然后选择是希望用户拥有“更改”和“读取”权限，还是只拥有“读取”权限。单击“确定”。

注意：如果“权限”对话框中的复选框不可用，则从父文件夹继承权限。

4．禁用不必要的服务

通过禁用不必要的服务，可以减少已知或未知漏洞被利用的机会。使用“控制面板”中的“添加或删除程序”可以禁用服务。

5．禁用或删除不必要的用户账户

1）单击“开始”，然后单击“控制面板”。

2）双击“用户账户”。

3）单击“高级”选项卡，然后单击“高级”按钮。

4）单击“用户”分支。

5）双击用户账户以显示属性对话框。选中“账户已停用”复选框。

注意：被禁用的账户仍然存在，但该用户不允许登录。它显示在“用户”详细信息窗格中，但图标中有一个“X”。

6）删除账户执行上述过程中的步骤1～4。右键单击用户账户，然后选择“删除”。

注意：在删除用户账户之前，请先禁用账户。在确定禁用账户没有引发问题之后，则可安全删除该账户。内置的“Administrator”和“Guest”账户不能删除。

6. 保护用户账户的安全

每个工作站上的所有用户账户都应设置密码，这一点非常重要。如果不设置密码，则将允许用户冒充他人访问计算机。

用户账户可能会被锁定，这通常是由于多次尝试使用错误密码登录导致的。这时需要解除账户锁定，但不需要重置密码，除非用户忘记了密码是什么。密码重置可提供给用户账户新密码，通常是一个临时密码。最好将这种密码设置为使用一次后就过期，以防用户登录后忘记更改密码。强制用户登录并立即创建新密码，可确保只有用户自己知道密码。

解锁已锁定的用户账户

1）单击“开始”，然后单击“控制面板”。

2）双击“用户账户”。

3）单击“高级”选项卡，然后单击“高级”按钮。

4）单击“用户”分支。

5）查找受影响的用户账户，然后双击它。

6）清除“账户已锁定”复选框，然后单击“确定”。

设置或重置现有用户账户的密码。

1）执行上述过程中的步骤1～5。

2）选中“用户下次登录时须更改密码”选项。单击“确定”。

3）右键单击所需要的账户，然后单击“设置密码”。此时会出现一个警告消息提示您。在继续进行操作之前，请注意可能的影响。

4）如果单击了“继续”按钮，请在两个密码字段中输入临时密码。

5）单击“确定”，然后将临时密码通知给用户。

7. Windows防火墙

Windows防火墙是一个基于主机的防火墙解决方案，它是作为Windows XP Professional SP2的一部分提供的并且可配置程度很高。该软件在默认情况下是启用的，可以协助您保护计算机免受网络攻击。Windows Live OneCare也监视Windows防火墙，这样就可以在单一的控制台上查看PC的整体安全状况。

Windows防火墙的开发目的不是为了取代网络防火墙的功能。Windows防火墙启用了Windows网络端口，使对等工作组可以进行通信并共享资源。需要有网络防火墙来保护网络，而Windows防火墙保护安装和启用它的每个工作站。许多生产商都提供为中小型网络设计的经济适用的网络防火墙。

验证Windows防火墙是否未被禁用。

1）单击“开始”，然后单击“控制面板”。

2）双击“Windows防火墙”图标。请确保选择了“启用（推荐）”。

8. 自动更新

Windows XP中的自动更新功能可以自动检测和下载最新的Microsoft安全修补程序。自动更新功能可以配置为在后台自动下载修复程序，然后在下载完成之后提示用户安装这些修复程序。

将计算机配置为自动更新。

1）单击“开始”，然后单击“控制面板”。

2）双击“自动更新”图标。

3）将所有Windows XP工作站配置为“自动”。请注意，您可以配置执行这些更新的频率和时间。

4）单击“确定”。

知识总结

本章小结

本章从实际出发，介绍有关网络安全方面的知识。网络安全从本质上讲就是网络上信息的安全。重点介绍“一杀一防一备”。“一杀”指杀毒软件的使用；“一防”指防火墙的应用；“一备”指数据备份和恢复。“一杀一防一备”是网络安全的“三板斧”。“一防”是前提，“一杀”是办法，“一备”是保证。“三板斧”从理论到实际都详细加以阐述，但也无法穷尽所有的对付计算机病毒的办法。希望大家牢记网络安全中最能够保证万无一失的工作就是数据备份和恢复，在“一杀一防”上大胆尝试和实践。在计算机网络安全综合配置中学会行之有效的网络安全的办法，养成良好的网络安全意识。

竞技擂台

1. 单项选择题 A级 B级（1-10） C级（11-16）

1） 网络安全（ ）。

A. 只与服务器有关　　B. 只与客户机有关

C. 与服务器和客户机都有关　　D. 与服务器和客户机都无关

2） 计算机安全的内容包括（ ）。

A. 硬件的安全性　　B. 软件和数据的安全性

C. 计算机运行的安全性　　D. 以上都是

3） 在下列计算机安全等级中，具有最高安全等级的是（ ）。

A. A1　　B. B1　　C. C　　D. D

4） 下列设置密码中，你认为最安全的密码是（ ）。

A. 以8位数字作为密码　　B. 以8位字母作为密码

C. 以8位字母和数字作为密码　　D. 都一样

5） 信息安全危害的两大源头是病毒和黑客，因为黑客是（ ）。

A. 计算机编程高手　　B. Cookies的发布者

C. 网络的非法入侵者　　D. 信息垃圾的制造者

6） 以下不属于计算机安全措施的是（　　）。

A．下载并安装系统漏洞补丁程序　　B．安装并定时升级正版杀毒软件

C．安装软件防火墙　　D．不将计算机联入互联网

7） 计算机病毒是一种特殊的（　　）。

A．软件　　B．程序、指令

C．过程　　D．文档对冲突进行检测

8） 在保证密码安全中，我们不必采取的措施有（　　）。

A．不用生日做密码

B．不要使用少于5位的密码

C．不要使用纯数字

D．将密码设得非常复杂并保证在20位以上

9） 下列关于计算机病毒的叙述中，错误的一条是（　　）。

A．计算机病毒具有潜伏性

B．计算机病毒具有传染性

C．感染过计算机病毒的计算机具有对该病毒的免疫性

D．计算机病毒是一个特殊的寄生程序

10）影响计算机网络安全的因素很多，下列不属于计算机网络安全威胁的来源是（　　）。

A．天灾　　B．人为因素　　C．系统本身原因　　D．计算机硬件

11）下列关于计算机病毒的叙述中，正确的是（　　）。

A．反病毒软件可以查、杀任何种类的病毒

B．计算机病毒是一种被破坏了的程序

C．反病毒软件必须随着新病毒的出现而升级，提高查、杀病毒的功能

D．感染过计算机病毒的计算机具有对该病毒的免疫性

12）下列属于计算机网络安全技术的是（　　）。

A．访问控制域口令技术　　B．防火墙技术

C．数字签名技术　　D．以上都是

13）哪一个不是防火墙提供的功能（　　）。

A．过滤进、出内部网络的数据。

B．管理进、出内部网络的访问行为。

C．火灾预警

D．对网络攻击进行检测和报警。

14）网络安全的结构层次不包括（　　）。

A．物理安全　　B．安全控制　　C．安全服务　　D．安全管理

15）用一种病毒体含有的特定字符串对被检测对象进行扫描的病毒检查方法是（　　）。

A．比较法　　B．搜索法

C．病毒特征字识别法　　D．分析法

16）CIH病毒破坏计算机的BIOS，使计算机无法启动。它是由时间条件来触发的，其

发作的时间是每月的26号，这主要说明病毒具有（　　）。

A．可传染性　B．可触发性　C．破坏性　D．免疫性

2．多项选择题 A级（1-5） B级（6-10） C级（11-15）

1）计算机网络安全的特征有（　　）。

A．保密性　B．完整性　C．可用性　D．可控性

2）计算机网络安全威胁具体表现为（　　）。

A．物理威胁　B．系统漏洞造成的威胁

C．有害程序威胁　D．管理上的威胁

3）计算机病毒按其寄生方式可分为（　　）。

A．代替型　B．链接型　C．转储型　D．源码病毒

4）计算机安全级别包括（　　）。

A．D．级　B．C1级　C．C2级

D．C3级　E．B1级

5）计算机病毒的特征有（　　）。

A．传染性　B．潜伏性　C．破坏性

D．可触发性　E．针对性　F．衍生性

6）下列是计算机病毒发作前的表现现象的有（　　）。

A．平时运行正常的计算机突然经常性无缘无故死机

B．运行速度明显变慢

C．系统文件的时间、日期、大小发生变化

D．自动链接到一些陌生的网站

E．磁盘空间迅速减少

F．基本内存发生变化

7）安全服务的主要内容包括（　　）。

A．安全机制　B．安全连接　C．安全协议　D．安全策略

8）因系统本身原因造成的计算机网络安全威胁有（　　）。

A．计算机硬件系统故障　B．网络设备的故障

C．软件的漏洞　D．软件的“后门”

9）计算机病毒检测方法包括（　　）。

A．病毒码扫描法　B．对比法　C．行为监测法

D．软件模拟法　E．实时I/O扫描　F．网络监测法

10）防止计算机病毒的感染和蔓延，在技术方面采取常用的方法有（　　）。

A．系统安全　B．软件过滤　C．文件加密

D．建立病毒监视体系　E．备份恢复

F．安装防病毒软件

11）防范黑客攻击的措施包括（　　）。

A．不要使用过于简单的密码

B．买来新电脑以后要立即对电脑出厂时预先设定的密码进行更改

C．随时清除自己电脑内的或公司网络内的病毒

D．对假网页要保持高度警惕，在网上购物时要仔细确认网址的真伪

E．不要接收，更不要打开不知来源的电子邮件

12）数据备份的原则包括（　　）。

A．稳定性　　B．全面性　　C．自动化

D．高性能　　E．实时性　　F．容错性

13）防火墙应具有的基本功能包括（　　）。

A．过滤进、出内部网络的数据。

B．管理进、出内部网络的访问行为。

C．封堵某些禁止的业务。

D．记录通过防火墙的信息内容和活动。

E．对网络攻击进行检测和报警。

14）下列属于国内杀毒厂家的是（　　）。

A．江民　　B．瑞星　　C．金山

D．北信源　　E．东方微点　　F．趋势

3．填空题 A级（1-5） B级（6-9）

1）检测计算机上是否被病毒感染，通常可以分两种方法：______和______。

2）通常把病毒入侵途径划分为两大类：______和______。

3）目前普遍应用的防火墙按组成结构可分为______、______、______三种。

4）常见防火墙按采用的技术分类主要有______、______、______。

5）目前被采用最多的数据备份策略主要有______、______、______三种。

6）网络备份通常有______、______、______三种方法。

7）完整的木马程序一般由______和______两个部分组成

8）对病毒进行检测一般归纳起来常用______、______、______、______、______、______六种技术来检测病毒。

9）国内主要的四大杀毒软件四大巨头是：______、______、______、______。

4．名词解释 A级 B级

1）网络安全

2）防火墙

3）计算机病毒

4）黑客

5. 判断对错 A级 B级

1）网络管理员不应该限制用户对网络资源的访问方式，网络用户应该可以随意访问网络的所有资源。（　）

2）网络用户在选择自己的口令时使用自己与亲人的名字、生日、身份证号、电话号码等做法是危险的。（　）

3）网络安全中采取了数据备份与恢复措施后，可以不考虑采用网络防病毒措施，因为出现病毒之后可以重新安装系统。（　）

4）有杀毒软件再安装防火墙，就是多余的了。（　）

5）现在一般都使用的操作系统安全级别只满足C2级。（　）

6）网络安全从本质上讲就是网络上信息的安全。（　）

6. 简答题 A级 B级（1-5） C级（6-8）

1）防火墙应具有的五大基本功能是什么？

2）木马的基本特征有哪些？

3）在网络系统设计中，需要从哪几个方面采取防病毒措施？

4）为什么要设置防火墙？防火墙的基本结构是什么？

5）计算机病毒的特征是什么？

6）数据备份应注意哪些问题？

7）简述威胁数据安全，导致系统失效的因素。

8）谈谈今后日常网络安全维护应做哪些工作？